网络化多智能体系统的分布式优化算法

朱军龙
张明川
吴庆涛
邢　玲
著

清华大学出版社
北京

内容简介

本书在归纳分析国内外关于网络化多智能体系统分布式优化算法的基础上，研究了针对异步通信、量化信息、隐私保护、高维约束、事件驱动等具体需求的网络化多智能体系统的分布式优化算法，主要内容包括：①系统建模——构建满足具体需求的网络化多智能体系统模型，如有向/无向通信、动态/静态网络拓扑、时变/非时变代价函数等，为算法设计与分析提供了模型基础；②算法设计——针对具体问题，采用恰当的技术方案，如随机梯度、差分隐私、条件梯度、随机块坐标等，设计高效的分布式优化算法，解决实际应用场景的具体优化问题；③证明与分析——针对提出的算法，通过严格的数学证明与分析，证明了算法的正确性和有效性，分析了算法的 Regret 界，为算法的应用奠定了基础：④仿真实验——利用公开的数据集验证了部分算法性能和理论分析的结果。

本书可以作为计算机科学与技术、控制科学与工程、人工智能、优化理论等专业硕士研究生、博士研究生的专业课教材，也可供计算机科学与技术、控制科学与工程、人工智能、网络优化等领域的科技人员参考。

图书在版编目(CIP)数据

网络化多智能体系统的分布式优化算法/朱军龙等著. —北京：清华大学出版社，2021.5
ISBN 978-7-302-58099-7

Ⅰ. ①网…　Ⅱ. ①朱…　Ⅲ. ①自动控制理论 ②人工智能－算法　Ⅳ. ①TP13 ②TP18

中国版本图书馆 CIP 数据核字(2021)第 084912 号

责任编辑：许　龙
封面设计：傅瑞学
责任校对：赵丽敏
责任印制：刘海龙

出版发行：清华大学出版社
网　　址：http://www.tup.com.cn，http://www.wqbook.com
地　　址：北京清华大学学研大厦 A 座　　**邮　　编**：100084
社 总 机：010-62770175　　**邮　　购**：010-62786544
投稿与读者服务：010-62776969，c-service@tup.tsinghua.edu.cn
质量反馈：010-62772015，zhiliang@tup.tsinghua.edu.cn
印 装 者：三河市吉祥印务有限公司
经　　销：全国新华书店
开　　本：170mm×240mm　　**印　张**：13.5　　**字　　数**：278 千字
版　　次：2021 年 5 月第 1 版　　**印　　次**：2021 年 5 月第1 次印刷
定　　价：59.00 元

产品编号：092588-01

前言

FOREWORD

网络化多智能体系统研究的目的是求解复杂、大规模、实时和具有不确定信息的问题,并且具有学习推理、自组织等能力,受到了国内外研究者的广泛关注。网络中的许多经典问题本质上都是分布式优化问题。例如,数据管理问题、分布式学习问题、资源分配问题、网络系统的多智能体协作问题、车载网络传输控制问题等。为了提高这些系统的工作效率,均离不开分布式优化算法。此外,在这些应用中,数据总量规模庞大,分散在不同的数据中心;节点计算能力有限,分散在不同的物理位置。每个智能体只拥有所要完成任务的局部信息,而不拥有所要完成任务的全局信息,同时每个智能体也不具有独立解决复杂任务的能力。因此,在网络化多智能体系统中,不存在集中控制系统,只能执行分布式处理。

近年来,随着高科技的发展,网络化多智能体系统理论与协同技术得到了快速发展。相比集中式优化算法,分布式优化算法的鲁棒性更好,成为优化与控制领域的一个重要研究方向,同时也被国防、经济、金融、工程、管理等许多应用领域所关注。因此,研究高效的分布式优化算法具有重要的理论意义和实际价值。从某种意义上说,网络化多智能体系统与分布式优化算法是事物的两个不同的侧面:网络化多智能体系统是技术实现的主体,而分布式优化算法是技术实现的方法。解决网络化多智能体系统分布式优化问题的一般思路是:首先将现实中的网络或系统建模为网络化多智能体系统,然后在网络化多智能体系统上设计分布式优化算法以求解所需要优化的问题。因此,本书着重研究网络化多智能体系统的分布式优化理论与方法,主要取得了以下成果:

(1) 提出了分布式随机次梯度投影算法。针对时变有向网络化多智能体系统中的分布式约束优化问题,假设全局代价函数为每个智能体的代价函数之和,将网络化多智能体系统建模为时变有向图,采用权平衡技术解决权矩阵可能非双随机矩阵的问题,提出一种全分布式随机次梯度投影算法。证明了每个智能体的迭代值渐近收敛到最优值,并分析了算法的收敛速率:当每个智能体的代价函数是强凸函数时,其收敛速率为 $O(\log T/T)$;当每个智能体的代价函数是凸函数时,其收敛速率为 $O(\log T/\sqrt{T})$,其中,T 为迭代次数。

（2）提出了异步的分布式次梯度随机投影算法。针对异步通信时变网络化多智能体系统中的分布式约束优化问题，在某些情况下，每个智能体可能无法提前获得自己的局部约束集，或者约束集的组成元素数量巨大。因此，采用异步随机广播通信协议，提出一种异步的分布式随机次梯度算法。通过选择适当的学习速率，证明了所提算法是以概率1收敛。当学习速率不变时，分析了算法的渐近误差界以及渐近误差上界。

（3）提出了量化信息与随机网络拓扑的扩散最小均方算法。针对无线传感网络中的分布式参数估计问题，在量化之前添加一抖动到估计值上以达到无偏估计，提出一种量化信息与随机网络拓扑的扩散最小均方算法，分析了所提算法的稳定性与收敛性能，并得到了MSD（mean-square deviation）和EMSE（excess mean-square Errors）的闭合解析式，证明了量化信息以及随机网络拓扑不影响所提算法的收敛性，但是量化是影响所提算法性能退化的主要因素。

（4）提出了分布式随机次梯度在线优化算法。针对网络化多智能体系统的分布式在线优化问题，由于智能体只能事后获悉各自的动态局部代价函数，且不能获悉其他智能体的动态局部代价函数，为此，利用权平衡方法解决有向网络导致权矩阵的不对称性，提出一种分布式随机次梯度在线优化算法，通过选择适当的学习速率，分析了所提算法的性能：当局部代价函数是强凸函数时，所提算法能达到对数Regret界；当局部代价函数是凸函数时，所提算法能达到平方根Regret界。

（5）提出了差分隐私的分布式在线优化算法。针对带隐私的网络化多智能体系统的分布式在线优化问题，利用差分隐私机制保持每个智能体的隐私，并采用权平衡技术解决权矩阵可能非双随机矩阵的问题，提出一种差分隐私的分布式随机次梯度在线优化算法，证明了所提算法可实现差分隐私，分析了算法的性能：当局部代价函数是强凸函数时，算法可达到对数Regret界$O(\log T)$；当局部代价函数是一般凸函数时，算法可达到平方根Regret界$O(\sqrt{T})$，并分析了隐私水平与算法性能之间的权衡关系。

（6）提出了分布式条件梯度在线学习算法。针对高维约束的时变网络化多智能体系统分布式优化问题，由于投影算子的效率很低，使用Frank-Wolfe步骤替代投影算子，提出了一种基于条件梯度的分布式在线学习算法，证明了当局部代价函数为强凸函数时，算法达到的Regret界为$O(\sqrt{T})$；当局部代价函数为潜在非凸函数时，算法以速率$O(\sqrt{T})$收敛于一些平稳点。

（7）提出了基于随机块坐标的分布式在线无投影算法。针对网络化多智能体系统在线约束优化问题，在每轮迭代过程中随机地选择部分梯度或次梯度分量的子集进行更新，从而达到减少计算量的目的，为此，提出了一种基于随机块坐标的分布式在线无投影算法，分析了所提算法的性能：当网络中每个智能体的局部代价函数为凸函数时，算法达到的Regret界为$O(\sqrt{T})$。

(8) 提出了基于事件驱动的分布式在线无投影算法。针对网络化多智能体分布式优化中通信开销过大问题，借鉴事件驱动机制，当网络中智能体的当前状态与最后一次驱动状态之间的离差大于特定阈值时，才触发智能体间通信。提出一种基于事件驱动的分布式在线无投影算法，证明了算法的收敛性：当局部目标函数是凸函数时，算法达到的 Regret 界为 $O(\sqrt{T})$。

本书得到国家自然科学基金项目(61976243，61971458)的资助，由河南科技大学朱军龙博士、张明川教授、吴庆涛教授和邢玲教授共同撰写完成，其中朱军龙撰写 15 万字，张明川撰写 5 万字，吴庆涛撰写 5 万字，邢玲撰写 3 万字。全书由张明川教授统稿，吴庆涛教授校稿。此外，在本书撰写过程中得到了河南科技大学网络技术与服务计算团队的周扬帆、龙欣悦、朱亚杰、符甜格、顾孟杰、徐文萱等研究生的支持，在这里一并表示感谢。

作 者

2021 年 4 月

目录

CONTENTS

第1章

绪　论

1.1 研究背景与意义

随着科学技术的快速发展，网络化多智能体系统受到了国内外研究者的广泛关注。所谓网络化多智能体系统是由多个具有简单功能的智能体通过通信等方式而关联形成的网络系统。网络化多智能体系统的研究目的是求解复杂、大规模、实时和具有不确定信息的问题，并且具有学习推理、自组织等能力。在网络化多智能体系统中，每个具备一定的计算、通信、感知、学习和执行能力的个体则称为智能体。这些智能体之间通过相互协作共同完成一些复杂的任务，并且智能体之间可通过交互信息达到协同合作的目的，协调解决智能体之间的矛盾与冲突。在网络化多智能体系统中，数据和资源分散在不同的智能体之上，每个智能体只拥有所要完成任务的局部信息，而不拥有所要完成任务的全局信息，同时每个智能体也不具有独立解决复杂任务的能力。因此，在网络化多智能体系统中，不存在集中控制系统，只能执行分布式处理。

在日常生活中，Internet 就是一个众所周知的网络化多智能体系统，它由成千上万的计算机和用户组成。无线传感网络也是一个网络化多智能体系统，它是由很多无线传感器组成，可用于监督监测等任务。另外，在大自然中存在很多复杂而精巧的行为模式，这些行为模式源于简单个体之间有限的相互交流以及分散的个体在网络中分布式聚合和处理信息碎片。这类行为模式大量存在于生物网络领域中，它们显示出了协作行为的完美模式，例如，鱼群、鸟群的编队以及蜜蜂的成群移动[1]。在这些生物网络中，每个生物个体站在自己的角度进行复杂的决策，而且与其相邻的生物个体进行连续地协调与信息共享，最终形成一个有效的多个体队形。在这类行为模式中，每个个体可与其他个体进行信息交互，并且个体之间通过协商完成一些特定的任务。另外，每个个体具有一定的智能，能根据周围环境调整自己的决策，最终完成一些特定的任务。因此，这些生物网络也可以认为是网络化多智能体系统。不同的网络对象，其智能体以及智能体之间关联的方式不一样。例如，在传感器网络中，智能体表示传感器或子网络，而智能体之间的关联关系表示传感器之间能进行相互交换信息的关系；在 Internet 中，智能体表示计算机或用户，智能体之间的关联关系则表示计算机与计算机、计算机与用户之间建立物理连接以交换信息；在鱼群网络中，智能体表示鱼或子鱼群，智能体之间的关联关系则表示鱼与鱼之间建立的通信关系。因此，在网络化多智能体系统中，智能体与智能体之间的关联关系是重要的组成元素，可用图 G 表示网络化多智能体系统，节点集$\mathcal{V}$表示智能体的集合，边集$\mathcal{E}$表示智能体之间的关联关系集合。

优化理论是运筹学和控制理论研究的核心问题之一，非线性规划是优化理论和方法的重要分支，同时在工程实践、管理决策等很多方面有着广泛的应用。例如，在电力系统[2-3]、分布式控制[4]、大规模机器学习[5-7]、社交网络[8]、资源分配[9,10]以及机器人学[11]等领域中的很多问题可归结为优化问题。因此，为求解这些优化问题，亟须设计高效的优化算法。目前比较成熟的优化算法大多是集中式的，但是集中式优化算法需要收集网络中智能体的数据，并在一个融合中心进行处理，由此带来了很多限制。首先，在实时应用中，智能体连续不断地收集数据，智能体与融合中心之间来回重复交互信息的代价比较高，特别是当这些信息交互发生在无线链路时。其次，在一些敏感的应用中，由于某些原因智能体可能不愿意与远程中心共享它们的数据，包括隐私与保密等考虑。更为重要的是，集中式有一个致命的缺陷，即：如果中央处理器发生故障，则会导致优化算法不能正常求解优化问题。此外，每个智能体都有各自的代价函数，而每个智能体的代价函数可能不一样，并且每个智能体只知道自己的局部信息而不知道其他智能体的信息；另外，智能体上的物理内存、计算以及功率等资源有限。因此，为突破以上限制，亟须设计高效的分布式优化算法以有效求解优化问题。

近年来，随着高科技的发展，网络化多智能体系统的理论与协同技术得到了快速发展。由于网络化多智能体系统具有很多优良特性，分布式优化算法可以借助网络化多智能体系统来实现。与此同时，网络化多智能体系统中的某些复杂任务也可通过分布式优化算法完成。网络化多智能体系统中的智能体具备学习、计算等能力，能感知网络环境，智能体之间可以相互交换信息，因此网络中的智能体能根据自己本身的信息以及从其他智能体处获取的信息调整自己的决策。更为重要的是，目前的网络系统规模越来越大，例如 Internet 和生物网络，对这类复杂大规模的网络系统，传统的集中式优化算法的执行代价太大，而分布式优化算法的执行代价相对较小且操作更加灵活简单。相比集中式优化算法，分布式优化算法的鲁棒性更好。因此，网络化多智能体系统的分布式优化理论研究是优化与控制领域的一个重要研究方向，同时也被国防、经济、金融、工程、管理等许多应用领域所关注。因此，研究高效的分布式优化算法具有重要的理论意义和实际价值。从某种意义上说，网络化多智能体系统与分布式优化算法是事物的两个不同的侧面：网络化多智能体系统是技术实现的主体，而分布式优化算法是技术实现的方法。因此，首先将现实中的网络或系统建模为网络化多智能体系统，再在网络化多智能体系统上设计分布式优化算法以求解所需要优化的问题。综上所述，本书着重研究网络化多智能体系统的分布式优化理论。

在分布式优化理论的研究中，一些关键性的问题包括优化算法设计、收敛性证明、收敛速率以及复杂度(时间复杂度、空间复杂度和通信复杂度)分析等。因此，所设计的分布式优化算法是否收敛以及收敛速率的快慢是衡量算法性能的重要评价标准。近年来，随着大数据与云计算等新兴领域的出现，以及 Internet 和人工智能的蓬勃发展，分布式优化理论受到诸多领域研究人员的广泛关注。相关研究人员进行了深入的研究，并取得了一系列成果。同时，很多相关成果已应用到工程与社会生活中的各个方面。另外，传统的集中式优化算法难以胜任大规模优化问题的求解，故只能通过设计分布式优化算法以有效求解大规模优化问题。所以，如何设计出高效的分布式优化算法以及对其收敛性和收敛速率进行分析是优化理论研究中的重要任务。本书考虑以下优化问题，全局代价函数为各个智能体的局部代价函数之和，其形式化描述为：

$$\min f(\boldsymbol{x}) \triangleq \sum_{i=1}^{n} f_i(\boldsymbol{x}) \tag{1-1}$$

式中，$f_i:\mathbb{R}^d \mapsto \mathbb{R}$ 为智能体 $i\in\{1,2,\cdots,n\}$ 上的代价函数；变量 $\boldsymbol{x}$ 是一决策向量。在网络化多智能体系统中，智能体只能通过局部通信和局部计算求解优化问题(1-1)。局部通信意味着只要这两个智能体直接相连，则两个智能体之间就可交互信息。局部计算意味着每个智能体只能利用自己的局部代价函数 f_i 以及从它的邻居处获取的信息。与智能体 i 直接相连的智能体集合称为智能体 i 的邻居。因此，本书研究网络化多智能体系统的分布式优化理论，从智能体 i 的代价函数 f_i 是否动态变化入手，并且假设每个代价函数是凸函数，即：

- 当每个智能体 $i\in\{1,2,\cdots,n\}$ 的代价函数 $f_i(\boldsymbol{x})$ 是不变且为凸函数时，本书设计分布式优化算法以有效求解优化问题 $\min f(\boldsymbol{x}) \triangleq \sum_{i=1}^{n} f_i(\boldsymbol{x})$，并且分析优化算法的收敛性与收敛速率；
- 当每个智能体 $i\in\{1,2,\cdots,n\}$ 的代价函数是动态变化的且是凸函数，即用 $f_i^t(\boldsymbol{x})$ 表示，本书设计在线分布式优化算法以有效求解优化问题 $\min F(\boldsymbol{x}) \triangleq \sum_{t=1}^{T}\sum_{i=1}^{n} f_i^t(\boldsymbol{x})$，其中，$T$ 为时间范围，本书以 Regret 界来度量在线算法的性能，并理论分析 Regret 的上界。

因此，本书研究网络化多智能体系统的分布式优化理论，设计分布式优化算法并且理论分析算法的收敛性与收敛速率，具有重要的理论与实际价值。

1.2 国内外研究现状

从优化理论的发展历程来看，由于凸代价函数的处理较为简单，而且比较基本，因此凸优化一直受到学术界的广泛关注[12-14]。而且在国防、经济、管理、工程、金融等领域中的许多问题，往往可归结为凸优化问题来求解。分布式离线优化与分布式在线优化的本质区别是局部代价函数是否随时间动态变化，其中，分布式离线优化中的局部代价函数不随时间动态变化，而分布式在线优化中的局部代价函数则随时间动态变化。因此，本节分别对分布式离线优化算法与分布式在线优化算法进行介绍。

1.2.1 分布式离线优化算法

优化问题可描述如下：在一个由 n 个智能体通过互联而形成的网络化多智能体系统中，用$\mathcal{G}=(\mathcal{V},\mathcal{E})$表示，其中，$\mathcal{V}=\{1,2,\cdots,n\}$表示智能体的集合；$\mathcal{E}\subset\mathcal{V}\times\mathcal{V}$表示边集合。每个智能体 $i\in\{1,2,\cdots,n\}$的代价函数 f_i 为凸函数，且整个网络的代价函数为各自局部代价函数之和，即：$f(\boldsymbol{x})=\sum_{i=1}^{n}f_i(\boldsymbol{x})$。该问题的目标是通过使用局部通信和局部计算设计有效的分布式优化算法以最小化 $f(\boldsymbol{x})$。所谓局部通信是指如果智能体 i 与 j 在$\mathcal{G}$上相连，则智能体 i 与 j 之间可以相互交换信息。局部计算是指每个智能体 $i\in\mathcal{V}$只能根据它自己的局部代价函数 f_i 与从其邻居获得的信息进行它的决策。近年来，这类问题受到了学术界、工业界的广泛关注，并且在资源分配、机器学习等诸多领域中得到了大量的应用[15-16]。

首先，Tsitsiklis、Bertsekas 等学者奠定了分布式计算模型的分析框架[17-19]。在这个分析框架中，代价函数是一个光滑函数，研究者通过分布式处理向量 $\boldsymbol{x}\in\mathbb{R}^d$ 的各个分量，最小化代价函数，并分析了其收敛性与收敛速率。Nedić 等学者在此基础上进一步发展了分布式优化方法[20]，提出了基于 Consensus 的分布式次梯度下降算法。文献[20]中，全局代价函数是各个代价函数之和，每个智能体仅知道自己的局部信息，而不知道其他智能体的信息，每个智能体可与其他智能体交互信息。在该算法中，每个智能体首先执行 Consensus 运算，随后沿着局部代价函数的负次梯度方向进行迭代。作者还分析了该算法的收敛性及收敛速率。文献[21]中，作者考虑了通信链路的可用性服从某一随机过程，分析认为所提分布式次梯度算法几乎是处处收敛的。当每个智能体的估计值被限制在不同的凸集内时，Nedić 等学者提出了分布式投影次梯度算法[22]。该算法的具体描述为：每个智能体首先执行一个局部平均运算，再沿着局部代价函数的负次梯度方向最小化自己的代价函数，最后将得到的估计值投影到约束集上。通过选择合适的步长，作者证明了所提算法能收敛到最优解。文献[23]基于对偶次梯度平均，提出了分布式对偶平均算法，并且分析了收敛速率，得到的收敛速率是一个关于网络大小和拓扑的函数。文献[24]中，作者分析了随机次梯度误差对分布式次梯度算法性能的影响。文献[25]将网络拓扑建模为一图值随机过程,且独立同分布,研究了分布式次梯度算法的性能,并分析了随机图的概率分布如何影响分布式次梯度算法的性能。文献[26]中,作者假设每个智能体仅知道自己的局部代价函数和约束集,智能体之间相互交换信息并更新自己的信息状态。另外假设通信模型是状态相关的,即通信过程是关于智能体状态的马尔可夫过程,而且链路的可用性与智能体状态相关。在这些假设条件下,作者分析了分布式投影次梯度算法的性能。文献[27]研究了异构局部约束的优化问题。文献[28]提出了分布式随机投影算法,并分析了该算法的收敛性。

另外在很多应用中,节点可能以不同的功率广播信息,而且每个节点的干扰和噪声模式可能也不一样,导致节点之间的通信是单向的。因此,网络拓扑可建模为有向图。当网络拓扑是一个有向图时,文献[29]提出了一种基于广播的算法,称为Subgradient-Push 算法,当每个智能体的代价函数是凸函数时,该算法的收敛速率为$O(\log t/\sqrt{t})$,其中,t 为迭代次数。另外可以看出,收敛速率与智能体的初始值、次梯度的范数以及智能体之间的网络信息扩散速度等相关。当每个智能体的代价函数是强凸函数时,即使只有随机梯度样本可用,文献[30]分析认为 Subgradient-Push 算法的收敛速率为 $O(\log t/t)$。文献[31]利用权平衡技术以克服有向图引起的不对称性,提出了基于权平衡的分布式次梯度算法,并分析了算法性能。当局部代价函数是凸函数时,该算法的收敛速率为 $O(\log t/\sqrt{t})$。文献[32]考虑有向图上的约束优化问题,提出了 D-DPS(directed-distributed projected subgradient)算法,当局部代价函数是凸函数时,该算法的收敛速率也可达到 $O(\log t/\sqrt{t})$。

一般来说,当局部代价函数是非光滑函数且步长满足衰减条件时,分布式(次)梯度下降算法能达到收敛速率 $O(\log t/\sqrt{t})$,与集中式次梯度算法的收敛速率在 $O(\cdot)$ 意义下相同,只存在常数项的差别。当步长是常数时,此类优化算法不能保证一定收敛到最优解集上,可能只能收敛到最优解的邻域中。为保证算法能收敛到最优解集,步长需渐近收敛到 0。但是该条件又会导致算法收敛速率变慢。由于分布式(次)梯度算法不能完全利用函数的光滑性,因此比集中式梯度算法的收敛速率慢。为了加快分布式优化算法的收敛速率,文献[33]基于集中式的 Nesterov 梯度算法,提出了分布式 Nesterov 梯度算法,其收敛速率可达到 $O\left(\frac{1}{t^{2/3}}\right)$,但仍比标准的集中式梯度下降算法的收敛速率 $O\left(\frac{1}{t}\right)$ 慢[34]。在文献[35]中,作者通过使用 Nesterov 加速技术以及在每一次迭代中节点之间进行多轮通信,提出了一种快速的分布式邻近梯度算法,该算法能以速率 $O(1/k)$收敛到最优解集,其中,k 为节点之间的通信轮数。文献[36]证明了以下事实:对于强凸的和光滑的代价函数,类似于分布式(次)梯度优化算法不可能达到与集中式梯度算法相同的线性收敛速率。或者,如文献[33,35]所建议的，在每个梯度估算之后，每个节点执行多轮Consensus步骤，可以加快类似分布式(次)梯度优化算法的收敛速率。但是，每次迭代中执行多轮Consensus步骤会导致巨大的通信负担。因此，为了减少通信负担，需充分利用函数的光滑性，以加快算法的收敛速率。

为了实现在常步长的条件下，分布式一阶算法能收敛到最优解集上，文献[37]通过在分布式梯度算法中添加一个纠错项，提出了EXTRA算法，纠错项包含了一些历史信息。当代价函数是凸的且有Lipschitz连续梯度，EXTRA算法能以速率$O(1/t)$精确收敛到最优解集上；当全局代价函数为强凸函数时，EXTRA算法以线性速率$O(\varepsilon^t)$收敛到最优解集上，其中，$0<\varepsilon<1$。在文献[36]中，作者通过有效地利用函数的光滑特性，证明了所提算法能达到与集中式梯度优化算法在$O(\cdot)$意义下相同的收敛速率，而且节点之间在每次迭代中仅使用一轮通信。当代价函数是凸函数且为光滑时，所提算法能达到收敛速率$O(1/t)$；当代价函数是强凸函数且为光滑时，所提算法能达到线性收敛速率$O(\varepsilon^t)$。在该算法中，作者结合了梯度下降与一种新的梯度估计方法。为了快速准确地估算平均梯度，作者同时利用了一些历史信息。当每个节点使用不同的常数步长时，文献[38]提出了增广分布式梯度算法，当步长足够小时，证明了所提算法是收敛的，但没给出算法的收敛速率。文献[39]分析了增广分布式梯度算法的收敛速率，每个节点使用不同的步长时，该算法都能达到线性收敛速率。文献[40]中，当每个节点都使用相同的常数步长时，使用分布式不精确梯度和梯度追踪技术，作者提出了DIGing算法，并证明了该算法能以线性收敛速率收敛到最优解集。在文献[41]中，为了克服有向图引起的不对称性，作者结合Push-sum协议与EXTRA算法，提出了DEXTRA算法，证明了该算法能达到线性收敛速率$O(\varepsilon^t)$，其中，$\varepsilon\in(0,1)$。优化算法DIGing也适用于有向图[40]。文献[42]考虑了约束优化问题，而且步长是固定不变的，通过使用Lyapunov方法证明了所提分布式优化算法具有较快的收敛速率。

除了基于Consensus的一阶分布式优化算法，还存在其他类型的分布式优化算法，例如邻近梯度算法(proximal gradient method，PGM)[43-47]、二阶分布式优化算法[48-55]、交替方向乘子算法(alternating direction method of multipliers，ADMM)[56-62]等。另外，在文献[63]中，作者通过使用博弈理论求解分布式优化问题，并得到了设计局部代价函数的系统方法。当网络中不存在中心协调器时，则需要设计异步分布式优化算法[64-71]。当代价函数是非凸函数时，目前求解以非凸函数为代价函数的优化算法较少[72-82]，尚处于初步研究阶段。

在智能体之间交互信息过程中，由于带宽、功率、计算能力受限，每个智能体不能得到邻居智能体的完整信息，只能得到量化后的信息，由此产生了基于量化信息的分布式优化问题。大部分基于次梯度的优化方法[83,84]虽然分析了算法的收敛性，但不能收敛到精确解，并且算法的精确程度与量化的精确程度有关。因此有待进一步研究基于量化信息的分布式优化算法，使算法收敛的精确程度不受量化的影响。另外在信息交互过程中，容易导致信息泄露，为了保持用户的隐私，大部分采用差分隐私机制，因此差分隐私分布式优化算法也有研究者关注[85-89]。

1.2.2 分布式在线优化算法

在网络化多智能体系统中，信息是随着时间动态变化且逐渐增多的，并且可用的资源有限。因此，亟须设计分布式的、实时的优化算法以优化网络化系统行为。在一个由 n 个智能体组成的网络化多智能体系统中，可用$\mathcal{G}=(\mathcal{V},\mathcal{E})$表示，其中，$\mathcal{V}=\{1,2,\cdots,n\}$表示智能体集合；$\mathcal{E}\subset\mathcal{V}\times\mathcal{V}$表示边集。整个网络的目标是最小化全局代价函数，形式化描述如下：

$$\min F(\boldsymbol{x})=\sum_{t=1}^{T}\sum_{i=1}^{n}f_t^i(\boldsymbol{x})$$

式中，函数 $f_t^i:\mathbb{R}^d\mapsto\mathbb{R}$ 为智能体 $i\in\{1,2,\cdots,n\}$在 $t\in\{1,2,\cdots,T\}$轮的局部代价函数，T 为时间范围。在此问题中，每个智能体 i 只知道自己的代价函数而不清楚其他智能体的代价函数，局部代价函数 f_t^i 是随时间 t 动态变化的，并且智能体 i 只能在 t 轮开始后才知道此变化。从这点来看，这是分布式在线优化与分布式优化之间的本质区别。在线优化算法在现代机器学习中产生了重要影响[90,91]。

目前，网络化多智能体系统的分布式在线优化算法的研究只停留在小范围内，不像分布式优化算法那样得到了广泛与深入的研究。文献[92]中，Dekel 等提出了分布式在线策略，将很多连续的基于梯度的在线预测算法转换为分布式算法，并且在适当的假设条件下分析了算法的 Regret 界，指出对于光滑凸代价函数和随机输入，该算法的 Regret 界是渐近最优的。当智能体之间连接拓扑形成一个链时，Raginsky 等[93]提出了基于顺序更新的分布式在线凸算法，并且通过理论分析得到了平方根 Regret 界，即 $O(\sqrt{T})$，其中，T 表示在线算法的时间范围。在文献[94]中，Yan 等引入了分布式在线投影次梯度下降算法。当局部代价函数是强凸函数时，该在线算法的 Regret 界为 $O(\log T)$，并且具有固有的隐私保持特性。文献[95]提出了分布式协调算法，该算法将分布式在线次梯度下降与鞍点动力学一般化了。Mateos-Núñez 等分析了该算法的性能：当局部代价函数是凸函数时，算法的 Regret 界可达到 $O(\sqrt{T})$；当局部代价函数是强凸函数时，算法的 Regret 界可达到 $O(\log T)$。在文献[96]中，Hosseini 等基于对偶平均提出了分布式在线 ADMM 算法，该算法的 Regret 界为 $O(\sqrt{T})$。Nedić 等[97]提出一种 Nesterov 原始-对偶分布式在线算法，该算法的 Regret 界为 $O(\sqrt{T})$。文献[98]基于对偶次梯度平均，提出了一种分布式在线优化算法，并分析了该算法的 Regret 界，即：代价函数为凸函数时，Regret 界为 $O(\sqrt{T})$。在文献[99]中，Akbari 等将 Push-sum 协议与次梯度下降算法结合在一起，提出了一种在时变有向图上的分布式在线凸优化算法。理论分析结果表明，该算法的 Regret 界为 $O((\log T)^2)$。Lee 等[100]提出了一种分布式在线原始-对偶算法，并且理论分析了该算法的 Regret 界为 $O(\sqrt{T})$。

文献[101]基于 Consensus 提出了一种自适应原始-对偶次梯度算法。该算法不需要知道总的迭代次数 T,可达到的 Regret 界为 $O(T^{1/2+c})$,其中,$c\in(0,1/2)$。当代价函数是强凸函数时,该算法可达到的 Regret 界为 $O(T^c)$。在文献[102]中,Shahrampour 等提出了分布式在线镜像下降算法,通过定义动态的 Regret 度量算法的性能,分析了该算法的动态 Regret 界为 $O(\sqrt{T})$。另外,在文献[103]中,当智能体之间不相互交换信息时,Xu 等基于全局反馈信息提出了分布式在线优化算法以最大化整个网络的报酬。文献[104]提出了一个分布式在线学习的框架,每个学习者根据上下文选择一个自己的行动。目前,在线学习算法在机器学习等领域得到了广泛的应用,但关于在线学习算法的研究主要集中在集中式在线学习算法,因此分布式在线学习算法还有待广泛深入地研究。

本节分别从分布式离线优化算法和分布式在线优化算法两个方面对国内外研究现状做了总结。可以看出,网络化多智能体系统的分布式优化理论是计算机科学、控制与运筹学中一个重要研究领域。

参考文献

[1] Camazine S, Denubourg J L, Franks N R, et al. Self-Organization in Biological Systems[M]. Princeton: Princeton Univ. Press, 2003.

[2] Bolognani S, Carli R, Cavraro G, et al. Distributed reactive power feedback control for voltage regulation and loss minimization[J]. IEEE Transactions on Automatic Control, 2015, 60(4): 966-981.

[3] Zhang Y, Giannakis G. Distributed stochastic market clearing with high-penetration wind power[J]. IEEE Transactions on Power System, 2016, 31(2): 895-906.

[4] Maffei A, Iannelli L, Glielmo L, et al. Asynchronous cooperative method for distributed model predictive control[C]//IEEE 55th Conference on Decision and Control (CDC), 2016: 6946-6951.

[5] Hastie T, Tibshirani R, Friedman J. The Elements of Statistical Learning: Data Mining, Inference, Prediction[M]. New York: Springer-Verlag, 2001.

[6] Bekkerman J L R, Bilenko M. Scaling Up Machine Learning: Parallel and Distributed Approaches[M]. Cambridge: Cambridge University Press, 2011.

[7] Cavalcante R, Yamada I, Mulgrew B. An adaptive projected subgradient approach to learning in diffusion networks[J]. IEEE Transactions on Signal Processing, 2009, 57(7): 2762-2774.

[8] Baingana B, Mateos G, Giannakis G. Proximal-gradient algorithms for tracking cascades over social networks[J]. IEEE Journal of Selected Topics in Signal Processing, 2014, 8(4): 563-575.

[9] Chiang M, Low S P, Caladerbank A R, et al. Layering as optimization decomposition: a mathematical theory of network architectures[J]. Proceedings of the IEEE, 2007, 95(1): 255-312.

[10] Beck A, Nedić A, Ozdaglar A. An $O(1/k)$ gradient method for network resource allocation problems[J]. IEEE Transactions on Control of Network Systems, 2014, 1(1): 64-73.
[11] Martinez S, Bullo F, Cortéz J, et al. On synchronous robotic networks—Part Ⅰ: Models, tasks, and complexity[J]. IEEE Transactions on Automatic Control, 2007, 52(12): 2199-2213.
[12] Boyd S, Vandenberghe L. Convex Optimization[M]. Cambridge: Cambridge University Press, 2004.
[13] Bertsekas D P. Nonlinear Programming[M]. 3rd ed, Belmont: Athena Scientific, 2016.
[14] Bertsekas D P, Nedić A, Ozdaglar A. Convex Analysis and Optimization[M]. Belmont: Athena Scientific, 2003.
[15] Johansson B. On Distributed Optimization in Networked Systems[D]. Stockholm: Royal Institute of Technology, 2008.
[16] Forero J A, Cano A, Giannakis G B. Consensus-based distributed support vector machines[J]. Journal of Machine Learning Research, 2010, 11(3): 1663-1707.
[17] Tsitsiklis J N. Problems in Decentralized Decision Making and Computation[D]. Cambridge: Massachusetts Institute of Technology, 1984.
[18] Tsitsiklis J N, Bertsekas D P, Athans M. Distributed asynchronous deterministic and stochastic gradient optimization algorithms[J]. IEEE Transactions on Automatic Control, 1986, AC-31(9): 803-812.
[19] Bertsekas D P, Tsitsiklis J N. Parallel and Distributed Computation: Numerical Methods[M]. Belmont: Athena Scientific, 1997.
[20] Nedić A, Ozdaglar A. Distributed subgradient methods for multi-agent optimization[J]. IEEE Transactions on Automatic Control, 2009, 54(1): 48-61.
[21] Lobel I, Ozdaglar A. Distributed subgradient methods for convex optimization over random networks[J]. IEEE Transactions on Automatic Control, 2011, 56(6): 1291-1306.
[22] Nedić A, Ozdaglar A, Parrilo P A. Constrained consensus and optimization in multi-agent networks[J]. IEEE Transactions on Automatic Control, 2010, 55(4): 922-938.
[23] Duchi J C, Agarwal A, Wainwright M J. Dual averaging for distributed optimization: Convergence analysis and network scaling[J]. IEEE Transactions on Automatic Control, 2012, 57(3): 592-606.
[24] Ram S S, Nedić A, Veeravalli V V. Distributed stochastic subgradient projection algorithms for convex optimization[J]. Journal of Optimization Theory and Application, 2010, 147(3): 516-545.
[25] Matei I, Baras S B. Performance evaluation of the consensus-based distributed subgradient method under random communication topologies[J]. IEEE Journal of Selected Topics in Signal Processing, 2011, 5(4): 754-771.
[26] Lobel I, Ozdaglar A, Feijer D. Distributed multi-agent optimization with state-dependent communication[J]. Mathematical Programming, 2011, 129(2): 255-284.
[27] Zhu M, Martínez S. On distributed convex optimization under inequality and equality constraints[J]. IEEE Transactions on Automatic Control, 2012, 57(1): 151-164.
[28] Lee S, Nedić A. Distributed random projection algorithm for convex optimization[J]. IEEE Journal on Selected Topics in Signal Processing, 2013, 7(3): 221-229.

[29] Nedić A,Olshevsky A. Distributed optimization over time-varying directed graphs[J]. IEEE Transactions on Automatic Control,2015,60(3): 601-615.

[30] Nedić A, Olshevsky A. Stochastic gradient-push for strongly convex functions on time-varying directed graphs [J]. IEEE Transactions on Automatic Control, 2016, 61 (12): 3936-3947.

[31] Makhdoumi A, Ozdaglar A. Graph balancing for distributed subgradient methods over directed graphs [C]//IEEE 55th Conference on Decision and Control (CDC), 2015: 1364-1371.

[32] Xi C,Khan U A. Distributed subgradient projection algorithm over directed graphs[J]. IEEE Transactions on Automatic Control,2017,62(8): 3986-3992.

[33] Jakovetić D, Xavier J, Moura J M F. Fast distributed gradient methods [J]. IEEE Transactions on Automatic Control,2014,59(5): 1131-1146.

[34] Nesterov Y. Introductory Lectures on Convex Optimization: A Basic Course[M]. Boston: Springer,2004.

[35] Chen A I,Ozdaglar A. A fast distributed proximal-gradient method[C]//IEEE 50th Annual Allerton Conference on Communication,Control and Computing (Allerton),2012: 601-608.

[36] Qu G, Li N. Harnessing smoothness to accelerate distributed optimization [J]. IEEE Transactions on Control of Networks Systems,2018,5(3): 1245-1260.

[37] Shi W, Ling Q, Wu G, et al. Extra: An exact first-order algorithm for decentralized consensus optimization[J]. SIAM Journal on Optimization,2015,25(2): 944-966.

[38] Xu J, Zhu S, Soh Y C, et al. Augmented distributed gradient methods for multi-agent optimization under uncoordinated constant stepsizes[C]//IEEE 54th Conference on Decision and Control (CDC),2016: 2055-2060.

[39] Nedić A,Olshevsky A,Wei S,et al. Geometrically convergent distributed optimization with uncoordinated step-sizes [C]//IEEE American Control Conference (ACC), 2017: 3950-3955.

[40] Nedić A,Olshevsky A,Wei S. Achieving geometric convergence for distributed optimization over time-varying graphs[OL]. Available: https: //arxiv. org/pdf/1607. 03218v3. pdf.

[41] Xi C,Khan U A. DEXTRA: A fast algorithm for optimization over directed graphs[J]. IEEE Transactions on Automatic Control,2017,62(10): 4980-4993.

[42] Liu Q, Yang S, Hong Y. Constrained consensus algorithms with fixed step size for distributed convex optimization over multiagent networks [J]. IEEE Transactions on Automatic Control,2017,62(8): 4259-4265.

[43] Margellos K,Falsone A,Garatti S,et al. Distributed constrained optimization and consensus in uncertain networks via proximal minimization [J]. IEEE Transactions on Automatic Control,2018,63(5): 1372-1387.

[44] Shi W, Ling Q, Wu G, et al. A proximal gradient algorithm for decentralized composite optimization[J]. IEEE Transactions on Signal Processing,2015,63(22): 6013-6023.

[45] Margellos K, Falsone A, Garatti S, et al. Proximal minimization based distributed convex optimization[C]//IEEE American Control Conference (ACC),2016: 2466-2471.

[46] Hong M,Chang T H. Stochastic proximal gradient consensus over random networks[J]. IEEE Transactions on Signal Processing,2017,65(11): 2933-2948.

[47] Gu R, Dogandi A. Projected Nesterov's proximal-gradient algorithm for sparse signal recovery[J]. IEEE Transactions on Signal Processing, 2017, 65(13): 3510-3525.

[48] Liu Q, Wang J. A second-order multi-agent network for bound-constrained distributed optimization[J]. IEEE Transactions on Automatic Control, 2015, 60(12): 3310-3315.

[49] Mokhtari A, Ling Q, Ribeiro A. Network Newton distributed optimization methods[J]. IEEE Transactions on Signal Processing, 2017, 65(1): 146-161.

[50] Bertsekas D P. Centralized and distributed Newton methods for network optimization and extensions[J]. Mathematics, 2015, 3(3): 5917-5922.

[51] Varagnolo D, Zanella F, Cenedese A, et al. Newton-Raphson consensus for distributed convex optimization[J]. IEEE Transactions on Automatic Control, 2016, 61(4): 994-1009.

[52] Mokhtari A, Shi W, Ling Q, et al. A decentralized second-order method with exact linear convergence rate for consensus optimization [J]. IEEE Transactions on Signal and Information Processing over Networks, 2016, 2(4): 507-522.

[53] Bajović D, Jakovetić D, Krejić N, et al. Newton-like method with diagonal correction for distributed optimization[OL]. Available: https://arxiv.org/pdf/1509.01703v2.pdf.

[54] Eisen M, Mokhtari A, Ribeiro A. Decentralized quasi-Newton methods [J]. IEEE Transactions on Signal Processing, 2017, 65(10): 2613-2628.

[55] Yousefian F, Nedić A, Shanbhag U V. Stochastic quasi-Newton methods for non-strongly convex problems: Convergence and rate analysis[C]//IEEE 55th Conference on Decision and Control (CDC), 2016: 4496-4503.

[56] Boyd S, Parikh N, Chu E, et al. Distributed optimization and statistical learning via the alternating direction method of multipliers [J]. Foundations and Trends in Machine Learning, 2010, 3(1): 1-122.

[57] Mota J F C, Xavier J M F, Aguiar P M Q, et al. D-ADMM: A communication-efficient distributed algorithm for separable optimization [J]. IEEE Transactions on Signal Processing, 2013, 61(10): 2718-2723.

[58] Chang T H, Hong M, Wang X. Multi-agent distributed optimization via inexact consensus ADMM[J]. IEEE Transactions on Signal Processing, 2015, 63(2): 482-497.

[59] Chang T H. A proximal dual consensus ADMM method for multi-agent constrained optimization[J]. IEEE Transactions on Signal Processing, 2016, 64(14): 3719-3734.

[60] Ling Q, Liu Y, Shi W, et al. Weighted ADMM for fast decentralized network optimization [J]. IEEE Transactions on Signal Processing, 2016, 64(22): 5930-5942.

[61] Kumar S, Jain R, Rajawat K. Asynchronous optimization over heterogeneous networks via consensus ADMM [J]. IEEE Transactions on Signal and Information Processing over Networks, 2017, 3(1): 114-129.

[62] Makhdoumi A, Ozdaglar A. Convergence rate of distributed ADMM over networks[J]. IEEE Transactions on Automatic Control, 2017, 62(10): 5082-5095.

[63] Li N, Marden J R. Designing games for distributed optimization[J]. IEEE Journal of Selected Topics in Signal Processing, 2013, 7(2): 230-242.

[64] Boyd S, Ghosh A, Prabhakar B, et al. Randomized gossip algorithms[J]. IEEE Transactions on Information Theory, 2006, 52(6): 2508-2530.

[65] Nedić A. Asynchronous broadcast-based convex optimization over a network [J]. IEEE

Transactions on Automatic Control,2011,56(6): 1337-1351.

[66] Lee S,Nedić A. Asynchronous gossip-based random projection algorithms over networks[J]. IEEE Transactions on Automatic Control,2016,61(4): 953-968.

[67] Zhang R,Kwok J T. Asynchronous distributed ADMM for consensus optimization[C]// Proceedings of the 31st International Conference on Machine Learning,2014: 1701-1709.

[68] Chang T H,Hong M,Liao W C,et al. Asynchronous distributed ADMM for large-scale optimization—Part Ⅰ: Algorithm and convergence analysis[J]. IEEE Transactions on Signal Processing,2016,64(12): 3118-3130.

[69] Chang T H,Liao W C,Hong M,et al. Asynchronous distributed ADMM for large-scale optimization—Part Ⅱ: Linear convergence analysis and numerical performance[J]. IEEE Transactions on Signal Processing,2016,64(12): 3131-3144.

[70] Bianchi P,Hachem W,Iutzele F. A coordinate descent primal-dual algorithm and application to distributed asynchronous optimization[J]. IEEE Transactions on Automatic Control, 2016,61(10): 2947-2957.

[71] Notarnicola I,Notarstefano G. Asynchronous distributed optimization via randomized dual proximal gradient[J]. IEEE Transactions on Automatic Control,2017,62(5): 2095-2106.

[72] Bianchi P,Jakubowicz J. Convergence of a multi-agent projected stochastic gradient algorithm for non-convex optimization[J]. IEEE Transactions on Automatic Control,2013,58(2): 391-405.

[73] Yang Y,Scutari G,Palomar D P,et al. A parallel decomposition method for nonconvex stochastic multi-agent optimization problems[J]. IEEE Transactions on Signal Processing, 2016,64(11): 2949-2964.

[74] Lorenzo P D,Scutari G. NEXT: In-network nonconvex optimization[J]. IEEE Transactions on Signal and Information Processing over Networks,2016,2(2): 120-136.

[75] Magnússon S,Weeraddana P C,Rabbat M G,et al. On the convergence of alternating direction lagrangian methods for nonconvex structured optimization problems[J]. IEEE Transactions on Control of Network Systems,2016,3(3): 296-309.

[76] Rakotomamonjy A,Flamary R,Gasso G. DC Proximal Newton for nonconvex optimization problems[J]. IEEE Transactions on Neural Networks and Learning Systems,2016,27(3): 636-647.

[77] Hong M. A distributed, asynchronous and incremental algorithm for nonconvex optimization: An ADMM approach[J]. IEEE Transactions on Control of Network Systems, 2018,5(3): 935-945.

[78] Scutari G,Facchinei F,Lampariello L. Parallel and distributed methods for constrained nonconvex optimization—Part Ⅰ: Theory[J]. IEEE Transactions on Signal Processing, 2017,65(8): 1929-1944.

[79] Scutari G,Facchinei F,Lampariello L,et al. Parallel and distributed methods for constrained nonconvex optimization—Part Ⅱ: Applications in communications and machine learning[J]. IEEE Transactions on Signal Processing,2017,65(8): 1945-1960.

[80] Wai H T,Lafond J,Scaglione A,et al. Decentralized Frank-Wolfe algorithm for convex and nonconvex problems[J]. IEEE Transactions on Automatic Control, 2017, 62(11): 5522-5537.

[81] Chatzipanagiotis N, Zavlanos M M. On the convergence of a distributed augmented lagrangian method for non-convex optimization[J]. IEEE Transactions on Automatic Control,2017,62(9): 4405-4420.

[82] Tatarenko T, Touri B. Non-convex distributed optimization[J]. IEEE Transactions on Automatic Control,2017,62(8): 3744-3757.

[83] Nedić A,Olshevsky A,Ozdaglar A,et al. Distributed subgradient methods and quantization effects[C]//IEEE 47th Conference on Decision and Control (CDC),2008: 4177-4184.

[84] Rabbat M G,Nowak R D. Quantized incremental algorithms for distributed optimization[J]. IEEE Journal on Selected Areas in Communications,2005,23(4): 798-808.

[85] Huang Z,Mitra S, Vaidya N. Differentially private distributed optimization[C]//The 2015 International Conference on Distributed Computing and Networking,2015: 4.

[86] Hale M T, Egerstedty M. Differentially private cloud-based multi-agent optimization with constraints[C]//IEEE American Control Conference,2015: 1235-1240.

[87] Wang Y,Hale M,Egerstedt M,et al. Differentially private objective functions in distributed cloudbased optimization[C]//IEEE 55th Conference on Decision and Control (CDC),2016: 3688-3694.

[88] Nozari E,Tallapragada P,Cortes J. Differentially private distributed convex optimization via functional perturbation[J]. IEEE Transactions on Control of Network Systems,2015,5(1): 395-408.

[89] Han S,Topcu U,Pappas G J. Differentially private distributed constrained optimization[J]. IEEE Transactions on Automatic Control,2017,62(1): 50-64.

[90] Zinkevich M. Online convex programming and generalized infinitesimal gradient ascent[C]// The 20th International Conference on Machine Learning,2003: 928-936.

[91] Xiao L. Dual averaging methods for regularized stochastic learning and online optimization [J]. Journal of Machine Learning Research,2010,11(1): 2543-2596.

[92] Dekel O,Ran G B,Shamir O,et al. Optimal distributed online prediction using mini-batches [J]. Journal of Machine Learning Research,2012,13(1): 165-202.

[93] Raginsky M, Kiarashi N, Willett R. Decentralized online convex programming with local information[C]//IEEE American Control Conference,2011: 5363-5369.

[94] Yan F, Sundaram S, Vishwanathan S V N, et al. Distributed autonomous online learning: Regrets and intrinsic privacy-preserving properties[J]. IEEE Transactions on Knowledge and Data Engineering,2013,25(11): 2483-2493.

[95] Mateos-Núñez D, Cortés J. Distributed online convex optimization over jointly connected digraphs[J]. IEEE Transactions on Network Science and Engineering,2014,1(1): 23-37.

[96] Hosseini S,Chapman A, Mesbahi M. Online distributed ADMM via dual averaging[C]// IEEE 53rd Conference on Decision and Control (CDC),2015: 904-909.

[97] Nedić A,Lee S,Raginsky M. Decentralized online optimization with global objectives and local communication[C]//IEEE 2015 American Control Conference (ACC), 2015: 4497-4503.

[98] Hosseini S, Chapman A, Mesbahi M. Online distributed convex optimization on dynamic networks[J]. IEEE Transactions on Automatic Control,2016,61(11): 3545-3550.

[99] Akbari M,Gharesifard B,Linder T. Distributed online convex optimization on time-varying

directed graphs[J]. IEEE Transactions on Control of Network Systems, 2017, 4(3): 417-428.

[100] Lee S, Zavlanos M M. Distributed primal-dual methods for online constrained optimization [C]//IEEE American Control Conference, 2016: 7171-7176.

[101] Yuan D, Ho D W C, Jiang G. An adaptive primal-dual subgradient algorithm for online distributed constrained optimization[J]. IEEE Transactions on Cybernetics, 2018, 48(11): 3045-3055.

[102] Shahrampour S, Jadbabaie A. Distributed online optimization in dynamic environments using mirror descent[J]. IEEE Transactions on Automatic Control, 2018, 63(3): 714-725.

[103] Xu J, Tekin C, Zhang S, et al. Distributed multi-agent online learning based on global feedback[J]. IEEE Transactions on Signal Processing, 2015, 63(9): 2225-2238.

[104] Tekin C, Schaar M V D. Distributed online learning via cooperative contextual bandits[J]. IEEE Transactions on Signal Processing, 2015, 63(14): 3700-3714.

第2章

分布式随机次梯度投影算法

2.1 引言

2.2 算法设计

2.3 主要结果

2.4 收敛性能分析

2.5 本章小结

在分布式约束优化问题中，每个智能体只知道自己的代价函数而不知道其他智能体的代价函数。因此，亟须设计一种快速收敛的分布式优化算法以求解此类优化问题。本章考虑时变有向网络化多智能体系统中的分布式约束优化问题，且全局代价函数为每个智能体的代价函数之和。本章提出一种分布式随机次梯度投影算法以有效求解这类约束优化问题。由于本章考虑的网络化多智能体系统建模为时变有向图，故权矩阵可能不是双随机矩阵。因此，本章使用权平衡技术以克服此困难。通过选择合适的步长，本章证明了每个智能体的迭代值渐近收敛到最优值。同时，本章分析了所提算法的收敛速率：当每个智能体的代价函数是强凸函数时，算法的收敛速率为 $O(\log T/T)$；当每个智能体的代价函数是凸函数时，算法的收敛速率为 $O(\log T/\sqrt{T})$，其中 T 为迭代次数。

2.1　引言

在通信网络中的资源分配[1]、传感器网络中分布式追踪、估计与检测[2-5]、大规模机器学习[6-8]、多智能体协调[9]等问题中，很多问题都可看作分布式优化问题。而且在网络化多智能体系统中，每个智能体只能利用自己的局部信息。另外，智能体的物理内存、计算能力和能量资源有限，因此这些智能体不能处理大规模问题或执行计算量过大的计算。通信开销也是必须要考虑的重要因素。因此，亟须设计分布式优化算法以求解此类优化问题。在此类优化算法中，每个智能体只能利用自己的局部信息且智能体之间可相互交换信息。而且此类优化算法是全分布式的，不需要中心节点进行协调或统一处理。在本章中，考虑分布式约束优化问题，设计有效的分布式优化算法以求解此优化问题。

分布式优化算法的研究可追溯到 Tsitsiklis 等的奠基性工作[10-12]。近年来,许多研究者对分布式优化算法的发展做了大量的工作[13-17]。在这些工作中,主要使用分布式梯度或次梯度算法,而且充分研究了这些算法的性能限制和收敛速率。除此之外,分布式牛顿算法以及其他下降算法也受到了广泛关注[18-22],它们的收敛性能也得到了分析。在这些工作中,要么假设网络拓扑是固定的,要么假设网络拓扑是无向的。然而在通信网络中,由于不同智能体的广播功率可能不一样,而且它们的干扰与噪声模式也可能不一样,因此可能导致智能体之间是单向通信。所以,有向的网络拓扑是一种很自然的假设。另外,由于智能体可能移动,而且智能体之间的通信可能被破坏,因此有必要假设网络拓扑是随时间变化的。基于以上原因,本章假设网络拓扑是时变的且是有向的。根据 Hendrickx 和 Tsitsiklis 得到的结论[23],每个智能体必须知道它自己的出度信息。因此,本章假设每个智能体知道自己的出度信息。在实际应用中,可通过双向交换"Hello"信息以获得节点的出度信息。

近年来,针对时变有向网络拓扑,Nedić 等[24,25]提出了一种 Gradient-push 分布式算法。Makhdoumi 等[26]使用权平衡技术,提出一种分布式次梯度算法。另外,Touri 等[27]提出一种连续时间优化算法。同时,这些研究者也分析了优化算法的收敛性能。当每个智能体的代价函数是凸函数时,所提算法的收敛速率为 $O(\log T/\sqrt{T})$[24,26]。另外,假设每个智能体的代价函数是可微的且是强凸函数,而且假设每个智能体的梯度函数是 Lipschitz 连续的,此时所提算法的收敛速率为 $O(\log T/T)$[25]。但是这些工作考虑的是无约束优化问题。而本章考虑的是约束优化问题。与本章相近的工作是 Xi 等[28]提出的 D-DPS 算法,他们分析了代价函数是凸函数时算法的收敛性能,算法的收敛速率为 $O(\log T/\sqrt{T})$,其中 T 为迭代次数。但该算法考虑的网络拓扑是非时变的和有向的,而且他们没有分析代价函数是强凸函数时该算法的收敛速率。本章使用权平衡技术以克服有向网络拓扑带来的困难,提出了一种分布式随机次梯度投影算法。同时,假设每个智能体的局部代价函数是强凸函数时,即使智能体只能获得自己的噪声次梯度信息,所提算法也可渐近收敛到最优解,收敛速率为 $O(\log T/T)$。除此之外,本章同时也分析了局部代价函数为凸函数时所提算法的收敛性能,证明了算法能以速率 $O(\log T/\sqrt{T})$渐近收敛到最优解。而在集中式优化算法中,假设每个智能体的代价函数是强凸的和可微的,而且噪声次梯度的方差是有界的,该类算法的收敛速率为 $O(1/T)$[29]。由此可知,本章所提算法的收敛速率已经非常接近这个收敛速率。另外,在本章所提的分布式优化算法中,并不需要假设局部代价函数是可微的。

因此,面向时变有向的网络化多智能体系统,本章考虑分布式约束优化问题。由于网络拓扑是一个有向图,因此本章采用权平衡技术以克服有向图引起的不对称性。基于权平衡技术,首先提出一种分布式随机梯度投影算法以求解分布式约束优化问题。为了分析所提算法的性能,本章给出了一些标准的假设,并假定这些假设是成立的，分析了所提算法的收敛性以及收敛速率。当局部代价函数是强凸函数时，所提算法以速率 $O(\log T/T)$渐近收敛到最优解，而且最优解是唯一的；当局部代价函数是凸函数时，所提算法渐近收敛到最优解且收敛速率为 $O(\log T/\sqrt{T})$。

2.2 算法设计

本章将网络化多智能体系统建模为一个图，网络中的每个智能体为图中一个节点。因此，$\mathcal{G}(t)=(\mathcal{V},\mathcal{E}(t))$表示时刻 t 的网络拓扑，其中，$\mathcal{V}=\{1,2,\cdots,n\}$表示智能体集合；$\mathcal{E}(t)\subset\mathcal{V}\times\mathcal{V}$为有向边集合。$(i,j)\in\mathcal{E}(t)$表示时刻 t 节点 i 到节点 j。两个节点能直接交互信息，则称两节点互为邻居。$\mathcal{N}_i^{\text{in}}(t)=\{j\in\mathcal{V}\mid(j,i)\in\mathcal{E}(t)\}$表示节点 i 的入邻居集合，$\mathcal{N}_i^{\text{out}}(t)=\{j\in\mathcal{V}\mid(i,j)\in\mathcal{E}(t)\}$为节点 i 的出邻居集合。另外，$d_i^{\text{in}}(t)=|\mathcal{N}_i^{\text{in}}(t)|$为节点 i 在时刻 t 的入度，$d_i^{\text{out}}(t)=|\mathcal{N}_i^{\text{out}}(t)|$为节点 i 在时刻 t 的出度。考虑如下约束优化问题：

$$\begin{aligned}&\min f(\boldsymbol{x})=\sum_{i=1}^{n}f_i(\boldsymbol{x})\\&\text{subject to}\quad \boldsymbol{x}\in\mathcal{X}\end{aligned}\tag{2-1}$$

式中，f_i: $\mathbb{R}^d\to\mathbb{R}$ 为节点 i 的代价函数，$\mathcal{X}\subseteq\mathbb{R}^d$ 为约束集。

本章的目标是设计一种分布式算法以节点之间协作的方式求解优化问题式(2-1)。因此，假设每个节点只知道自己的代价函数，且每个节点可与它的出邻居共享它的估计值。

由于网络拓扑是时变的和有向的，故使用权平衡技术克服有向网络拓扑所引起的不对称性，即权矩阵可能不是双随机矩阵。首先给出权平衡的定义如下：

定义 2.1 假如对于任意节点 $i\in\mathcal{V}$，其权值 w_i 满足以下关系：

$$w_i d_i^{\text{out}}(t)=\sum_{j\in\mathcal{N}_i^{\text{in}}(t)}w_j$$

则称权值 w_i 平衡一个时变有向图$\mathcal{G}(t)$。

从定义 2.1 可以看出，流入节点 i 的总权值 $\sum_{j\in\mathcal{N}_i^{\text{in}}(t)}w_j$ 等于流出节点 i 的总权值 $w_i d_i^{\text{out}}(t)$。

为求解优化问题(2-1)，首先给出一些标准假设。

假设 2.1 假设时变有向图序列$\mathcal{G}(t)$是强连接的，即：对于所有 $i,j\in\mathcal{V}$，在时刻 t 存在一条节点 i 到节点 j 的通路。

假设 2.1 确保任意节点 i 在时刻 t 可接收其他节点 j 的信息。

假设 2.2 假设约束集 $\mathcal{X}\subseteq\mathbb{R}^d$ 是闭且凸的。同时也假设每个局部代价函数 $f_i(\boldsymbol{x})$是凸的，即：对所有的 $\boldsymbol{x},\boldsymbol{y}\in\mathcal{X}$，函数 f_i 满足

$$f_i(\boldsymbol{x})-f_i(\boldsymbol{y})\geqslant\nabla f_i(\boldsymbol{y})^{\mathrm{T}}(\boldsymbol{x}-\boldsymbol{y})+\frac{\sigma_i}{2}\|\boldsymbol{x}-\boldsymbol{y}\|^2 \tag{2-2}$$

式中，$\sigma_i\geqslant0$ 为常数；$\nabla f_i(\boldsymbol{y})$是函数 $f_i(\boldsymbol{x})$在 $\boldsymbol{x}=\boldsymbol{y}$ 处的次梯度。当 $\sigma_i>0$ 时，每个局部代价函数为 σ_i-强凸函数；否则，函数 f_i 为一般的凸函数。

假设 2.2 确保次梯度集合∂f_i 是非空的。另外，还给出了关于次梯度的假设。

假设 2.3　对于任意节点 i，$i=1,2,\cdots,n$，假设函数 $f_i(\boldsymbol{x})$的次梯度$\nabla f_i(\boldsymbol{x})$在$\mathcal{X}$上是一致有界的，即：对于所有 $\boldsymbol{x}\in\mathcal{X}$，$\|\nabla f_i(\boldsymbol{x})\|\leqslant L_i$。

由假设 2.3 可知，对于任意的 $\boldsymbol{x}\in\mathcal{X}$，有

$$\|\nabla f_i(\boldsymbol{x})\|\leqslant L_{\max} \tag{2-3}$$

式中，$L_{\max}=\max\limits_i L_i$，$i=1,2,\cdots,n$。

下面给出本章提出的优化算法的描述。令 $\boldsymbol{x}_i(t)\in\mathcal{X}$为节点 i 在时刻 t 的迭代值，即为最优解的估计值。因此，节点 $i\in\mathcal{V}$的估计值 $\boldsymbol{x}_i(t)$在 t 时的更新规则如下：

$$\boldsymbol{z}_i(t)=(1-w_i(t)d_i^{\mathrm{out}}(t))\boldsymbol{x}_i(t)+\sum_{j\in\mathcal{N}_i^{\mathrm{in}}(t)}w_j(t)\boldsymbol{x}_j(t) \tag{2-4}$$

$$\boldsymbol{x}_i(t+1)=\Pi_{\mathcal{X}}[\boldsymbol{z}_i(t)-\alpha(t)\boldsymbol{g}_i(t)] \tag{2-5}$$

式中，$\alpha(t)$为步长序列；$\boldsymbol{g}_i(t)$为 $\boldsymbol{g}_i(\boldsymbol{x}_i(t))$的缩略表示。$\boldsymbol{g}_i(\boldsymbol{x}_i(t))$为函数 $f_i(\boldsymbol{x})$在 $\boldsymbol{x}=\boldsymbol{x}_i(t)$处的噪声次梯度。从式(2-4)和式(2-5)可以看出，每个节点首先线性融合自己与入邻居的估计值，再沿着它的代价函数的负噪声次梯度方向进行调整。最后通过将调整值投影到约束集上，得到更新的估计值。以上更新方式可利用简单的广播通信协议实现。

因为本章考虑的次梯度是噪声次梯度，因此噪声次梯度的描述如下：

$$\boldsymbol{g}_i(\boldsymbol{x}_i(t))=\nabla f_i(\boldsymbol{x}_i(t))+\epsilon_i(t) \tag{2-6}$$

式中，$\nabla f_i(\boldsymbol{x}_i(t))$是函数 $f_i(\boldsymbol{x})$在 $\boldsymbol{x}=\boldsymbol{x}_i(t)$处的次梯度；$\epsilon_i(t)\in\mathcal{X}$为随机次梯度误差。

令$\mathcal{F}_t$表示式(2-4)和式(2-5)产生的所有历史信息。因此，随机次梯度误差的假设如下：

假设 2.4　对于任意节点 i，$i=1,2,\cdots,n$，假设随机次梯度误差$\epsilon_i(t)$是相互独立的随机变量且均值为 0，即：$\mathbb{E}[\epsilon_i(t)\mid\mathcal{F}_{t-1}]=0$。另外，假设随机次梯度误差的范数$\|\epsilon_i(t)\|$是一致有界的，即：$\mathbb{E}[\|\epsilon_i(t)\|\mid\mathcal{F}_{t-1}]\leqslant\nu_i$，其中，$\nu_i$ 是正常数。

为了实现权平衡，节点 $i\in\mathcal{V}$按如下规则更新它自己的权值：

$$w_i(t+1)=\frac{1}{2}w_i(t)+\frac{1}{d_i^{\mathrm{out}}(t)}\sum_{j\in\mathcal{N}_i^{\mathrm{in}}(t)}\frac{1}{2}w_j(t) \tag{2-7}$$

式中，$w_i(t)$为节点 i 在时刻 t 的权值。

另外，优化问题(2-1)的最优解集合为$\mathcal{X}^*\triangleq\{\boldsymbol{x}\in\mathcal{X}\mid f(\boldsymbol{x})=f^*\}$其中，$f^*\triangleq\min\limits_{x\in\mathcal{X}}f(\boldsymbol{x})$。因此，本章假设最优解集合$\mathcal{X}^*$是非空的。

2.3　主要结果

本节首先给出了所提优化算法的渐近收敛性，即：通过选择适当的步长，式(2-4)和式(2-5)渐近收敛到最优解。具体描述如下：

定理 2.1　如果假设 2.1～假设 2.4 成立。最优解集合$\mathcal{X}^*$是非空的。对任意 $i=1,2,\cdots,n$ 和正步长$\alpha(t)$，估计序列$\{\boldsymbol{x}_i(t)\}$由式(2-4)和式(2-5)产生。如果步长$\alpha(t)$是正的且满足以下衰减条件：对于 $t>s\geqslant 1$，

$$\sum_{t=1}^{\infty}\alpha(t)=\infty,\quad \sum_{t=1}^{\infty}\alpha^2(t)<\infty,\quad \alpha(t)\leqslant\alpha(s) \tag{2-8}$$

则每个估计序列$\{\boldsymbol{x}_i(t)\}$以概率 1 收敛到某些最优解 $\boldsymbol{x}^*\in\mathcal{X}^*$，即：对于所有 $i=1,2,\cdots,n$，$\lim\limits_{t\to\infty}\boldsymbol{x}_i(t)=\boldsymbol{x}^*$ 以概率 1 成立。

由定理 2.1 可知，在时变有向图中，所有迭代值可渐近收敛到某些最优解。因此，通过所提优化算法可求解约束优化问题(2-1)。

下面给出式(2-4)和式(2-5)的收敛速率。为了分析算法的收敛速率，首先引入估计值序列的权平均变量$\{\boldsymbol{x}_i(t)\}_{t\geqslant 0}$，具体为：对任意 $t\geqslant 2$，

$$\hat{\boldsymbol{x}}_i(t)=\frac{\sum\limits_{s=1}^{t}(s-1)\boldsymbol{x}_i(s)}{t(t-1)/2} \tag{2-9}$$

因此，有以下递推关系：

$$\hat{\boldsymbol{x}}_i(t+1)=\frac{t\boldsymbol{x}_i(t+1)+S(t)\hat{\boldsymbol{x}}_i(t)}{S(t+1)} \tag{2-10}$$

式中，$S(t)=t(t-1)/2, t\geqslant 2$；$\hat{\boldsymbol{x}}_i(1)=\boldsymbol{x}_i(0)$。

因此，当局部代价函数是强凸函数时，即对于任意 $i=1,2,\cdots,n,\sigma_i>0$，式(2-4)和式(2-5)的收敛速率如下：

定理 2.2　如果假设 2.1～假设 2.4 成立。令 $\alpha(t)=\mu/(t+1)$，其中，μ 为正常数且满足

$$\mu\,\frac{\sum\limits_{i=1}^{n}\sigma_i}{n}\geqslant 4 \tag{2-11}$$

则对于所有 $i=1,2,\cdots,n$，有

$$\begin{aligned}&\mathbb{E}\left[f(\hat{\boldsymbol{x}}_i(T))-f(\boldsymbol{x}^*)+\sum_{j=1}^{n}\sigma_j\|\boldsymbol{x}_j(T)-\boldsymbol{x}^*\|^2\right]\\&\leqslant\frac{12\mu}{T}\sum_{i=1}^{n}(L_i+\nu_i)^2+\frac{2C}{T}\left(5L+2\sum_{i=1}^{n}(L_i+\nu_i)\right)\cdot\\&\left(\frac{\lambda}{1-\lambda}\sum_{j=1}^{n}\|\boldsymbol{x}_j(0)\|_1+\frac{2\mu\sqrt{d}}{1-\lambda}\sum_{i=1}^{n}(L_i+\nu_i)(1+\log T)\right)\end{aligned} \tag{2-12}$$

式中，L_i，ν_i，C 是正常数；$\lambda \in (0,1)$；$L=\sum_{i=1}^{n} L_i$；T 为迭代次数。

从定理 2.2 可以看出，对所有 $i=1,2,\cdots,n$，$f(\hat{\boldsymbol{x}}_i(T))$渐近收敛到 $f(\boldsymbol{x}^*)$。根据式(2-12)，不等式右边的分子上要么是常数项，要么含有 $\log T$ 项，而分母都含有 T 项。因此，式(2-4)和式(2-5)的收敛速率为 $O(\log T/T)$。即所有估计值以速率 $O(\log T/T)$渐近收敛到某些最优解。

当局部代价函数是凸函数时，即 $\sigma_i=0$，式(2-4)和式(2-5)的收敛速率如下。

定理 2.3 如果假设 2.1～假设 2.4 成立。令 $\alpha(t)=1/\sqrt{t+1}$，其中 $t \geqslant 0$。对于所有 $i=1,2,\cdots,n$，则

$$
\begin{aligned}
& \mathbb{E}[f(\tilde{\boldsymbol{x}}_i(T))-f(\boldsymbol{x}^*)] \\
& \leqslant \frac{n}{2\sqrt{T}}\|\bar{\boldsymbol{x}}(0)-\boldsymbol{x}^*\|^2+\frac{C\left(3L+\sum_{i=1}^{n}(L_i+\nu_i)\right)\sum_{j=1}^{n}\|\boldsymbol{x}_j(0)\|_1}{(1-\lambda)\sqrt{T}}+ \\
& \quad \frac{C\left(9L+\sum_{i=1}^{n}(L_i+\nu_i)\right)\log(T+1)}{(1-\lambda)\sqrt{T}}\sum_{j=1}^{n}2\sqrt{d}(L_j+\nu_j)+ \\
& \quad \frac{3(1+\log(T+1))}{\sqrt{T}}\sum_{i=1}^{n}(L_i+\nu_i)^2
\end{aligned}
\tag{2-13}
$$

式(2-13)以概率 1 成立。其中 L_i，ν_i，C 是正常数；$\lambda \in (0,1)$；$L=\sum_{i=1}^{n} L_i$；T 为迭代次数；$\tilde{\boldsymbol{x}}_i(T)$的定义如下：

$$
\tilde{\boldsymbol{x}}_i(T)=\frac{1}{\sum_{t=0}^{T}\alpha(t)}\sum_{t=0}^{T}\alpha(t)\boldsymbol{x}_i(t)
$$

定理 2.3 给出了局部代价函数为凸函数时算法的收敛速率为 $O(\log T/\sqrt{T})$。从定理 2.2、定理 2.3 可以得出，时变有向网络拓扑不影响算法的收敛速率。

2.4 收敛性能分析

本节给出主要结果的具体证明。为了方便分析，首先描述式(2-4)和式(2-5)的标量形式，即变量 $x_i(t)$，$z_i(t)$是标量。因此，节点 $i \in \mathcal{V}$的迭代值 $x_i(t)$按以下方式进行更新：

$$
z_i(t)=(1-w_i(t)d_i^{\text{out}}(t))x_i(t)+\sum_{j \in \mathcal{N}_i^{\text{in}}(t)} w_j(t)x_j(t) \tag{2-14}
$$

$$
x_i(t+1)=\Pi_{\mathcal{X}}[z_i(t)-\alpha(t)g_i(t)] \tag{2-15}
$$

式中，$g_i(t)=\nabla f_i(x_i(t))+\epsilon_i(t)$；$\mathcal{X}\subseteq\mathbb{R}$ 表示约束集。为便于分析，式(2-14)和式(2-15)可重写为更紧凑的形式，即

$$z(t)=\boldsymbol{W}(t)x(t) \tag{2-16}$$

$$x(t+1)=\Pi_{\mathcal{X}}[z(t)-\alpha(t)g(t)] \tag{2-17}$$

其中，矩阵 $\boldsymbol{W}(t)$ 定义如下：对任意的 $i\in\mathcal{V}$ 和 $j\in\mathcal{N}_i^{\text{in}}(t)$，$[\boldsymbol{W}(t)]_{ii}=1-w_i(t)d_i^{\text{out}}(t)$，$[\boldsymbol{W}(t)]_{ij}=w_j(t)$。同时，变量 $x(t)$ 和 $g(t)$ 的定义如下：$x(t)\triangleq[x_1(t),x_2(t),\cdots,x_n(t)]^{\text{T}}g(t)\triangleq[g_1(t),g_2(t),\cdots,g_n(t)]^{\text{T}}$。

为了方便分析算法的收敛性能，式(2-16)和式(2-17)可写为：

$$z(t)=\boldsymbol{W}(t)x(t)$$

$$x(t+1)=z(t)-\alpha(t)g(t)+\delta(t) \tag{2-18}$$

$$\delta(t)=\Pi_{\mathcal{X}}[z(t)-\alpha(t)g(t)]-(z(t)-\alpha(t)g(t)) \tag{2-19}$$

令 $r(t)=\delta(t)-\alpha(t)g(t)$ 为一个扰动变量，则根据式(2-18)和式(2-19)，对于任意 s 和 t，且满足 $t\geqslant s$，有

$$x(t+1)=[\boldsymbol{W}(t)\boldsymbol{W}(t-1)\cdots\boldsymbol{W}(0)]x(0)+\sum_{s=0}^{t-1}[\boldsymbol{W}(t)\cdots\boldsymbol{W}(s+1)]r(s)+r(t) \tag{2-20}$$

进一步定义矩阵 $\boldsymbol{\Phi}(t:s)\triangleq\boldsymbol{W}(s)\boldsymbol{W}(s+1)\cdots\boldsymbol{W}(t-1)\boldsymbol{W}(t)$ 其中 $t\geqslant s$，而且 $\boldsymbol{\Phi}(t,t)=\boldsymbol{W}(t)$。因此，根据式(2-20)，有

$$x(t+1)=\boldsymbol{\Phi}(t:0)x(0)+\sum_{s=0}^{t}\boldsymbol{\Phi}(t:s+1)r(s) \tag{2-21}$$

为了方便，令 $\boldsymbol{\Phi}(t:t+1)=\boldsymbol{I}$。

在算法的性能分析中，矩阵 $\boldsymbol{W}(t)$ 和 $\boldsymbol{\Phi}(t:s)$ 扮演关键角色，因此首先给出这些矩阵的一些性质，具体描述如下：

引理 2.1 如果假设 2.1 成立，则对任意 $t\geqslant 0$，矩阵 $\boldsymbol{W}(t)$ 是列随机矩阵。另外，对于所有 $i,j\in\mathcal{V}$ 和 $t\geqslant s$，存在常数 C 和 $\lambda\in(0,1)$，矩阵 $\boldsymbol{\Phi}(t:s)$ 满足

$$\left|[\boldsymbol{\Phi}(t:s)]_{ij}-\frac{1}{n}\right|\leqslant C\lambda^{t-s+1} \tag{2-22}$$

引理 2.1 的详细证明可参见文献[26]。由引理 2.1 可知，矩阵 $\boldsymbol{W}(t)$ 是列随机矩阵，故有 $\mathbf{1}^{\text{T}}\boldsymbol{W}(t)=\mathbf{1}^{\text{T}}$。所以，根据式(2-21)，对于 $t\geqslant 0$，可得

$$\mathbf{1}^{\text{T}}x(t+1)=\mathbf{1}^{\text{T}}x(0)+\sum_{s=0}^{t}\mathbf{1}^{\text{T}}r(s) \tag{2-23}$$

另外，基于文献[30]，以下引理给出投影算子 $\Pi_{\mathcal{X}}[\cdot]$ 的性质。

引理 2.2 假设约束集 $\mathcal{X}\subseteq\mathbb{R}^d$ 是闭且凸的，同时假设 $\mathcal{X}$ 是非空的。因此，对于任意 $\boldsymbol{x}\in\mathbb{R}^d$，有：

(a) 对于所有 $\boldsymbol{y}\in\mathcal{X}$，$(\Pi_{\mathcal{X}}[\boldsymbol{x}]-\boldsymbol{x})^{\text{T}}(\boldsymbol{y}-\Pi_{\mathcal{X}}[\boldsymbol{x}])\geqslant 0$；

(b) 对于任意 $\boldsymbol{y}\in\mathbb{R}^d$，$\|\Pi_{\mathcal{X}}[\boldsymbol{x}]-\Pi_{\mathcal{X}}[\boldsymbol{y}]\|\leqslant\|\boldsymbol{x}-\boldsymbol{y}\|$；

(c) 对于所有 $\boldsymbol{y}\in\mathcal{X}$，$(\Pi_{\mathcal{X}}[\boldsymbol{x}]-\boldsymbol{x})^{\mathrm{T}}(\boldsymbol{x}-\boldsymbol{y})\leqslant-\|\Pi_{\mathcal{X}}[\boldsymbol{x}]-\boldsymbol{x}\|^2$；

(d) 对于所有 $\boldsymbol{y}\in\mathcal{X}$，$\|\Pi_{\mathcal{X}}[\boldsymbol{x}]-\boldsymbol{y}\|^2\leqslant\|\boldsymbol{x}-\boldsymbol{y}\|^2-\|\Pi_{\mathcal{X}}[\boldsymbol{x}]-\boldsymbol{x}\|^2$。

为了证明相关结论，下面给出一些辅助结果，证明可参见文献[31]。

引理 2.3　令 γ_k 是一标量序列。

(a) 如果 $\lim\limits_{k\to\infty}\gamma_k=\gamma$ 且 $0<\beta<1$，则 $\lim\limits_{k\to\infty}\sum\limits_{m=0}^{k}\beta^{k-m}\gamma_m=\gamma/(1-\beta)$；

(b) 如果 $\gamma_k\geqslant0$，而且如果 $\sum\limits_{k=0}^{\infty}\gamma_k<\infty$ 且 $0<\beta<1$，则 $\sum\limits_{k=0}^{\infty}\left(\sum\limits_{m=0}^{k}\beta^{k-m}\gamma_m\right)<\infty$。

为了得到式(2-16)和式(2-17)的收敛结果，首先建立如下引理，引理在算法性能分析中起到至关重要的作用。

引理 2.4　如果假设 2.1 和假设 2.2 成立。估计值序列 $\{x_i(t)\}$ 由算法式(2-16)和式(2-17)产生，$i=1,2,\cdots,n$。假设正序列 $\{\alpha(t)\}$ 满足衰减条件式(2-8)。

(a) 对于所有 $i\in\mathcal{V}$，有

$$\left|x_i(t)-\frac{\mathbf{1}^{\mathrm{T}}x(t)}{n}\right|\leqslant C\left(\lambda^t\|x(0)\|_1+\sum_{s=0}^{t-1}\lambda^{t-s-1}\|r(s)\|_1\right)\tag{2-24}$$

(b) 如果对所有 $i\in\mathcal{V}$，$\lim\limits_{t\to\infty}r_i(t)=0$，有

$$\lim_{t\to\infty}\left|x_i(t)-\frac{\mathbf{1}^{\mathrm{T}}x(t)}{n}\right|=0\tag{2-25}$$

(c) 如果对于所有 $i\in\mathcal{V}$，$\sum\limits_{t=1}^{\infty}\alpha(t)\,|\,r_i(t)\,|<\infty$ 成立，有

$$\sum_{t=1}^{\infty}\alpha(t)\left|x_i(t)-\frac{\mathbf{1}^{\mathrm{T}}x(t)}{n}\right|<\infty\tag{2-26}$$

引理 2.4 证明：(a) 根据式(2-21)和式(2-23)，有

$$\begin{aligned}\left|x_i(t)-\frac{\mathbf{1}^{\mathrm{T}}x(t)}{n}\right|&=\left|[\boldsymbol{\Phi}(t-1:0)x(0)]_i-\sum_{s=0}^{t-1}[\boldsymbol{\Phi}(t-1:s+1)r(s)]_i-\right.\\&\qquad\left.\frac{1}{n}\mathbf{1}^{\mathrm{T}}x(0)+\frac{1}{n}\sum_{s=0}^{t-1}\mathbf{1}^{\mathrm{T}}r(s)\right|\\&\leqslant\max_j\left|[\boldsymbol{\Phi}(t-1:0)]_{ij}-\frac{1}{n}\right|\times\|x(0)\|_1+\\&\qquad\sum_{s=0}^{t-1}\|r(s)\|_1\max_j\left|[\boldsymbol{\Phi}(t-1:s+1)]_{ij}-\frac{1}{n}\right|\\&\leqslant C\lambda^t\|x(0)\|_1+\sum_{s=0}^{t-1}C\lambda^{t-s-1}\|r(s)\|_1\end{aligned}\tag{2-27}$$

式中，第一个不等式可根据 Hölder 不等式得到；应用引理 2.1 的结论，可知最后一个不等式成立。因此，引理 2.4(a)的结论得证。

(b) 因为 $\lambda \in (0,1)$，根据引理 2.4(a)的结论，同时令 $t \to \infty$，则有

$$\lim_{t\to\infty}\left|x_i(t)-\frac{\mathbf{1}^{\mathrm{T}}x(t)}{n}\right| \leqslant \lim_{t\to\infty}\sum_{s=0}^{t-1}C\lambda^{t-s-1}\|r(s)\|_1 \tag{2-28}$$

由于对所有的 $i=1,2,\cdots,n$，有 $r_i(t)\to 0$，因此当 $t\to\infty$ 时，有 $\|r(t)\|_1\to 0$。因此，根据引理 2.3(a)的结论，可得到

$$\lim_{t\to\infty}\sum_{s=0}^{t-1}C\lambda^{t-s-1}\|r(s)\|_1=0 \tag{2-29}$$

所以，引理 2.4(b)的结论得证。

(c) 由于步长序列 $\alpha(t)$ 满足衰减条件，可得到

$$\begin{aligned}&\alpha(t)\left|x_i(t)-\frac{\mathbf{1}^{\mathrm{T}}x(t)}{n}\right|\\ &\leqslant C\left(\alpha(1)\lambda^t\|x(0)\|_1+\sum_{s=0}^{t-1}\alpha(s)\lambda^{t-s-1}\|r(s)\|_1\right)\end{aligned} \tag{2-30}$$

因为 $\lambda \in (0,1)$，由此可知 $\sum_{t=0}^{\infty}\lambda^t$ 是有限的。因此，根据引理 2.3(b)的结论，可知 $\sum_{t=1}^{\infty}\sum_{s=0}^{t-1}\lambda^{t-s-1}\alpha(s)\|r(s)\|_1$ 也是有限的。所以，引理 2.4(c)的结论成立。

非正式地说，基于权平衡的分布式随机次梯度投影算法可确保所有 $x_i(t)$ 以几何速率 λ 追踪滑动平均值 $\frac{\mathbf{1}^{\mathrm{T}}x(t)}{n}$。

与推导式(2-18)和式(2-19)的过程相似，式(2-4)和式(2-5)可写为

$$\begin{aligned}&\boldsymbol{z}(t)=\mathcal{W}(t)\boldsymbol{x}(t)\\ &\boldsymbol{x}(t+1)=\boldsymbol{z}(t)-\alpha(t)\boldsymbol{g}(t)+\boldsymbol{\delta}(t)\end{aligned} \tag{2-31}$$

$$\delta_i(t)=\Pi_{\mathcal{X}}[\boldsymbol{z}_i(t)-\alpha(t)\boldsymbol{g}_i(t)]-(\boldsymbol{z}_i(t)-\alpha(t)\boldsymbol{g}_i(t)) \tag{2-32}$$

式中，$\mathcal{W}(t)=W(t)\otimes I_d$，

$$\boldsymbol{x}(t)\triangleq[\boldsymbol{x}_1(t)^{\mathrm{T}},\cdots,\boldsymbol{x}_n(t)^{\mathrm{T}}]^{\mathrm{T}}$$

$$\boldsymbol{z}(t)\triangleq[\boldsymbol{z}_1(t)^{\mathrm{T}},\cdots,\boldsymbol{z}_n(t)^{\mathrm{T}}]^{\mathrm{T}}$$

$$\boldsymbol{g}(t)\triangleq[\boldsymbol{g}_1(t)^{\mathrm{T}},\cdots,\boldsymbol{g}_n(t)^{\mathrm{T}}]^{\mathrm{T}}$$

$$\boldsymbol{\delta}(t)\triangleq[\delta_1(t)^{\mathrm{T}},\cdots,\delta_n(t)^{\mathrm{T}}]^{\mathrm{T}}。$$

对于所有 $i=1,2,\cdots,n$，令 $\boldsymbol{r}_i(t)=\delta_i(t)-\alpha(t)\boldsymbol{g}_i(t)$ 为扰动向量，引入以下向量：

$$\boldsymbol{r}(t)\triangleq[\boldsymbol{r}_1(t)^{\mathrm{T}},\cdots,\boldsymbol{r}_n(t)^{\mathrm{T}}]^{\mathrm{T}}$$

值得注意的是，向量 $\boldsymbol{x}(t)$、$\boldsymbol{z}(t)$、$\boldsymbol{g}(t)$、$\boldsymbol{\delta}(t)$ 和 $\boldsymbol{r}(t)$ 属于空间 $\mathbb{R}^{nd}$。因此，由引

理 2.4(a)可得到以下推论。

推论 2.1 对任意节点 $i, i=1,2,\cdots,n$,向量变量 $\boldsymbol{x}_i(t)$、$\boldsymbol{g}_i(t)$在式(2-4)和式(2-5)中给出,则有

$$\left\| \boldsymbol{x}_i(t) - \frac{\sum_{j=1}^{n} \boldsymbol{x}_j(t)}{n} \right\| \leqslant C\left(\lambda^t \sum_{j=1}^{n} \| \boldsymbol{x}_j(0) \|_1 + \sum_{s=0}^{t-1} \lambda^{t-s-1} \sum_{j=1}^{n} \| \boldsymbol{r}_j(s) \|_1\right) \tag{2-33}$$

对任意向量,1 范数总是大于或等于标准欧氏范数。因此,根据引理 2.4(a)的结论,得到推论 2.1。

在引理 2.4 与推论 2.1 中,扰动项是影响结论的一个关键因素。因此,以下引理建立了扰动项的界限。

引理 2.5 如果假设 2.1~假设 2.4 成立,则对所有 $i=1,2,\cdots,n$,扰动向量 $\boldsymbol{r}_i(t) \in \mathbb{R}^d$ 满足

$$\mathbb{E}[\| \boldsymbol{r}_i(t) \|_1] \leqslant 2\sqrt{d}\alpha(t)(L_i + \nu_i) \tag{2-34}$$

引理 2.5 证明:根据引理 2.2(d),有

$$\| \boldsymbol{x}_i(t+1) - \boldsymbol{z}_i(t) \|^2 \leqslant \| \boldsymbol{z}_i(t) - \alpha(t)\boldsymbol{g}_i(t) - \boldsymbol{z}_i(t) \|^2 - \| \boldsymbol{x}_i(t+1) - (\boldsymbol{z}_i(t) - \alpha(t)\boldsymbol{g}_i(t)) \|^2 \tag{2-35}$$

根据假设 2.3 与假设 2.4,可得

$$\mathbb{E}[\| \boldsymbol{x}_i(t+1) - \boldsymbol{z}_i(t) \|^2 \mid \mathcal{F}_t] \leqslant \alpha^2(t)(L_i + \nu_i)^2 - \mathbb{E}[\| \boldsymbol{\delta}_i(t) \|^2] \tag{2-36}$$

因此,以概率 1 有

$$\mathbb{E}[\| \boldsymbol{\delta}_i(t) \|^2] \leqslant \alpha^2(t)(L_i + \nu_i)^2 \tag{2-37}$$

另外,由不等式$\mathbb{E}[\| \boldsymbol{x} \|] \leqslant \sqrt{\mathbb{E}[\| \boldsymbol{x} \|^2]}$,可得

$$\mathbb{E}[\| \boldsymbol{\delta}_i(t) \|] \leqslant \alpha(t)(L_i + \nu_i) \tag{2-38}$$

根据扰动向量 $\boldsymbol{r}_i(t)$的定义,有

$$\begin{aligned} \mathbb{E}[\| \boldsymbol{r}_i(t) \|_1] &\leqslant \sqrt{d}\, \mathbb{E}[\| \boldsymbol{r}_i(t) \|] \\ &\leqslant \sqrt{d}(\mathbb{E}[\| \boldsymbol{\delta}_i(t) \|] + \alpha(t)\mathbb{E}[\| \boldsymbol{g}_i(t) \|]) \\ &\leqslant 2\sqrt{d}\alpha(t)(L_i + \nu_i) \end{aligned} \tag{2-39}$$

综上,引理 2.5 得证。

为了建立式(2-4)和式(2-5)的收敛性质,首先引入一个辅助变量,其定义为:

$$\bar{\boldsymbol{x}}(t) = \frac{1}{n} \sum_{i=1}^{n} \boldsymbol{x}_i(t) \tag{2-40}$$

式中,$t \geqslant 0$。

下面建立 $\bar{\boldsymbol{x}}(t)$的递推关系。引入向量 $\boldsymbol{x}^{\ell}(t) \in \mathbb{R}^n$,对所有 $i=1,2,\cdots,n$ 和 $l=$

$1,2,\cdots,d$，满足$[\boldsymbol{x}^{\ell}(t)]_i=[\boldsymbol{x}_i(t)]_{\ell}$。根据式(2-4)和式(2-5)，可得

$$\boldsymbol{x}^{\ell}(t+1)=\boldsymbol{W}(t)\boldsymbol{x}^{\ell}(t)+\boldsymbol{r}^{\ell}(t) \tag{2-41}$$

式中，向量$\boldsymbol{r}^{\ell}(t)\in\mathbb{R}^n$的定义为$[\boldsymbol{r}^{\ell}(t)]_i=[\boldsymbol{r}_i(t)]_{\ell}$，$i=1,2,\cdots,n$，$\ell=1,2,\cdots,d$。由于矩阵$\boldsymbol{W}(t)$是列随机矩阵，因此有

$$\frac{1}{n}\sum_{i=1}^{n}[\boldsymbol{x}^{\ell}(t+1)]_i=\frac{1}{n}\sum_{i=1}^{n}[\boldsymbol{x}^{\ell}(t)]_i+\frac{1}{n}\sum_{i=1}^{n}[\boldsymbol{r}^{\ell}(t)]_i \tag{2-42}$$

由$[\boldsymbol{x}^{\ell}(t)]_i$的定义可得

$$\bar{\boldsymbol{x}}(t+1)=\bar{\boldsymbol{x}}(t)+\frac{1}{n}\sum_{i=1}^{n}\boldsymbol{r}_i(t) \tag{2-43}$$

引理 2.6 如果假设 2.1～假设 2.4 成立。且节点$i\in\mathcal{V}$的估计值序列$\{\boldsymbol{x}_i(t)\}$由式(2-4)和式(2-5)生成，则对于所有向量$\boldsymbol{v}\in\mathcal{X}$和$t\geqslant 0$，以概率 1 有

$$\begin{aligned}
&\mathbb{E}[\|\bar{\boldsymbol{x}}(t+1)-\boldsymbol{v}\|^2\mid\mathcal{F}_t]\\
&\leqslant\|\bar{\boldsymbol{x}}(t)-\boldsymbol{v}\|^2-\frac{2\alpha(t)}{n}(f(\bar{\boldsymbol{x}}(t))-f(\boldsymbol{v}))-\\
&\quad\frac{\alpha(t)}{n}\sum_{i=1}^{n}\sigma_i\|\boldsymbol{x}_i(t)-\boldsymbol{v}\|^2+\frac{4\alpha(t)}{n}\sum_{i=1}^{n}L_i\|\boldsymbol{x}_i(t)-\bar{\boldsymbol{x}}(t)\|+\\
&\quad\frac{2}{n}\sum_{i=1}^{n}\mathbb{E}[\boldsymbol{\delta}_i(t)^{\mathrm{T}}](\bar{\boldsymbol{x}}(t)-\boldsymbol{v})+\frac{4\alpha^2(t)}{n}\sum_{i=1}^{n}(L_i+\nu_i)^2
\end{aligned} \tag{2-44}$$

引理 2.6 证明：由式(2-43)，有

$$\begin{aligned}
\|\bar{\boldsymbol{x}}(t+1)-\boldsymbol{v}\|^2&=\left\|\bar{\boldsymbol{x}}(t)+\frac{1}{n}\sum_{i=1}^{n}\boldsymbol{r}_i(t)-\boldsymbol{v}\right\|^2=\|\bar{\boldsymbol{x}}(t)-\boldsymbol{v}\|^2+\\
&\quad\frac{2}{n}\sum_{i=1}^{n}\boldsymbol{r}_i(t)^{\mathrm{T}}(\bar{\boldsymbol{x}}(t)-\boldsymbol{v})+\frac{1}{n^2}\left\|\sum_{i=1}^{n}\boldsymbol{r}_i(t)\right\|^2\\
&=\|\bar{\boldsymbol{x}}(t)-\boldsymbol{v}\|^2-\frac{2\alpha(t)}{n}\sum_{i=1}^{n}\boldsymbol{g}_i(t)^{\mathrm{T}}(\bar{\boldsymbol{x}}(t)-\boldsymbol{v})+\\
&\quad\frac{2}{n}\sum_{i=1}^{n}\boldsymbol{\delta}_i(t)^{\mathrm{T}}(\bar{\boldsymbol{x}}(t)-\boldsymbol{v})+\frac{1}{n^2}\left\|\sum_{i=1}^{n}\boldsymbol{r}_i(t)\right\|^2
\end{aligned} \tag{2-45}$$

结合关系式$\boldsymbol{g}_i(t)=\nabla f_i(\boldsymbol{x}_i(t))+\epsilon_i(t)$与$\mathbb{E}[\epsilon_i(t)\mid\mathcal{F}_t]=0$，在式(2-45)两边同时取期望，可得

$$\begin{aligned}
&\mathbb{E}[\|\bar{\boldsymbol{x}}(t+1)-\boldsymbol{v}\|^2\mid\mathcal{F}_t]\\
&\leqslant\|\bar{\boldsymbol{x}}(t)-\boldsymbol{v}\|^2-\frac{2\alpha(t)}{n}\sum_{i=1}^{n}\nabla f_i(\boldsymbol{x}_i(t))^{\mathrm{T}}(\bar{\boldsymbol{x}}(t)-\boldsymbol{v})+\\
&\quad\frac{2}{n}\sum_{i=1}^{n}\mathbb{E}[\boldsymbol{\delta}_i(t)^{\mathrm{T}}](\bar{\boldsymbol{x}}(t)-\boldsymbol{v})+\frac{1}{n^2}\mathbb{E}\left[\left\|\sum_{i=1}^{n}\boldsymbol{r}_i(t)\right\|^2\right]
\end{aligned} \tag{2-46}$$

下面需求解式(2-46)中的项 $\mathbb{E}\left[\left\|\sum_{i=1}^{n}\boldsymbol{r}_i(t)\right\|^2\right]$ 的上界，具体如下：

$$\mathbb{E}\left[\left\|\sum_{i=1}^{n}\boldsymbol{r}_i(t)\right\|^2\right] \leqslant n\sum_{i=1}^{n}\mathbb{E}[\|\boldsymbol{r}_i(t)\|^2] \tag{2-47}$$

由不等式 $\left(\sum_{i=1}^{n}a_i\right)^2 \leqslant n\sum_{i=1}^{n}a_i^2$ 可知上述不等式成立。为了得到 $\mathbb{E}\left[\left\|\sum_{i=1}^{n}\boldsymbol{r}_i(t)\right\|^2\right]$ 的上界，需要知道 $\mathbb{E}[\|\boldsymbol{r}_i(t)\|^2]$ 的上界。与引理 2.5 的证明相似，有

$$\mathbb{E}[\|\boldsymbol{r}_i(t)\|^2] \leqslant 4\alpha^2(t)(L_i+\nu_i)^2 \tag{2-48}$$

联立式(2-47)与式(2-48)，可得

$$\mathbb{E}\left[\left\|\sum_{i=1}^{n}\boldsymbol{r}_i(t)\right\|^2\right] \leqslant 4n\alpha^2(t)\sum_{i=1}^{n}(L_i+\nu_i)^2 \tag{2-49}$$

将式(2-49)代入式(2-46)，有

$$\begin{aligned}
&\mathbb{E}[\|\bar{\boldsymbol{x}}(t+1)-\boldsymbol{v}\|^2 \mid \mathcal{F}_t] \\
&\leqslant \|\bar{\boldsymbol{x}}(t)-\boldsymbol{v}\|^2 - \frac{2\alpha(t)}{n}\sum_{i=1}^{n}\nabla f_i(\boldsymbol{x}_i(t))^{\mathrm{T}}(\bar{\boldsymbol{x}}(t)-\boldsymbol{v}) + \\
&\quad \frac{2}{n}\sum_{i=1}^{n}\boldsymbol{\delta}_i(t)^{\mathrm{T}}(\bar{\boldsymbol{x}}(t)-\boldsymbol{v}) + \frac{4\alpha^2(t)}{n}\sum_{i=1}^{n}(L_i+\nu_i)^2
\end{aligned} \tag{2-50}$$

下面将估计式(2-50)中的项 $\nabla f_i(\boldsymbol{x}_i(t))^{\mathrm{T}}(\bar{\boldsymbol{x}}(t)-\boldsymbol{v})$。根据式(2-2)，有

$$\begin{aligned}
&\nabla f_i(\boldsymbol{x}_i(t))^{\mathrm{T}}(\bar{\boldsymbol{x}}(t)-\boldsymbol{v}) \\
&= \nabla f_i(\boldsymbol{x}_i(t))^{\mathrm{T}}(\bar{\boldsymbol{x}}(t)-\boldsymbol{x}_i(t)) + \nabla f_i(\boldsymbol{x}_i(t))^{\mathrm{T}}(\boldsymbol{x}_i(t)-\boldsymbol{v}) \\
&\geqslant \nabla f_i(\boldsymbol{x}_i(t))^{\mathrm{T}}(\bar{\boldsymbol{x}}(t)-\boldsymbol{x}_i(t)) + f_i(\boldsymbol{x}_i(t)) - f_i(\boldsymbol{v}) + \frac{\sigma_i}{2}\|\boldsymbol{x}_i(t)-\boldsymbol{v}\|^2
\end{aligned} \tag{2-51}$$

根据 Cauchy-Schwarz 不等式，可得

$$\nabla f_i(\boldsymbol{x}_i(t))^{\mathrm{T}}(\bar{\boldsymbol{x}}(t)-\boldsymbol{x}_i(t)) \geqslant -L_i\|\bar{\boldsymbol{x}}(t)-\boldsymbol{x}_i(t)\| \tag{2-52}$$

另外，式(2-51)中的项 $f_i(\boldsymbol{x}_i(t))-f_i(\boldsymbol{v})$ 可表示为

$$f_i(\boldsymbol{x}_i(t))-f_i(\boldsymbol{v}) = f_i(\boldsymbol{x}_i(t))-f_i(\bar{\boldsymbol{x}}(t))+f_i(\bar{\boldsymbol{x}}(t))-f_i(\boldsymbol{v})$$

因此，根据假设 2.2 与假设 2.3，有

$$\begin{aligned}
f_i(\boldsymbol{x}_i(t))-f_i(\boldsymbol{v}) &\geqslant \nabla f_i(\bar{\boldsymbol{x}}(t))^{\mathrm{T}}(\boldsymbol{x}_i(t)-\bar{\boldsymbol{x}}(t)) + f_i(\bar{\boldsymbol{x}}(t)) - f_i(\boldsymbol{v}) \\
&\geqslant -L_i\|\boldsymbol{x}_i(t)-\bar{\boldsymbol{x}}(t)\| + f_i(\bar{\boldsymbol{x}}(t)) - f_i(\boldsymbol{v})
\end{aligned} \tag{2-53}$$

所以，联立式(2-51)、式(2-52)和式(2-53)，可得

$$\begin{aligned}
&\nabla f_i(\boldsymbol{x}_i(t))^{\mathrm{T}}(\bar{\boldsymbol{x}}(t)-\boldsymbol{v}) \\
&\geqslant f_i(\bar{\boldsymbol{x}}(t)) - f_i(\boldsymbol{v}) + \frac{\sigma_i}{2}\|\boldsymbol{x}_i(t)-\boldsymbol{v}\|^2 - 2L_i\|\boldsymbol{x}_i(t)-\bar{\boldsymbol{x}}(t)\|
\end{aligned} \tag{2-54}$$

将式(2-54)代入式(2-50)，有

$$
\begin{aligned}
&\mathbb{E}[\|\bar{\boldsymbol{x}}(t+1)-\boldsymbol{v}\|^2 \mid \mathcal{F}_t] \\
\leqslant\ &\|\bar{\boldsymbol{x}}(t)-\boldsymbol{v}\|^2-\frac{2\alpha(t)}{n}\sum_{i=1}^{n}(f_i(\bar{\boldsymbol{x}}(t))-f_i(\boldsymbol{v}))- \\
&\frac{2\alpha(t)}{n}\sum_{i=1}^{n}\frac{\sigma_i}{2}\|\boldsymbol{x}_i(t)-\boldsymbol{v}\|^2+ \\
&\frac{4\alpha(t)}{n}\sum_{i=1}^{n}L_i\|\boldsymbol{x}_i(t)-\bar{\boldsymbol{x}}(t)\|+\frac{2}{n}\sum_{i=1}^{n}\mathbb{E}[\boldsymbol{\delta}_i(t)^{\mathrm{T}}](\bar{\boldsymbol{x}}(t)-\boldsymbol{v})+ \\
&\frac{4\alpha^2(t)}{n}\sum_{i=1}^{n}(L_i+\nu_i)^2
\end{aligned}
\tag{2-55}
$$

根据 $f(\boldsymbol{x})$的定义：$f(\boldsymbol{x})=\sum_{i=1}^{n}f_i(\boldsymbol{x})$ 以及式(2-55)可知，引理2.6得证。

本章采用Robbins和Siegmund的超鞅收敛结果[32]以证明定理2.1。

引理2.7　令$\{v_t\}$,$\{u_t\}$,$\{a_t\}$和$\{b_t\}$为非负随机序列，且满足以下关系：

$$\mathbb{E}[v_{t+1}\mid\mathcal{F}_t]\leqslant(1+a_t)v_t-u_t+b_t$$

如果$\sum_{t=0}^{\infty}a_t<\infty$和$\sum_{t=0}^{\infty}b_t<\infty$以概率1成立，则存在一个非负随机变量$v$，使得$\lim_{t\to\infty}v_t=v$以概率1成立。另外，$\sum_{t=0}^{\infty}u_t<\infty$也以概率1成立。

由引理2.7可知，有以下结论。

引理2.8　考虑优化问题$\min\limits_{x\in\mathbf{R}^m}\phi(x)$。假设该问题的最优解集合$\mathcal{S}^\dagger$是非空的，函数$\phi$：$\mathbb{R}^m\to\mathbb{R}$是连续的。令$\{x_t\}$,$\{a_t\}$和$\{b_t\}$是非负随机序列，且对所有的$x\in\mathcal{S}^\dagger$，这些随机序列满足以下关系：

$$\mathbb{E}[\|x_{t+1}-x\|^2\mid\mathcal{F}_t]\leqslant(1+a_t)\|x_t-x\|^2-\kappa_t(\phi(x_t)-\phi(x))+b_t \tag{2-56}$$

式中，$\kappa_t\geqslant0$。更进一步，如果$\sum_{t=0}^{\infty}b_t<\infty$和$\sum_{t=0}^{\infty}\kappa_t=\infty$以概率1成立，则随机序列$\{x_t\}$以概率1收敛到一些最优解$x^\dagger\in\mathcal{S}^\dagger$。

引理2.8证明：在式(2-56)中，令$x=x^\dagger$，$\phi^\dagger=\min\limits_{x\in\mathbf{R}^m}\phi(x)$，则有

$$\mathbb{E}[\|x_{t+1}-x^\dagger\|^2\mid\mathcal{F}_t]\leqslant(1+a_t)\|x_t-x^\dagger\|^2-\kappa_t(\phi(x_t)-\phi^\dagger)+b_t \tag{2-57}$$

由此可知，满足引理2.7的条件，故序列$\{\|x_{t+1}-x^\dagger\|^2\}$是收敛的，且有

$$\sum_{t=0}^{\infty}\kappa_t(\phi(x_t)-\phi^\dagger)<\infty \tag{2-58}$$

由于$\sum_{t=0}^{\infty}\kappa_t=\infty$，故

$$\liminf_{t\to\infty}\phi(x_t)=\phi^\dagger \tag{2-59}$$

以概率 1 成立。因为序列$\{\|x_{t+1}-x^\dagger\|^2\}$是收敛的，而且序列$\{x_t\}$是有界的，因此序列$\{x_t\}$中存在一个子序列$\{x_{t_k}\}$，它收敛到一些 $\tilde{x}$。而且，子序列$\{x_{t_k}\}$满足

$$\lim_{k\to\infty}\phi(x_{t_k})=\liminf_{t\to\infty}\phi(x_t)=\phi^\dagger \tag{2-60}$$

由函数 ϕ 的连续性，可得

$$\lim_{k\to\infty}\phi(x_{t_k})=\phi(\tilde{x})$$

根据式(2-60)，可以看出随机序列$\{x_t\}$以概率 1 收敛到 $\tilde{x}\in\mathcal{S}^\dagger$。所以，令 $x^\dagger=\tilde{x}$，随机序列$\{x_t\}$以概率 1 收敛到 $x^\dagger$。

定理 2.1 证明：由于 $t\to\infty$时，$\alpha(t)\to 0$，则根据引理 2.2(b)，有

$$\lim_{t\to\infty}\left|[\boldsymbol{x}^\ell(t+1)]_i-\frac{\boldsymbol{1}^{\mathrm{T}}\boldsymbol{x}^\ell(t)}{n}\right|=0 \tag{2-61}$$

由式(2-61)，有

$$\lim_{t\to\infty}\|\boldsymbol{x}_i(t)-\bar{\boldsymbol{x}}(t)\|=0 \tag{2-62}$$

因为假设 2.1 与假设 2.2 成立，则有

$$\mathbb{E}[|[\boldsymbol{r}^\ell(t)]_i|]\leqslant\mathbb{E}[\|\boldsymbol{r}^\ell(t)\|_\infty]\leqslant\max_i\mathbb{E}[\|\boldsymbol{r}_i(t)\|]$$

由于步长 $\alpha(t)$满足衰减条件，则有

$$\sum_{t=1}^{\infty}\alpha(t)\|\boldsymbol{r}_i(t)\|\leqslant\max_i 2(L_i+\nu_i)\sum_{t=1}^{\infty}\alpha^2(t)<\infty \tag{2-63}$$

根据引理 2.2(c)，有

$$\sum_{t=1}^{\infty}\alpha(t)\left|[\boldsymbol{x}^\ell(t)]_i-\frac{\boldsymbol{1}^{\mathrm{T}}\boldsymbol{x}^\ell(t)}{n}\right|<\infty \tag{2-64}$$

由此可得

$$\sum_{t=1}^{\infty}\alpha(t)\|\boldsymbol{x}_i(t)-\bar{\boldsymbol{x}}(t)\|<\infty \tag{2-65}$$

在引理 2.6 中，令$\boldsymbol{v}=\boldsymbol{x}^*$，$\boldsymbol{x}^*\in\mathcal{X}^*$，则以概率 1 有

$$\begin{aligned}&\mathbb{E}[\|\bar{\boldsymbol{x}}(t+1)-\boldsymbol{x}^*\|^2\mid\mathcal{F}_t]\\&\leqslant\|\bar{\boldsymbol{x}}(t)-\boldsymbol{x}^*\|^2-\frac{2\alpha(t)}{n}(f(\bar{\boldsymbol{x}}(t))-f(\boldsymbol{x}^*))+\\&\quad\frac{4\alpha(t)}{n}\sum_{i=1}^{n}L_i\|\boldsymbol{x}_i(t)-\bar{\boldsymbol{x}}(t)\|+\\&\quad\frac{2}{n}\sum_{i=1}^{n}\mathbb{E}[\boldsymbol{\delta}_i(t)^{\mathrm{T}}](\bar{\boldsymbol{x}}(t)-\boldsymbol{x}^*)+\frac{4\alpha^2(t)}{n}\sum_{i=1}^{n}(L_i+\nu_i)^2\end{aligned} \tag{2-66}$$

首先为项 $\sum_{i=1}^{n}\boldsymbol{\delta}_i(t)^{\mathrm{T}}(\bar{\boldsymbol{x}}(t)-\boldsymbol{x}^*)$ 建立一个上界。为此，有

$$\begin{aligned}\sum_{i=1}^{n}\boldsymbol{\delta}_i(t)^{\mathrm{T}}(\bar{\boldsymbol{x}}(t)-\boldsymbol{x}^*)=&\sum_{i=1}^{n}\boldsymbol{\delta}_i(t)^{\mathrm{T}}(\bar{\boldsymbol{x}}(t)-\bar{\boldsymbol{x}}(t+1))+\\&\sum_{i=1}^{n}\boldsymbol{\delta}_i(t)^{\mathrm{T}}(\bar{\boldsymbol{x}}(t+1)-\boldsymbol{x}_i(t+1))+\\&\sum_{i=1}^{n}\boldsymbol{\delta}_i(t)^{\mathrm{T}}(\boldsymbol{x}_i(t+1)-\boldsymbol{x}^*)\end{aligned}\tag{2-67}$$

由 $\bar{\boldsymbol{x}}(t)$的定义式(2-43)可知，

$$\begin{aligned}\sum_{i=1}^{n}\boldsymbol{\delta}_i(t)^{\mathrm{T}}(\bar{\boldsymbol{x}}(t)-\bar{\boldsymbol{x}}(t+1))&=-\frac{1}{n}\sum_{i=1}^{n}\boldsymbol{\delta}_i(t)^{\mathrm{T}}\boldsymbol{r}_i(t)\\&\leqslant\alpha(t)\sum_{i=1}^{n}\|\boldsymbol{\delta}_i(t)\|\,\|\boldsymbol{g}_i(t)\|\end{aligned}\tag{2-68}$$

根据式(2-38)，有

$$\sum_{i=1}^{n}\mathbb{E}[\boldsymbol{\delta}_i(t)^{\mathrm{T}}(\bar{\boldsymbol{x}}(t)-\bar{\boldsymbol{x}}(t+1))]\leqslant\alpha^2(t)\sum_{i=1}^{n}(L_i+\nu_i)^2\tag{2-69}$$

由引理 2.2(a)，可得

$$\sum_{i=1}^{n}\boldsymbol{\delta}_i(t)^{\mathrm{T}}(\boldsymbol{x}_i(t+1)-\boldsymbol{x}^*)\leqslant 0\tag{2-70}$$

另外，还有

$$\begin{aligned}&\sum_{i=1}^{n}\mathbb{E}[\boldsymbol{\delta}_i(t)^{\mathrm{T}}(\bar{\boldsymbol{x}}(t+1)-\boldsymbol{x}_i(t+1))]\\\leqslant&\sum_{i=1}^{n}\mathbb{E}[\|\boldsymbol{\delta}_i(t)\|]\,\|\bar{\boldsymbol{x}}(t+1)-\boldsymbol{x}_i(t+1)\|\\\leqslant&\,\alpha(t)\sum_{i=1}^{n}(L_i+\nu_i)\|\bar{\boldsymbol{x}}(t+1)-\boldsymbol{x}_i(t+1)\|\end{aligned}\tag{2-71}$$

因此，

$$\begin{aligned}&\mathbb{E}[\|\bar{\boldsymbol{x}}(t+1)-\boldsymbol{x}^*\|^2\mid\mathcal{F}_t]\\\leqslant&\|\bar{\boldsymbol{x}}(t)-\boldsymbol{x}^*\|^2-\frac{2\alpha(t)}{n}(f(\bar{\boldsymbol{x}}(t))-f(\boldsymbol{x}^*))+\\&\frac{4\alpha(t)}{n}\sum_{i=1}^{n}L_i\|\boldsymbol{x}_i(t)-\bar{\boldsymbol{x}}(t)\|+\\&\frac{2\alpha(t)}{n}\sum_{i=1}^{n}(L_i+\nu_i)\|\bar{\boldsymbol{x}}(t+1)-\boldsymbol{x}_i(t+1)\|+\\&\frac{6\alpha^2(t)}{n}\sum_{i=1}^{n}(L_i+\nu_i)^2\end{aligned}\tag{2-72}$$

以概率 1 成立。利用式(2-65)，可得

$$\sum_{t=1}^{\infty}\frac{4\alpha(t)}{n}\sum_{i=1}^{n}L_i\|\boldsymbol{x}_i(t)-\bar{\boldsymbol{x}}(t)\|<\infty\tag{2-73}$$

以及

$$\sum_{t=1}^{\infty}\frac{2\alpha(t)}{n}\sum_{i=1}^{n}(L_i+\nu_i)\|\bar{\boldsymbol{x}}(t+1)-\boldsymbol{x}_i(t+1)\|\leqslant\infty \tag{2-74}$$

由于 $\sum_{t=1}^{\infty}\alpha(t)=\infty$ 以及 $\sum_{t=1}^{\infty}\alpha^2(t)<\infty$ 成立，因此引理 2.8 中的条件得以满足。根据引理 2.8，可知 $\{\bar{\boldsymbol{x}}(t)\}$ 渐近收敛到最优解 $\boldsymbol{x}^*\in\mathcal{X}^*$。另外，由式(2-62)可知，序列 $\{\boldsymbol{x}_i(t)\}$ 渐近收敛到同一最优解 $\boldsymbol{x}^*$，即：

$$\lim_{t\to\infty}\boldsymbol{x}_i(t)=\boldsymbol{x}^* \tag{2-75}$$

以概率 1 成立。综上所述，定理 2.1 得证。

引理 2.9　如果假设 2.1～假设 2.4 成立。估计值序列 $\{\boldsymbol{x}_i(t)\}$ 由算法式(2-4)和式(2-5)产生。令 $\alpha(t)=\mu/(t+1)$，其中，μ 是正常数且满足式(2-11)。则对所有 $i=1,2,\cdots,n$ 以及 $T\geqslant 2$，以概率 1 有

$$\mathbb{E}\left[\sum_{t=1}^{T-1}\left\|\boldsymbol{x}_i(t)-\frac{\sum_{j=1}^{n}\boldsymbol{x}_j(t)}{n}\right\|\right]$$
$$\leqslant C\left(\frac{\lambda}{1-\lambda}\sum_{j=1}^{n}\|\boldsymbol{x}_j(0)\|_1+\frac{\mu}{1-\lambda}\sum_{i=1}^{n}2\sqrt{d}(L_i+\nu_i)(1+\log(T-1))\right) \tag{2-76}$$

引理 2.9 证明：根据推论 2.1，有

$$\sum_{t=1}^{T-1}\left\|\boldsymbol{x}_i(t)-\frac{\sum_{j=1}^{n}\boldsymbol{x}_j(t)}{n}\right\|$$
$$\leqslant C\left(\sum_{t=1}^{T-1}\lambda^t\sum_{j=1}^{n}\|\boldsymbol{x}_j(0)\|_1+\sum_{t=1}^{T-1}\sum_{s=0}^{t-1}\lambda^{t-s-1}\sum_{j=1}^{n}\|\boldsymbol{r}_j(s)\|_1\right) \tag{2-77}$$

进而利用引理 2.5，可得

$$\mathbb{E}\left[\sum_{t=1}^{T-1}\left\|x_i(t)-\frac{\sum_{j=1}^{n}\boldsymbol{x}_j(t)}{n}\right\|\right]\leqslant C\left(\sum_{j=1}^{n}\|\boldsymbol{x}_j(0)\|_1\sum_{t=1}^{T-1}\lambda^t+\right.$$
$$\left.\sum_{i=1}^{n}2\sqrt{d}(L_i+\nu_i)\sum_{t=1}^{T-1}\sum_{s=0}^{t-1}\alpha(s)\lambda^{t-s-1}\right) \tag{2-78}$$

由于 $\lambda\in(0,1)$，则 $\sum_{t=1}^{T-1}\lambda^t\leqslant\lambda/(1-\lambda)$。因此，式(2-78)右边的第一项可写为：

$$\sum_{t=1}^{T-1}\lambda^t\sum_{j=1}^{n}\|\boldsymbol{x}_j(0)\|_1\leqslant\frac{\lambda}{1-\lambda}\sum_{j=1}^{n}\|\boldsymbol{x}_j(0)\|_1 \tag{2-79}$$

另外,还需要估计式(2-78)右边的第二项。因为 $\alpha(t)=\mu/(t+1)$,对 $T\geqslant 2$ 有

$$\begin{aligned}\sum_{t=1}^{T-1}\sum_{s=0}^{t-1}\alpha(s)\lambda^{t-s-1}&=\sum_{t=1}^{T-1}\sum_{s=0}^{t-1}\frac{\mu}{s+1}\lambda^{t-s-1}=\sum_{t=1}^{T-1}\sum_{s=1}^{t}\frac{\mu}{s}\lambda^{t-s}\\&=\sum_{s=1}^{T-1}\sum_{t=s}^{T-1}\frac{\mu}{s}\lambda^{t-s}\leqslant\frac{\mu}{1-\lambda}\sum_{s=1}^{T-1}\frac{1}{s}\\&=\frac{\mu}{1-\lambda}\left(1+\sum_{s=2}^{T-1}\frac{1}{s}\right)\leqslant\frac{\mu}{1-\lambda}\left(1+\int_{1}^{T-1}\frac{1}{s}\mathrm{d}s\right)\\&=\frac{\mu}{1-\lambda}(1+\log(T-1))\end{aligned}\tag{2-80}$$

所以,结合式(2-78)、式(2-79)以及式(2-80),引理2.9得证。

定理2.2证明:对所有 $i=1,2,\cdots,n$,假设 $\sigma_i>0$,故代价函数 f_i 是参数为 σ_i 的强凸函数。因此,函数 $f(\boldsymbol{x})=\sum_{i=1}^{n}f_i(\boldsymbol{x})$ 有唯一最优解 $\boldsymbol{x}^*$。所以,在引理2.6中令 $\boldsymbol{v}=\boldsymbol{x}^*$,可得

$$\begin{aligned}&\mathbb{E}[\|\bar{\boldsymbol{x}}(t+1)-\boldsymbol{x}^*\|^2\mid\mathcal{F}_t]\\&\leqslant\|\bar{\boldsymbol{x}}(t)-\boldsymbol{x}^*\|^2-\frac{2\alpha(t)}{n}(f(\bar{\boldsymbol{x}}(t))-f(\boldsymbol{x}^*))-\\&\quad\frac{\alpha(t)}{n}\sum_{i=1}^{n}\sigma_i\|\boldsymbol{x}_i(t)-\boldsymbol{x}^*\|^2+\frac{6\alpha^2(t)}{n}\sum_{i=1}^{n}(L_i+\nu_i)^2+\\&\quad\frac{4\alpha(t)}{n}\sum_{i=1}^{n}L_i\|\boldsymbol{x}_i(t)-\bar{\boldsymbol{x}}(t)\|+\\&\quad\frac{2\alpha(t)}{n}\sum_{i=1}^{n}(L_i+\nu_i)\|\bar{\boldsymbol{x}}(t+1)-\boldsymbol{x}_i(t+1)\|\end{aligned}\tag{2-81}$$

式中,利用了式(2-69)、式(2-70)和式(2-71)。下面估计式(2-81)中的 $f(\bar{\boldsymbol{x}}(t))-f(\boldsymbol{x}^*)$ 项。由于函数 f_i 是 σ_i-强凸函数,而且 $\nabla f(\boldsymbol{x}^*)=0$,可得

$$f(\bar{\boldsymbol{x}}(t))-f(\boldsymbol{x}^*)\geqslant\frac{1}{2}\left(\sum_{i=1}^{n}\sigma_i\right)\|\bar{\boldsymbol{x}}(t)-\boldsymbol{x}^*\|^2\tag{2-82}$$

值得注意的是,函数 f 也是强凸函数。根据次梯度 $\nabla f(\boldsymbol{x})$ 的有界性,有

$$\begin{aligned}f(\bar{\boldsymbol{x}}(t))-f(\boldsymbol{x}^*)&=f(\bar{\boldsymbol{x}}(t))-f(\boldsymbol{x}_i(t))+f(\boldsymbol{x}_i(t))-f(\boldsymbol{x}^*)\\&\geqslant-L\|\boldsymbol{x}_i(t)-\bar{\boldsymbol{x}}(t)\|+f(\boldsymbol{x}_i(t))-f(\boldsymbol{x}^*)\end{aligned}\tag{2-83}$$

式中,$L\triangleq\sum_{i=1}^{n}L_i$。因此,由式(2-82)和式(2-83)可得

$$\begin{aligned}2(f(\bar{\boldsymbol{x}}(t))-f(\boldsymbol{x}^*))\geqslant&\frac{1}{2}\left(\sum_{i=1}^{n}\sigma_i\right)\|\bar{\boldsymbol{x}}(t)-\boldsymbol{x}^*\|^2-\\&L\|\boldsymbol{x}_i(t)-\bar{\boldsymbol{x}}(t)\|+f(\boldsymbol{x}_i(t))-f(\boldsymbol{x}^*)\end{aligned}\tag{2-84}$$

将式(2-84)代入式(2-81),以概率 1 有

$$
\begin{aligned}
&\mathbb{E}[\|\bar{\boldsymbol{x}}(t+1)-\boldsymbol{x}^*\|^2 \mid \mathcal{F}_t] \\
&\leqslant \|\bar{\boldsymbol{x}}(t)-\boldsymbol{x}^*\|^2-\frac{\alpha(t)}{n}\frac{1}{2}\left(\sum_{i=1}^{n}\sigma_i\right)\|\bar{\boldsymbol{x}}(t)-\boldsymbol{x}^*\|^2- \\
&\quad \frac{\alpha(t)}{n}(f(\boldsymbol{x}_i(t))-f(\boldsymbol{x}^*))+\frac{\alpha(t)}{n}L\|\boldsymbol{x}_i(t)-\bar{\boldsymbol{x}}(t)\|+ \\
&\quad \frac{6\alpha^2(t)}{n}\sum_{i=1}^{n}(L_i+\nu_i)^2-\frac{\alpha(t)}{n}\sum_{i=1}^{n}\sigma_i\|\boldsymbol{x}_i(t)-\boldsymbol{x}^*\|^2+ \\
&\quad \frac{4\alpha(t)}{n}\sum_{i=1}^{n}L_i\|\boldsymbol{x}_i(t)-\bar{\boldsymbol{x}}(t)\|+ \\
&\quad \frac{2\alpha(t)}{n}\sum_{i=1}^{n}(L_i+\nu_i)\|\bar{\boldsymbol{x}}(t+1)-\boldsymbol{x}_i(t)+1\|
\end{aligned}
\tag{2-85}
$$

因为 $\alpha(t)=\mu/(t+1)$,正常数 μ 满足式(2-11),可得

$$
\begin{aligned}
&\mathbb{E}[\|\bar{\boldsymbol{x}}(t+1)-\boldsymbol{x}^*\|^2 \mid \mathcal{F}_t] \\
&\leqslant \left(1-\frac{2}{t+1}\right)\|\bar{\boldsymbol{x}}(t)-\boldsymbol{x}^*\|^2-\frac{\mu}{n(t+1)}(f(\boldsymbol{x}_i(t))-f(\boldsymbol{x}^*))+ \\
&\quad \frac{\mu L}{n(t+1)}\|\boldsymbol{x}_i(t)-\bar{\boldsymbol{x}}(t)\|-\frac{\mu}{n(t+1)}\sum_{i=1}^{n}\sigma_i\|\boldsymbol{x}_i(t)-\boldsymbol{x}^*\|^2+ \\
&\quad \frac{4\mu}{n(t+1)}\sum_{i=1}^{n}L_i\|\boldsymbol{x}_i(t)-\bar{\boldsymbol{x}}(t)\|+\frac{6\mu^2}{n(t+1)^2}\sum_{i=1}^{n}(L_i+\nu_i)^2+ \\
&\quad \frac{2\mu}{n(t+1)}\sum_{i=1}^{n}(L_i+\nu_i)\|\bar{\boldsymbol{x}}(t+1)-\boldsymbol{x}_i(t+1)\|
\end{aligned}
\tag{2-86}
$$

在式(2-86)的两边同乘以 $t(t+1)$,有

$$
\begin{aligned}
&(t+1)t\mathbb{E}[\|\bar{\boldsymbol{x}}(t+1)-\boldsymbol{x}^*\|^2 \mid \mathcal{F}_t] \\
&\leqslant t(t-1)\|\bar{\boldsymbol{x}}(t)-\boldsymbol{x}^*\|^2-\frac{\mu t}{n}(f(\boldsymbol{x}_i(t))-f(\boldsymbol{x}^*))+ \\
&\quad \frac{\mu Lt}{n}\|\boldsymbol{x}_i(t)-\bar{\boldsymbol{x}}(t)\|-\frac{\mu t}{n}\sum_{i=1}^{n}\sigma_i\|\boldsymbol{x}_i(t)-\boldsymbol{x}^*\|^2+ \\
&\quad \frac{4\mu t}{n}\sum_{i=1}^{n}L_i\|\boldsymbol{x}_i(t)-\bar{\boldsymbol{x}}(t)\|+ \\
&\quad \frac{6\mu^2 t}{n(t+1)}\sum_{i=1}^{n}(L_i+\nu_i)^2+ \\
&\quad \frac{2\mu t}{n}\sum_{i=1}^{n}(L_i+\nu_i)\|\bar{\boldsymbol{x}}(t+1)-\boldsymbol{x}_i(t+1)\|
\end{aligned}
\tag{2-87}
$$

因此,对式(2-87)的期望进行迭代,可得

$$
\begin{aligned}
&T(T-1)\,\mathbb{E}[\|\bar{\boldsymbol{x}}(T)-\boldsymbol{x}^*\|^2]\\
&\leqslant -\frac{\mu}{n}\sum_{t=1}^{T-1}t\mathbb{E}[f(\boldsymbol{x}_i(t))-f(\boldsymbol{x}^*)]+\frac{\mu L}{n}\sum_{t=1}^{T-1}t\mathbb{E}[\|\boldsymbol{x}_i(t)-\bar{\boldsymbol{x}}(t)\|]-\\
&\quad\frac{\mu}{n}\sum_{t=1}^{T-1}t\sum_{i=1}^{n}\sigma_i\mathbb{E}[\|\boldsymbol{x}_i(t)-\boldsymbol{x}^*\|^2]+\frac{4\mu}{n}\sum_{t=1}^{T-1}t\sum_{i=1}^{n}L_i\mathbb{E}[\|\boldsymbol{x}_i(t)-\bar{\boldsymbol{x}}(t)\|]+\\
&\quad\frac{6\mu^2}{n}\sum_{i=1}^{n}(L_i+\nu_i)^2\sum_{t=1}^{T-1}\frac{t}{t+1}+\\
&\quad\frac{2\mu}{n}\sum_{t=1}^{T-1}t\sum_{i=1}^{n}(L_i+\nu_i)\,\mathbb{E}[\|\bar{\boldsymbol{x}}(t+1)-\boldsymbol{x}_i(t+1)\|]
\end{aligned}\tag{2-88}
$$

因为 $t\leqslant T-1, T\geqslant 2$,有

$$
\sum_{t=1}^{T-1}t\mathbb{E}[\|\boldsymbol{x}_i(t)-\bar{\boldsymbol{x}}(t)\|]\leqslant(T-1)\sum_{t=1}^{T-1}\mathbb{E}[\|\boldsymbol{x}_i(t)-\bar{\boldsymbol{x}}(t)\|]\tag{2-89}
$$

$$
\sum_{t=1}^{T-1}t\sum_{i=1}^{n}L_i\mathbb{E}[\|\boldsymbol{x}_i(t)-\bar{\boldsymbol{x}}(t)\|]\leqslant(T-1)\sum_{i=1}^{n}L_i\sum_{t=1}^{T-1}\mathbb{E}[\|\boldsymbol{x}_i(t)-\bar{\boldsymbol{x}}(t)\|]\tag{2-90}
$$

以及

$$
\begin{aligned}
&\sum_{t=1}^{T-1}t\sum_{i=1}^{n}(L_i+\nu_i)\|\bar{\boldsymbol{x}}(t+1)-\boldsymbol{x}_i(t+1)\|\\
&\leqslant(T-1)\sum_{i=1}^{n}(L_i+\nu_i)\sum_{t=1}^{T-1}\mathbb{E}[\|\bar{\boldsymbol{x}}(t+1)-\boldsymbol{x}_i(t+1)\|]
\end{aligned}\tag{2-91}
$$

因此,根据引理 2.9 可得

$$
\begin{aligned}
&T(T-1)\,\mathbb{E}[\|\bar{\boldsymbol{x}}(T)-\boldsymbol{x}^*\|^2]\\
&\leqslant -\frac{\mu}{n}\sum_{t=1}^{T-1}t\mathbb{E}[f(\boldsymbol{x}_i(t))-f(\boldsymbol{x}^*)]+\frac{6\mu^2}{n}\sum_{i=1}^{n}(L_i+\nu_i)^2\sum_{t=1}^{T-1}\frac{t}{t+1}+\\
&\quad\frac{\mu L(T-1)}{n}C\bigg(\frac{\lambda}{1-\lambda}\sum_{j=1}^{n}\|\boldsymbol{x}_j(0)\|_1+\\
&\quad\frac{\mu}{1-\lambda}\sum_{i=1}^{n}2\sqrt{d}(L_i+\nu_i)(1+\log(T-1))\bigg)+\\
&\quad\frac{4\mu L(T-1)}{n}\sum_{i=1}^{n}L_iC\bigg(\frac{\lambda}{1-\lambda}\sum_{j=1}^{n}\|\boldsymbol{x}_j(0)\|_1+\\
&\quad\frac{\mu}{1-\lambda}\sum_{i=1}^{n}2\sqrt{d}(L_i+\nu_i)(1+\log(T-1))\bigg)+\\
&\quad\frac{2\mu L(T-1)}{n}\sum_{i=1}^{n}(L_i+\nu_i)C\bigg(\frac{\lambda}{1-\lambda}\sum_{j=1}^{n}\|\boldsymbol{x}_j(0)\|_1+
\end{aligned}
$$

$$\frac{\mu}{1-\lambda}\sum_{i=1}^{n}2\sqrt{d}(L_i+\nu_i)(1+\log T)\Big)-$$
$$\frac{\mu}{n}\sum_{t=1}^{T-1}t\sum_{i=1}^{n}\sigma_i\mathbb{E}[\|\boldsymbol{x}_i(t)-\boldsymbol{x}^*\|^2] \tag{2-92}$$

对式(2-92)进行移项合并,再同除以 $T(T-1)$,可得

$$\frac{\mu}{nT(T-1)}\sum_{t=1}^{T-1}t\left[\mathbb{E}[f(\boldsymbol{x}_i(t))-f(\boldsymbol{x}^*)]+\sum_{i=1}^{n}\sigma_i\mathbb{E}[\|\boldsymbol{x}_i(t)-\boldsymbol{x}^*\|^2]\right]$$
$$\leqslant\frac{5\mu LC}{nT}\Big(\frac{\lambda}{1-\lambda}\sum_{j=1}^{n}\|\boldsymbol{x}_j(0)\|_1+\frac{\mu}{1-\lambda}\sum_{i=1}^{n}2\sqrt{d}(L_i+\nu_i)(1+\log(T-1))\Big)+$$
$$\frac{2\mu LC}{nT}\sum_{i=1}^{n}(L_i+\nu_i)\Big(\frac{\lambda}{1-\lambda}\sum_{j=1}^{n}\|\boldsymbol{x}_j(0)\|_1+\frac{\mu}{1-\lambda}\sum_{i=1}^{n}2\sqrt{d}(L_i+\nu_i)(1+\log T)\Big)+$$
$$\frac{6\mu^2}{nT}\sum_{i=1}^{n}(L_i+\nu_i)^2 \tag{2-93}$$

(解释:由于项$\mathbb{E}[\|\bar{\boldsymbol{x}}(T)-\boldsymbol{x}^*\|^2]$移到右边后,$-\mathbb{E}[\|\bar{\boldsymbol{x}}(T)-\boldsymbol{x}^*\|^2]\leqslant 0$,因此放缩时忽略。)

因此,式(2-94)为

$$\frac{1}{T(T-1)}\sum_{t=1}^{T-1}t\left[\mathbb{E}[f(\boldsymbol{x}_i(t))-f(\boldsymbol{x}^*)]+\sum_{i=1}^{n}\sigma_i\,\mathbb{E}[\|\boldsymbol{x}_i(t)-\boldsymbol{x}^*\|^2]\right]$$
$$\leqslant\frac{6\mu}{T}\sum_{i=1}^{n}(L_i+\nu_i)^2+\frac{C}{T}\Big(5L+2\sum_{i=1}^{n}(L_i+\nu_i)\Big)\cdot$$
$$\Big(\frac{\lambda}{1-\lambda}\sum_{j=1}^{n}\|\boldsymbol{x}_j(0)\|_1+\frac{\mu}{1-\lambda}\sum_{i=1}^{n}2\sqrt{d}(L_i+\nu_i)(1+\log T)\Big) \tag{2-94}$$

利用平方范数函数的凸性、$\hat{\boldsymbol{x}}_i(T)$的定义以及函数 f 的凸性,有

$$f(\hat{\boldsymbol{x}}_i(T))-f(\boldsymbol{x}^*)+\sum_{j=1}^{n}\sigma_j\|\boldsymbol{x}_j(T)-\boldsymbol{x}^*\|$$
$$\leqslant\frac{\sum_{t=1}^{T-1}t\Big(f(\boldsymbol{x}_i(t))-f(\boldsymbol{x}^*)+\sum_{j=1}^{n}\sigma_j\|\boldsymbol{x}_j(t)-\boldsymbol{x}^*\|^2\Big)}{T(T-1)/2} \tag{2-95}$$

对式(2-95)两边同时取期望,可得

$$\mathbb{E}[f(\hat{\boldsymbol{x}}_i(T))-f(\boldsymbol{x}^*)]+\sum_{j=1}^{n}\sigma_j\mathbb{E}[\|\boldsymbol{x}_j(T)-\boldsymbol{x}^*\|^2]$$
$$\leqslant\frac{2\sum_{t=1}^{T-1}t\Big(\mathbb{E}[f(\boldsymbol{x}_i(t))-f(\boldsymbol{x}^*)]+\sum_{j=1}^{n}\sigma_j\,\mathbb{E}[\|\boldsymbol{x}_j(t)-\boldsymbol{x}^*\|^2]\Big)}{T(T-1)} \tag{2-96}$$

因此,将式(2-94)代入式(2-96),经过一些代数运算,定理 2.2 得证。

定理 2.3 证明：在假设 2.2 中，对所有 $i=1,2,\cdots,n$，令 $\sigma_i=0$。另外，引入估计值 $\boldsymbol{x}_i(t)$ 的遍历均值，其定义为：

$$\tilde{\boldsymbol{x}}_i(T)=\frac{1}{\sum_{t=0}^{T}\alpha(t)}\sum_{t=0}^{T}\alpha(t)\boldsymbol{x}_i(t) \tag{2-97}$$

由式(2-81)，可得

$$\begin{aligned}
&\mathbb{E}[\|\bar{\boldsymbol{x}}(t+1)-\boldsymbol{x}^*\|^2 \mid \mathcal{F}_t]\\
\leqslant\ &\|\bar{\boldsymbol{x}}(t)-\boldsymbol{x}^*\|^2-\frac{2\alpha(t)}{n}\mathbb{E}[f(\bar{\boldsymbol{x}}(t))-f(\boldsymbol{x}^*)]+\\
&\frac{4\alpha(t)}{n}\sum_{i=1}^{n}L_i\|\boldsymbol{x}_i(t)-\bar{\boldsymbol{x}}(t)\|+\frac{6\alpha^2(t)}{n}\sum_{i=1}^{n}(L_i+\nu_i)^2+\\
&\frac{2\alpha(t)}{n}\sum_{i=1}^{n}(L_i+\nu_i)\|\bar{\boldsymbol{x}}(t+1)-\boldsymbol{x}_i(t+1)\|
\end{aligned} \tag{2-98}$$

将式(2-83)代入式(2-98)，经过一些基本的代数运算，有

$$\begin{aligned}
&\frac{2\alpha(t)}{n}\mathbb{E}[f(\boldsymbol{x}_i(t))-f(\boldsymbol{x}^*)]\\
\leqslant\ &\|\bar{\boldsymbol{x}}(t)-\boldsymbol{x}^*\|^2-\mathbb{E}[\|\bar{\boldsymbol{x}}(t+1)-\boldsymbol{x}^*\|^2 \mid F_t]+\\
&\frac{2\alpha(t)}{n}L\|\boldsymbol{x}_i(t)-\bar{\boldsymbol{x}}(t)\|+\frac{4\alpha(t)}{n}\sum_{i=1}^{n}L_i\|\boldsymbol{x}_i(t)-\bar{\boldsymbol{x}}(t)\|+\\
&\frac{2\alpha(t)}{n}\sum_{i=1}^{n}(L_i+\nu_i)\|\bar{\boldsymbol{x}}(t+1)-\boldsymbol{x}_i(t+1)\|+\frac{6\alpha^2(t)}{n}\sum_{i=1}^{n}(L_i+\nu_i)^2
\end{aligned} \tag{2-99}$$

对式(2-99)求和，两边再同除以$(2/n)\Xi(T)$，其中，$\Xi(T)=\sum_{t=0}^{T}\alpha(t)$，可得

$$\begin{aligned}
&\frac{\sum_{t=0}^{T}\alpha(t)\mathbb{E}[f(\boldsymbol{x}_i(t))-f(\boldsymbol{x}^*)]}{\Xi(T)}\\
\leqslant\ &\frac{n}{2\Xi(T)}\|\bar{\boldsymbol{x}}(0)-\boldsymbol{x}^*\|^2+\frac{L}{\Xi(T)}\sum_{t=0}^{T}\alpha(t)\|\boldsymbol{x}_i(t)-\bar{\boldsymbol{x}}(t)\|+\\
&\frac{2}{\Xi(T)}\sum_{t=0}^{T}\alpha(t)\sum_{i=1}^{n}L_i\|\boldsymbol{x}_i(t)-\bar{\boldsymbol{x}}(t)\|+\\
&\frac{3}{\Xi(T)}\sum_{t=0}^{T}\alpha^2(t)\sum_{i=1}^{n}(L_i+\nu_i)^2+\\
&\frac{1}{\Xi(T)}\sum_{t=0}^{T}\alpha(t)\sum_{i=1}^{n}(L_i+\nu_i)\|\bar{\boldsymbol{x}}(t+1)-\boldsymbol{x}_i(t+1)\|
\end{aligned} \tag{2-100}$$

因为 $\alpha(t)=1/\sqrt{t+1}$，则对所有 $T\geqslant 1$，有

$$\Xi(T)=\sum_{t=0}^{T}\frac{1}{\sqrt{t+1}}\geqslant\int_{0}^{T+1}\frac{\mathrm{d}u}{\sqrt{u+1}}=2(\sqrt{T+2}-1)\geqslant\sqrt{T} \tag{2-101}$$

同时，还可得到

$$\sum_{t=0}^{T}\alpha^{2}(t)=\sum_{t=0}^{T}\frac{1}{t+1}=\sum_{s=1}^{T+1}\frac{1}{s}\leqslant 1+\int_{1}^{T+1}\frac{\mathrm{d}u}{u}=1+\log(T+1) \tag{2-102}$$

另外，利用推论 2.1，有

$$\begin{aligned}&\sum_{t=0}^{T}\alpha(t)\|\boldsymbol{x}_i(t)-\bar{\boldsymbol{x}}(t)\|\\&\leqslant C\sum_{t=0}^{T}\alpha(t)\left(\lambda^{t}\sum_{j=1}^{n}\|\boldsymbol{x}_j(0)\|_1+\sum_{j=1}^{n}2\sqrt{d}(L_j+\nu_j)\sum_{s=0}^{t-1}\lambda^{t-s-1}\alpha(s)\right)\end{aligned} \tag{2-103}$$

式中，不等式可由引理 2.5 得到。因为 $\alpha(t)=1/\sqrt{t+1}\leqslant 1$，可得

$$\sum_{t=0}^{T}\alpha(t)\lambda^{t}\leqslant\frac{1}{1-\lambda} \tag{2-104}$$

且有

$$\begin{aligned}&\sum_{t=0}^{T}\sum_{s=0}^{t-1}\lambda^{t-s-1}\alpha(s)\alpha(t)\\&=1+\sum_{\tau=1}^{T}\lambda^{\tau-1}\sum_{\iota=1}^{T-\tau+1}\frac{1}{\sqrt{\iota}\sqrt{\tau+\iota}}\leqslant 1+\sum_{\tau=1}^{T}\lambda^{\tau-1}\int_{0}^{T-\tau+1}\frac{\mathrm{d}u}{\sqrt{u}\sqrt{u+\tau}}\\&\leqslant 1+2\sum_{\tau=1}^{T}\lambda^{\tau-1}\log(\sqrt{T-\tau+1}+\sqrt{T+1})\\&\leqslant 1+\frac{2}{1-\lambda}\left(\log 2+\frac{1}{2}\log(T+1)\right)\leqslant\frac{4}{1-\lambda}\log(T+1)\end{aligned} \tag{2-105}$$

联立式(2-103)、式(2-104)和式(2-105)，可得

$$\begin{aligned}\sum_{t=0}^{T}\alpha(t)\|\boldsymbol{x}_i(t)-\bar{\boldsymbol{x}}(t)\|\leqslant&\frac{C}{1-\lambda}\sum_{j=1}^{n}\|\boldsymbol{x}_j(0)\|_1+\\&\frac{4C\log(T+1)}{1-\lambda}\sum_{j=1}^{n}2\sqrt{d}(L_j+\nu_j)\end{aligned} \tag{2-106}$$

因此，根据以上关系式，有

$$\begin{aligned}&\sum_{t=0}^{T}\alpha(t)\sum_{i=1}^{n}L_i\|\boldsymbol{x}_i(t)-\bar{\boldsymbol{x}}(t)\|\\&=\sum_{i=1}^{n}L_i\sum_{t=0}^{T}\alpha(t)\|\boldsymbol{x}_i(t)-\bar{\boldsymbol{x}}(t)\|\\&\leqslant\frac{LC}{1-\lambda}\sum_{j=1}^{n}\|\boldsymbol{x}_j(0)\|_1+\frac{4LC\log(T+1)}{1-\lambda}\sum_{j=1}^{n}2\sqrt{d}(L_j+\nu_j)\end{aligned} \tag{2-107}$$

以及

$$
\begin{aligned}
&\sum_{t=0}^{T}\alpha(t)\sum_{i=1}^{n}(L_i+\nu_i)\,\|\boldsymbol{x}_i(t)-\bar{\boldsymbol{x}}(t)\| \\
=&\sum_{i=1}^{n}(L_i+\nu_i)\sum_{t=0}^{T}\alpha(t)\,\|\boldsymbol{x}_i(t)-\bar{\boldsymbol{x}}(t)\| \\
\leqslant&\frac{C\sum\limits_{i=1}^{n}(L_i+\nu_i)}{1-\lambda}\sum_{j=1}^{n}\|\boldsymbol{x}_j(0)\|_1+ \\
&\frac{4C\sum\limits_{i=1}^{n}(L_i+\nu_i)\log(T+1)}{1-\lambda}\sum_{j=1}^{n}2\sqrt{d}\,(L_j+\nu_j)
\end{aligned}
\tag{2-108}
$$

将式(2-101)、式(2-102)、式(2-106)、式(2-107)和式(2-108)代入式(2-100)，可得

$$
\begin{aligned}
&\frac{\sum\limits_{t=0}^{T}\alpha(t)\,\mathbb{E}[f(\boldsymbol{x}_i(t))-f(\boldsymbol{x}^*)]}{\Xi(T)} \\
\leqslant&\frac{n}{2\sqrt{T}}\|\bar{\boldsymbol{x}}(0)-\boldsymbol{x}^*\|^2+\frac{C\left(3L+\sum\limits_{i=1}^{n}(L_i+\nu_i)\right)\sum\limits_{j=1}^{n}\|\boldsymbol{x}_j(0)\|_1}{(1-\lambda)\sqrt{T}}+ \\
&\frac{C\left(9L+\sum\limits_{i=1}^{n}(L_i+\nu_i)\right)\log(T+1)}{(1-\lambda)\sqrt{T}}\sum_{j=1}^{n}2\sqrt{d}\,(L_j+\nu_j)+ \\
&\frac{3(1+\log(T+1))}{\sqrt{T}}\sum_{i=1}^{n}(L_i+\nu_i)^2
\end{aligned}
\tag{2-109}
$$

因为函数 f 是凸函数，则根据 $\tilde{\boldsymbol{x}}_i(T)$ 的定义，有

$$
\mathbb{E}[f(\tilde{\boldsymbol{x}}_i(T))-f(\boldsymbol{x}^*)]\leqslant\frac{\sum\limits_{t=0}^{T}\alpha(t)\,\mathbb{E}[f(\boldsymbol{x}_i(t))-f(\boldsymbol{x}^*)]}{\Xi(T)}
\tag{2-110}
$$

所以，联立式(2-109)和式(2-110)，定理2.3得证。

2.5　本章小结

本章考虑分布式约束优化问题，其代价函数是凸函数。为求解此问题，本章提出了分布式随机次梯度投影算法。在时变有向网络中，节点之间可交互信息。由于网络拓扑是有向的，因此采用权平衡技术以克服有向图带来的影响。另外，所有节点只知道自己的局部信息而不知道其他节点的信息，而且仅能获得噪声次梯度信息。此

外，分析了所提算法的收敛性能。通过选择适当的步长 $\alpha(t)$，所提算法渐近收敛到最优解。同时，还分析了所提算法的收敛速率。当代价函数是强凸函数时，所提算法以速率 $O(\log T/T)$ 收敛；当代价函数是一般的凸函数时，所提算法的收敛速率为 $O(\log T/\sqrt{T})$，其中，T 是迭代次数。

参考文献

[1] Beck A, Nedić A, Ozdaglar A. An $O(1/k)$ gradient method for network resource allocation problems[J]. IEEE Transactions on Control of Network Systems, 2014, 1(1): 64-73.

[2] Lesser V, Tambe M, Ortiz C L. Distributed Sensor Networks: A Multiagent Perspective[M]. Norwell: Kluwer Academic Publishers, 2003.

[3] Rabbat M, Nowak R. Distributed optimization in sensor networks [C]//International Symposium on Information Processing in Sensor Networks, 2004: 20-27.

[4] Kar S, Moura J M F. Distributed consensus algorithms in sensor networks: Quantized data and random link failures [J]. IEEE Transactions on Signal Processing, 2010, 58 (3): 1383-1400.

[5] Kar S, Moura J M F, Ramanan K. Distributed parameter estimation in sensor networks: Nonlinear observation models and imperfect communication [J]. IEEE Transactions on Information Theory, 2012, 58(6): 3575-3605.

[6] Hastie T, Tibshirani R, Friedman J. The Elements of Statistical Learning: Data Mining, Inference, Prediction[M]. New York: Springer-Verlag, 2001.

[7] Bekkerman J L R, Bilenko M. Scaling Up Machine Learning: Parallel and Distributed Approaches[M]. Cambridge: Cambridge University Press, 2011.

[8] Cavalcante R, Yamada I, Mulgrew B. An adaptive projected subgradient approach to learning in diffusion networks[J]. IEEE Transactions on Signal Processing, 2009, 57(7): 2762-2774.

[9] Olfati-Saber R, Fax J A, Murray R M. Consensus and cooperation in networked multi-agent systems[J]. Proceedings of the IEEE, 2007, 95(1): 215-233.

[10] Tsitsiklis J N. Problems in Decentralized Decision Making and Computation[D]. Cambridge: Massachusetts Institute of Technology, 1984.

[11] Tsitsiklis J N, Bertsekas D P, Athans M. Distributed asynchronous deterministic and stochastic gradient optimization algorithms[J]. IEEE Transactions on Automatic Control, 1986, AC-31(9): 803-812.

[12] Bertsekas D P, Tsitsiklis J N. Parallel and Distributed Computation: Numerical Methods [M]. Belmont: Athena Scientific, 1997.

[13] Nedić A, Ozdaglar A. Distributed subgradient methods for multi-agent optimization[J]. IEEE Transactions on Automatic Control, 2009, 54(1): 48-61.

[14] Lobel I, Ozdaglar A. Distributed subgradient methods for convex optimization over random networks[J]. IEEE Transactions on Automatic Control, 2011, 56(6): 1291-1306.

[15] Duchi J C, Agarwal A, Wainwright M J. Dual averaging for distributed optimization: Convergence analysis and network scaling[J]. IEEE Transactions on Automatic Control,

2012,57(3): 592-606.

[16] Chen J,Sayed A H. Diffusion adaptation strategies for distributed optimization and learning over networks[J]. IEEE Transactions on Signal Processing,2012,60(8): 4289-4305.

[17] Shen C,Chang T H,Wang K Y,et al. Distributed robust multicell coordinated beamforming with imperfect CSI: An ADMM approach[J]. IEEE Transactions on Signal Processing, 2012,60(6): 2988-3003.

[18] Mokhtari A,Ling Q,Ribeiro A. Network Newton distributed optimization methods[J]. IEEE Transactions on Signal Processing,2017,65(1): 146-161.

[19] Varagnolo D,Zanella F,Cenedese A,et al. Newton-Raphson consensus for distributed convex optimization[J]. IEEE Transactions on Automatic Control,2016,61(4): 994-1009.

[20] Eisen M,Mokhtari A,Ribeiro A. Decentralized quasi-newton methods[J]. IEEE Transactions on Signal Processing,2017,65(10): 2613-2628.

[21] Wei E, Ozdaglar A, Jadbabaie A. A distributed Newton method for network utility maximizationpart I: Algorithm[J]. IEEE Transactions on Automatic Control,2013,58(9): 2162-2175.

[22] Wei E, Ozdaglar A, Jadbabaie A. A distributed Newton method for network utility maximization—Part Ⅱ: Convergence[J]. IEEE Transactions on Automatic Control,2013, 58(9): 2176-2188.

[23] Hendrickx J M,Tsitsiklis J N. Fundamental limitations for anonymous distributed systems with broadcast communications[C]//The 53rd Allerton Conference on Communication, Control,and Computing,2015: 9-16.

[24] Nedić A,Olshevsky A. Distributed optimization over time-varying directed graphs[J]. IEEE Transactions on Automatic Control,2015,60(3): 601-615.

[25] Nedić A, Olshevsky A. Stochastic gradient-push for strongly convex functions on time-varying directed graphs[J]. IEEE Transactions on Automatic Control, 2016, 61(12): 3936-3947.

[26] Makhdoumi A, Ozdaglar A. Graph balancing for distributed subgradient methods over directed graphs[C]//IEEE 55th Conference on Decision and Control (CDC),2015: 1364-1371.

[27] Touri B, Gharesifard B. Continuous-time distributed convex optimization on time-varying directed networks[C]//IEEE 54th Conference on Decision and Control (CDC), 2015: 724-729.

[28] Xi C,Khan U A. Distributed subgradient projection algorithm over directed graphs[J]. IEEE Transactions on Automatic Control,2017,62(8): 3986-3992.

[29] Agarwal A, Bartlett P L, Ravikumar P, et al. Information-theoretic lower bounds on the oracle complexity of stochastic convex optimization[J]. IEEE Transactions on Information Theory,2012,58(5): 3235-3249.

[30] Nedić A,Ozdaglar A,Parrilo P A. Constrained consensus and optimization in multi-agent networks[J]. IEEE Transactions on Automatic Control,2010,55(4): 922-938.

[31] Ram S S,Nedić A,Veeravalli V V. Distributed stochastic subgradient projection algorithms for convex optimization[J]. Journal of Optimization Theory and Application,2010,147(3): 516-545.

[32] Polyak B. Introduction to Optimization[M]. New York: Optimization Software,Inc. ,1987.

第3章

异步的分布式次梯度随机投影算法

本章考虑时变网络上的分布式约束优化问题，每个智能体只知道自己的代价函数与约束集，且全局代价函数是各个智能体的局部代价函数之和。然而，在某些应用中，每个智能体可能不能提前知道自己的局部约束集，或者约束集的组成元素数量巨大。此时，投影到每个局部约束集上的操作不可行。为此，本章利用随机投影理论，提出一种异步的分布式随机次梯度算法。另外，在某些应用中，智能体之间的信息交互是异步的，智能体的更新可能不同步。因此，智能体之间的通信协议采用异步随机广播通信协议。通过选择适当的学习速率，本章证明了所提算法是以概率 1 收敛的。分析了当学习速率不变时算法的渐近误差界，同时还分析了全局代价函数在估计值与最优解时的渐近误差上界。

3.1　引言

在分布式参数估计[1-4]、大规模机器学习[5,6]、网络中资源分配[7]以及分布式电力控制[8]等领域中，很多问题可看作分布式约束优化问题。在分布式约束优化问题中，每个智能体的局部代价函数与局部约束集是各自的隐私信息。也就是说，每个智能体只知道自己的局部代价函数与约束集，不知道其他智能体的代价函数与约束集信息。而且，全局代价函数为各个智能体的代价函数之和。为求解此优化问题，需要设计分布式优化算法。同时，每个智能体虽然只能利用自己的隐私信息，但智能体之间可交互信息。近年来研究者提出了很多分布式优化算法以求解此类优化问题[9-12]。

然而，在某些应用中，每个智能体不能提前知道自己的约束集 $\mathcal{X}_i$，或许约束集 $\mathcal{X}_i$ 的组成元素的数量巨大，但可通过 $\mathcal{X}_i^{\Omega_i(t)}$ 揭露它的每个组成元素，而智能体 i 在时

刻 t 可以观察到 $\mathcal{X}_i^{\Omega_i(t)}$。例如，在大规模分类或回归问题中，需要在众多的样本中训练模型参数，每个样本对应一个半平面。因此，不能通过确定的投影算子将每个智能体 i 的估计值投影到约束集 $\mathcal{X}_i$ 上。所以，不能直接应用基于确定投影的分布式优化算法[11,13,14]解决此类优化问题。为此，需要采用随机投影算子。Lee 与 Nedić[15,16]研究了基于随机投影的分布式优化算法。此外，确定性投影算子是随机投影的特殊情形。因此，本章研究了分布式随机投影算法，且局部约束集 $\mathcal{X}_i$ 具有以下形式：$\mathcal{X}_i=\bigcap_{j\in\Theta_i}\mathcal{X}_i^j$，其中，$\Theta_i$ 是索引集；$\mathcal{X}_i^j$ 是单纯集。

Lee 等[15]研究了同步分布式随机投影算法，所有智能体的更新同步。但是，同步需要一个中央时钟协调步长的选择，而每个智能体都需要知道时钟这个全局信息。在同步分布式优化算法中，所有智能体使用相同的步长。因此，为移除这些限制，需要设计一种异步的分布式优化算法。此外，每个智能体之间还需要相互交换信息。因此，在设计分布式优化算法中，智能体之间还通信协议的设计至关重要。在实际应用中，Gossip 通信协议[17]和广播通信协议[18]是两个常用的通信协议。Lee 等[19]提出了一种基于异步 Gossip 通信协议的分布式随机投影算法。与 Gossip 通信协议相比，广播通信协议可降低网络的通信复杂度[18]。在多数分布式优化算法中，智能体都是在双向链路上进行信息交互，而双向通信模式会产生通信瓶颈。因此，本章使用随机广播通信协议解决此问题。除此之外，在无线通信中，广播通信协议是一种自然的通信模式。同时，在无线环境中，智能体之间的通信链路可能被随机地打断。为了解决以上问题，本章基于随机投影算子和随机广播通信协议提出一种分布式随机次梯度优化算法。近年来，基于广播的 Consensus 算法被广泛研究[19-21]。Nedić[22]提出了一种基于异步广播的优化算法。与 Nedić 所提的算法相比，本章考虑的是每个智能体只能将自己的估计值投影到自己的局部约束集上，而且使用随机投影算子进行投影。也就是说，Nedić 所提的算法是本章所提算法的一个特殊情形。

本章首先提出一个分布式随机次梯度算法，智能体之间的通信模式采用异步随机广播通信协议，而投影算子使用随机投影算子。而且本章考虑了智能体之间的链路故障可能随机发生的情形。通过选择适当的学习速率，本章分析了所提算法的收敛性质，并证明了所有智能体的估计值以概率 1 收敛到最优解。当学习速率是常数时，得出了渐近误差界。

3.2 算法设计

本章考虑的网络化多智能体系统由 n 个智能体组成。在每个时刻 t，网络拓扑可建模为一个无向图 $\mathcal{G}(t)=(\mathcal{V},\mathcal{E}(t))$，其中，$\mathcal{V}=\{1,2,\cdots,n\}$ 表示节点集合；$\mathcal{E}\subset\mathcal{V}\times\mathcal{V}$ 表示时刻 t 的无向边集合。$(i,j)\in\mathcal{E}(t)$ 表示节点 i 与节点 j 在时刻 t 相连。如果两个节点之间直接相连，则称这两个节点互为邻居。因此，互为邻居的节点可直接交互信息。在时刻 t,$\mathcal{N}_i(t)$表示节点 i 的邻居集合，即$\mathcal{N}_i(t)=\{j\in\mathcal{V}\mid(i,j)\in\mathcal{E}(t)\}$。此外，假设节点之间的链路故障随机发生，考虑以下约束优化问题：

$$\begin{aligned}&\text{minimize}\quad f(\boldsymbol{x})\triangleq\sum_{i=1}^{n}f_i(\boldsymbol{x})\\&\text{subject to}\quad \boldsymbol{x}\in\mathcal{X}\triangleq\bigcap_{i=1}^{n}\mathcal{X}_i\end{aligned}\tag{3-1}$$

式中，$f_i:\mathbb{R}^d\mapsto\mathbb{R}$ 表示节点 i 的局部代价函数；$\mathcal{X}_i$ 表示节点 i 的局部约束集。

为了求解优化问题式(3-1)，本章提出一个基于随机广播与随机投影的异步分布式随机次梯度算法，其中，异步时间模式参考文献[17]，随机广播模式参考文献[18]。

在异步时间模式中，每个节点上有一个虚拟时钟，而且滴答声的泊松速率为1。因此，虚拟时钟滴答声服从一个速率为 n 的泊松过程。令 Z_t 表示全局泊松时钟的第 t 个滴答声。根据间隔$[Z_{t-1},Z_t)$将时间离散化。假设在第 t 个时间间隔中仅一个节点广播信息，且令 I_t 表示该节点的索引。由于假设通信链路随机发生故障，故只有节点 I_t 的部分邻居节点集合 J_t 能接收到广播信息。因此，节点 $j\in J_t$ 以概率 p_{ij} 接收广播信息，即：如果$(i,j)\in\mathcal{E}(t)$，则 $p_{ij}>0$。

令 $\boldsymbol{x}_i(t)$表示节点 i 在时刻 t 的估计值。因此，每个节点 $i\in J_t$ 可接收节点 I_t 的估计值 $\boldsymbol{x}_{I_t}(t-1)$。所以，每个节点的估计值更新规则如下：当节点 i 不能接收到节点 I_t 的广播信息，则节点 I_t 和节点 i 不更新自己的估计值，即 $i\notin J_t$，则

$$\boldsymbol{x}_i(t)=\boldsymbol{x}_i(t-1)\tag{3-2}$$

当节点 $i\in J_t$ 能接收到节点 I_t 的广播信息，则节点 i 按以下更新规则更新它的估计值：

$$\begin{cases}\boldsymbol{z}_i(t)=\beta\boldsymbol{x}_{I_t}(t-1)+(1-\beta)\boldsymbol{x}_i(t-1)\\\boldsymbol{x}_i(t)=\Pi_{\mathcal{X}_i^{\Omega_i(t)}}[\boldsymbol{z}_i(t)-\alpha_i(t)(\nabla f_i(\boldsymbol{z}_i(t))+\epsilon_i(t))]\end{cases}\tag{3-3}$$

式中，$\beta\in(0,1)$是一个混合参数；$\alpha_i(t)$表示节点 i 在时刻 t 的步长；$\Omega_i(t)$表示一个随机变量；$\nabla f_i(\boldsymbol{z}_i(t))$表示函数 f_i 在 $\boldsymbol{x}=\boldsymbol{z}_i(t)$处的次梯度；$\epsilon_i(t)$表示节点 i 在时刻 t 的随机次梯度误差；$\Pi_{\mathcal{X}_i^{\Omega_i(t)}}$ 表示标准的欧氏投影算子。注意，$\Omega_i(t)$从索引集 Θ_i 提取。本章假设随机序列$\{\Omega_i(t)\}$相互独立，而且与随机广播过程相互独立。

为了分析方便，定义以下非负随机矩阵 $\boldsymbol{Q}(t)$：以概率$\frac{1}{n}$，有

$$\boldsymbol{Q}(t)=\boldsymbol{I}-\beta\sum_{j\in J_t}(\boldsymbol{e}_j\boldsymbol{e}_j^{\mathrm{T}}-\boldsymbol{e}_j\boldsymbol{e}_{I_t}^{\mathrm{T}})\tag{3-4}$$

式中，$\boldsymbol{I}$ 表示大小为 $n\times n$ 的单位矩阵；$\boldsymbol{e}_j\in\mathbb{R}^n$ 表示单位列向量，其第 j 个元素为1，其余为0。由文献[22]的引理2可知，每个随机矩阵 $\boldsymbol{Q}(t)$不是双随机矩阵，但是其期望 $\bar{\boldsymbol{Q}}(t)\triangleq\mathbb{E}[\boldsymbol{Q}(t)]$是双随机矩阵。令 $\boldsymbol{D}(t)\triangleq\boldsymbol{Q}(t)-(1/n)\mathbf{1}\mathbf{1}^{\mathrm{T}}\boldsymbol{Q}(t)$，则 $\boldsymbol{D}(t)$独立同

分布，$\lambda \triangleq \lambda_1(\mathbb{E}[\boldsymbol{D}(t)^{\mathrm{T}}\boldsymbol{D}(t)])<1$，其中，$\lambda_1(\boldsymbol{A})$表示对称矩阵$\boldsymbol{A}$的最大特征值。因此，根据式(3-4)，式(3-2)和式(3-3)等价为：

$$\begin{cases}\boldsymbol{z}_i(t)=\sum_{j=1}^{n}[\boldsymbol{Q}(t)]_{ij}\boldsymbol{x}_j(t-1),\\ \boldsymbol{x}_i(t)=\boldsymbol{z}_i(t)-\boldsymbol{z}_i(t)\chi_{\{i\in J_t\}}+\Pi_{\mathcal{X}_i^{\Omega_i(t)}}[\boldsymbol{z}_i(t)-\alpha_i(t)(\nabla f_i(\boldsymbol{z}_i(t))+\epsilon_i(t))]\chi_{\{i\in J_t\}}\end{cases} \tag{3-5}$$

式中，如果事件$\{i\in J_t\}$发生，则$\chi_{\{i\in J_t\}}=1$；否则，$\chi_{\{i\in J_t\}}=0$。

为了分析式(3-5)的收敛性能，需要一些标准假设，具体如下：

假设 3.1 网络拓扑$\mathcal{G}(t)=(\mathcal{V},\mathcal{E}(t))$在时刻$t$是连接的，且没有子环。如果$\{i,j\}\in\mathcal{E}(t)$，则$p_{ij}>0$；否则，$p_{ij}=0$。此外，链路故障过程独立同分布。

假设 3.1 确保了每个节点的信息可频繁到达其他节点。为了使节点的估计值$\boldsymbol{x}_i(t)$收敛到最优解，需要对节点的信息进行充分融合。下面给出关于局部代价函数f_i与局部约束集$\mathcal{X}_i^j$的假设。

假设 3.2 对所有$i\in\mathcal{V}$，假设局部约束集$\mathcal{X}_i^j$是非空的闭集且是凸集。同时假设局部代价函数$f_i:\mathbb{R}^d\to\mathbb{R}$是凸函数。此外，假设函数$f_i(\boldsymbol{x})$的次梯度$\nabla f_i(\boldsymbol{x})$在$\mathcal{X}$上是一致有界的，即对所有$\boldsymbol{x}\in\mathcal{X}$，$\|\nabla f_i(\boldsymbol{x})\|\leqslant L_{\max}$。

在假设 3.2 中，不需要假设函数f_i在集合$\mathcal{X}_i^j$是可微的，但函数f_i在$\mathcal{X}_i^j$是连续的。因此，函数f_i在$\mathcal{X}_i^j$中的一些点上不存在梯度，故用∇f_i表示函数f_i的次梯度。下面给出随机序列$\{\Omega_i(t)\}$的假设。

假设 3.3 对任意$i\in\mathcal{V}$，随机序列$\{\Omega_i(t)\}$独立同分布，它在索引集Θ_i上的概率分布为$\Pr\{\mathcal{X}_i^{\Omega_i(t)}=j\}>0$，即：$j\in\Theta_i i\in\mathcal{V}$，则$\Pr\{\mathcal{X}_i^{\Omega_i(t)}=j\}>0$。此外，对任意$i\in\mathcal{V}$，随机序列$\{\Omega_i(t)\}$与初始值$\boldsymbol{x}_i(0)$相互独立。

假设 3.4 对所有$\boldsymbol{x}\in\mathbb{R}^d$，存在一个正常数$c_i$

$$\operatorname{dist}^2(\boldsymbol{x},\mathcal{X})\leqslant c_i\mathbb{E}[\operatorname{dist}^2(\boldsymbol{x},\mathcal{X}_i^{\Omega_i(t)})] \tag{3-6}$$

如果交集$\mathcal{X}$有一个内点，则假设 3.4 成立。通过使用与 Gubin 等[23]相似的思路，这个假设成立。为方便分析，令$c\triangleq\max_i c_i$。

令$\mathcal{F}_t$表示式(3-5)产生的所有历史信息，即：

$$\mathcal{F}_t=\{x_i(0),i\in\mathcal{V};I_l,J_l,\Omega_i(l),(\epsilon_j(l),j\in J_l),1\leqslant l\leqslant t\}$$

下面给出关于随机次梯度误差$\epsilon_i(t)$的假设。

假设 3.5 在时刻t，每个节点$i\in\mathcal{V}$的次梯度误差$\epsilon_i(t)$以概率 1 满足

$$\mathbb{E}[\epsilon_i(t)\mid\mathcal{F}_{t-1},I_t,J_t]=0$$

和

$$\mathbb{E}[\|\epsilon_i(t)\|\mid\mathcal{F}_{t-1},I_t,J_t]\leqslant\nu$$

式中，ν为正常数。

当假设 3.2 和假设 3.5 成立时,利用 Hölder 不等式,有

$$\mathbb{E}[\| \nabla f_i(\boldsymbol{v}_i(t)) + \epsilon_i(t) \|^2 \mid \mathcal{F}_{t-1}, I_t, J_t] \leqslant (L_{\max} + \nu)^2 \tag{3-7}$$

此外,本章将使用以下引理分析式(3-5)的收敛性能。首先给出非扩张投影的性质[24],即:

引理 3.1 假设集合$\mathcal{X} \subset \mathbb{R}^d$ 是非空闭凸集,则对所有 $\boldsymbol{x} \in \mathbb{R}^d$, $\boldsymbol{y} \in \mathcal{X}$,有

$$\| \Pi_{\mathcal{X}}[\boldsymbol{x}] - \boldsymbol{y} \|^2 \leqslant \| \boldsymbol{x} - \boldsymbol{y} \|^2 - \| \Pi_{\mathcal{X}}[\boldsymbol{x}] - \boldsymbol{x} \|^2 \tag{3-8}$$

同时还有

$$\| \Pi_{\mathcal{X}}[\boldsymbol{x}] - \Pi_{\mathcal{X}}[\boldsymbol{v}] \| \leqslant \| \boldsymbol{x} - \boldsymbol{v} \| \tag{3-9}$$

此外,本章还将利用超鞅收敛结果[25],即:

引理 3.2 令$\{v_k\}$、$\{u_k\}$、$\{a_k\}$和$\{b_k\}$为非负随机序列,且以概率 1 满足

$$\mathbb{E}[v_{k+1} \mid \mathcal{F}_k] \leqslant (1 + a_k) v_k - u_k + b_k$$

其中,$\mathcal{F}_k = \{\{v_i, u_i, a_i, b_i\}, 0 \leqslant i \leqslant k\}$。同时,如果$\sum_{k=0}^{\infty} a_k < \infty$和$\sum_{k=0}^{\infty} b_k < \infty$以概率 1 成立,则存在一个非负随机变量 v,以概率 1 有$\lim_{k \to \infty} v_k = v$。同时,$\sum_{k=0}^{\infty} u_k < \infty$以概率 1 成立。

3.3 主要结果

本节陈述本章的主要结果,具体证明见 3.4 节。令$\mathcal{X}^*$表示优化问题式(3-1)的最优解集,即$\mathcal{X}^* = \{\boldsymbol{x} \in \mathcal{X} \mid f(\boldsymbol{x}) = f^*\}$,其中,$f^* = \min_{\boldsymbol{x} \in \mathcal{X}} f(\boldsymbol{x})$。

首先建立式(3-5)的渐近收敛性,$\Gamma_i(t)$表示智能体 i 到 t 时刻总的更新次数。

定理 3.1 如果假设 3.1～假设 3.5 成立,假设最优解集$\mathcal{X}^*$非空,估计值序列$\{\boldsymbol{x}_i(t)\}$由式(3-5)产生,其中,步长 $\alpha_i(t) = 1/\Gamma_i(t)$, $i = 1, 2, \cdots, n$。则序列$\{\boldsymbol{x}_i(t)\}$以概率 1 收敛到一些最优解 $\boldsymbol{x}^* \in \mathcal{X}^*$。

定理 3.1 说明了每个节点的渐近收敛行为,即:对所有 $i \in \mathcal{V}$, $\lim_{t \to \infty} \boldsymbol{x}_i(t) = \boldsymbol{x}^*$ 以概率 1 成立。由于式(3-5)在网络上执行,因此每个节点的收敛行为与网络拓扑、通信的平衡有关。

当步长 $\alpha_i(k) = \alpha_i > 0$ 时,本章建立了估计值与最优解之间的渐近误差界。为了确保优化问题式(3-1)有唯一解,本章假设函数 f_i 是强凸函数,具体如下:

假设 3.6 函数 f_i 在$\mathbb{R}^d$ 上是参数为 $\delta_i > 0$ 的强凸函数。同时,约束集$\mathcal{X}$是紧集,步长 α_i 满足不等式 $0 < 2\alpha_i \delta_i < 1$, $i = 1, 2, \cdots, n$。

从假设 3.6 可以看出,每个节点 i 选择各自的步长 α_i,但需要满足 $0 < 2\alpha_i \delta_i < 1$。因此每个节点不需要与其他节点进行任何协调。

定理 3.2 如果假设 3.1～假设 3.6 成立。估计值序列$\{\boldsymbol{x}_i(t)\}$由式(3-5)产生，且步长 $\alpha_i(k)=\alpha_i>0, i=1,2,\cdots,n$。则有

$$\begin{aligned}&\limsup_{t\to\infty}\frac{1}{n}\sum_{i=1}^{n}\mathbb{E}[\|\boldsymbol{x}_i(t)-\boldsymbol{x}^*\|^2]\\ &\leqslant\frac{\Delta_{\gamma\alpha}L_{\max}L_{\mathcal{X}}+2(1+c)\gamma_{\max}\alpha_{\max}^2L_{\max}^2}{\min\limits_i\{\gamma_i\delta_i\alpha_i\}}+\frac{\gamma_{\max}\alpha_{\max}^2L_{\max}}{(1-\sqrt{\lambda})\min\limits_i\{\gamma_i\delta_i\alpha_i\}}\times\\ &\sqrt{2d\left((L_{\max}+\nu)^2+\frac{8(1+c)\gamma_{\max}L_{\max}^2}{\min\limits_i\{\gamma_i\delta_i\alpha_i\}}\right)}\end{aligned}\tag{3-10}$$

式中，$\gamma_{\max}=\max\limits_i\gamma_i$；$\alpha_{\max}=\max\limits_i\alpha_i$；$L_{\mathcal{X}}=\max\limits_{\boldsymbol{x},\boldsymbol{y}}\|\boldsymbol{x}-\boldsymbol{y}\|$；$\Delta_{\gamma\alpha}=\max\limits_i\gamma_i\alpha_i-\min\limits_i\gamma_i\alpha_i$；$d$ 为向量维数；$\boldsymbol{x}^*\in\mathcal{X}^*$。

定理 3.2 建立了一个渐近误差界，其定义为估计值与最优解之间的平均期望距离。可以看出，这个误差界与网络连接拓扑、链路故障概率有关，同时也与代价函数 f_i、$\mathcal{X}$上的随机投影算子的性质有关。

同时本章也建立了另一个渐近误差界，其定义为函数 f 在平均估计值上的函数值与最优值 f^* 之间的期望距离。

定理 3.3 如果假设 3.1～假设 3.6 成立。估计值序列$\{\boldsymbol{x}_i(t)\}$由式(3-5)产生，且步长 $\alpha_i(k)=\alpha_i>0, i=1,2,\cdots,n$。则有

$$\begin{aligned}&\limsup_{T\to\infty}\mathbb{E}[f(\tilde{\boldsymbol{x}}_i(T))-f^*]\\ &\leqslant\frac{n\Delta_{\gamma\alpha}L_{\max}L_{\mathcal{X}}+2n(1+c)\gamma_{\max}\alpha_{\max}^2L_{\max}^2}{\min\limits_i\{\gamma_i\alpha_i\}}+\frac{n\gamma_{\max}\alpha_{\max}^2L_{\max}}{(1-\sqrt{\lambda})\min\limits_i\{\gamma_i\alpha_i\}}\times\\ &\sqrt{2d\left((L_{\max}+\nu)^2+\frac{8(1+c)\gamma_{\max}L_{\max}^2}{\min\limits_i\{\gamma_i\delta_i\alpha_i\}}\right)}\end{aligned}\tag{3-11}$$

式中，$\tilde{\boldsymbol{x}}_i(T)=(1/T)\sum\limits_{t=1}^{T}\boldsymbol{x}_i(t)$。

定理 3.3 建立的渐近误差界与 $n\sqrt{d}$ 成正比。

3.4 收敛性能分析

本节证明主要结果。为此，建立一个基本的迭代关系，令 γ_i 表示节点 $i\in\mathcal{V}$的更新概率，即：

$$\gamma_i=\frac{1}{n}\sum_{j\in\mathcal{N}_i(t)}p_{ij}\tag{3-12}$$

引理 3.3[22]通过 γ_i 建立了步长 $\alpha_i(t)=1/\Gamma_i(t)$的长期估计，即：

引理 3.3 令 $\alpha_i(t)=1/\Gamma_i(t), t\geqslant 1, i\in\mathcal{V}, q$ 为常数且满足 $0<q<1/2$。同时也令 $p_{\min}=\min\limits_{\{i,j\}} p_{ij}$。则存在一个足够大的 $\hat{t}=\hat{t}(q,n)$，当 $t\geqslant\hat{t}$ 时，以概率 1 有：(a) $\alpha_i(t)\leqslant\dfrac{2}{t\gamma_i}$；(b) $\alpha_i^2(t)\leqslant\dfrac{4n^2}{t^2 p_{\min}^2}$；(c) $\left|\alpha_i(t)-\dfrac{1}{t\gamma_i}\right|\leqslant\dfrac{2}{t^{\frac{3}{2}-q}p_{\min}^2}$。

因此，利用引理 3.3，可获得以下基本的迭代关系，具体如下：

引理 3.4 如果假设 3.1～假设 3.5 成立。估计值序列 $\{\boldsymbol{x}_i(t)\}$ 由式(3-5)产生，$i=1,2,\cdots,n$。令 $\alpha_i(t)=1/\Gamma_i(t)$，则对任意常数 $q\in(0,1/2)$ 和所有向量 $\boldsymbol{v}\in\mathcal{X}$，当 $t\geqslant\hat{t}$ 时，以概率 1 有

$$\begin{aligned}\mathbb{E}[\|\boldsymbol{x}_i(t)-\boldsymbol{v}\|^2 \mid \mathcal{F}_{t-1}]\leqslant{}&\mathbb{E}[\|\boldsymbol{z}_i(t)-\boldsymbol{v}\|^2 \mid \mathcal{F}_{t-1}]-\\&\frac{2}{t}\mathbb{E}[f_i(\boldsymbol{y}_i(t))-f_i(\boldsymbol{v}) \mid \mathcal{F}_{t-1}]-\\&\frac{\gamma_i}{2c}\mathbb{E}[\operatorname{dist}^2(\boldsymbol{z}_i(t),\mathcal{X}) \mid \mathcal{F}_{t-1}]+\\&\frac{2\gamma_i}{t^{\frac{3}{2}-q}p_{\min}^2}\mathbb{E}[\|\boldsymbol{y}_i(t)-\boldsymbol{v}\|^2 \mid \mathcal{F}_{t-1}]+\\&\left(\frac{2}{t^{\frac{3}{2}-q}p_{\min}^2}+\frac{16n^2(1+c)}{t^2p_{\min}^2}\right)L_{\max}^2\end{aligned}\tag{3-13}$$

式中，$\boldsymbol{y}_i(t)=\Pi_{\mathcal{X}}[\boldsymbol{z}_i(t)]$。

证明：令 $\boldsymbol{v}\in\mathcal{X}\subseteq\mathcal{X}_i^{\Omega_i(k)}$。根据式(3-5)和式(3-8)，有

$$\begin{aligned}\|\boldsymbol{x}_i(t)-\boldsymbol{v}\|^2\leqslant{}&\|\boldsymbol{z}_i(t)-\boldsymbol{v}\|^2-\|\boldsymbol{x}_i(t)-\boldsymbol{z}_i(t)\|^2-\\&2\alpha_i(t)\langle\nabla f_i(\boldsymbol{z}_i(t))+\epsilon_i(t),\boldsymbol{z}_i(t)-\boldsymbol{v}\rangle+\\&2\alpha_i(t)\langle\nabla f_i(\boldsymbol{z}_i(t))+\epsilon_i(t),\boldsymbol{z}_i(t)-\boldsymbol{x}_i(t)\rangle\end{aligned}\tag{3-14}$$

首先对式(3-14)右边项 $2\alpha_i(t)\langle\nabla f_i(\boldsymbol{z}_i(t)),\boldsymbol{z}_i(t)-\boldsymbol{x}_i(t)\rangle$ 进行估计。由内积的定义，可得

$$\begin{aligned}&2\alpha_i(t)\langle\nabla f_i(\boldsymbol{z}_i(t)),\boldsymbol{z}_i(t)-\boldsymbol{x}_i(t)\rangle\\&=2\alpha_i(t)\,\nabla f_i(\boldsymbol{z}_i(t))^{\mathrm{T}}(\boldsymbol{z}_i(t)-\boldsymbol{x}_i(t))\\&\leqslant 2\alpha_i(t)\|f_i(\boldsymbol{z}_i(t))\|\,\|\boldsymbol{z}_i(t)-\boldsymbol{x}_i(t)\|\end{aligned}\tag{3-15}$$

式中，不等式可由 Cauchy-Schwarz 不等式得到。根据不等式 $2ab\leqslant a^2+b^2$，有

$$\begin{aligned}&2\alpha_i(t)\|f_i(\boldsymbol{z}_i(t))\|\,\|\boldsymbol{z}_i(t)-\boldsymbol{x}_i(t)\|\\&=2(2\alpha_i(t)\|f_i(\boldsymbol{z}_i(t))\|)(\|\boldsymbol{z}_i(t)-\boldsymbol{x}_i(t)\|/2)\\&\leqslant 4\alpha_i^2(t)\|f_i(\boldsymbol{z}_i(t))\|^2+\frac{1}{4}\|\boldsymbol{z}_i(t)-\boldsymbol{x}_i(t)\|^2\end{aligned}\tag{3-16}$$

根据式(3-15)和式(3-16),可得

$$\begin{aligned}&2\alpha_i(t)\langle\nabla f_i(\boldsymbol{z}_i(t)),\boldsymbol{z}_i(t)-\boldsymbol{x}_i(t)\rangle\\&\leqslant 4\alpha_i^2(t)\|\nabla f_i(\boldsymbol{z}_i(t))\|^2+\frac{1}{4}\|\boldsymbol{z}_i(t)-\boldsymbol{x}_i(t)\|^2\\&\leqslant 4\alpha_i^2(t)L_{\max}^2+\frac{1}{4}\|\boldsymbol{z}_i(t)-\boldsymbol{x}_i(t)\|^2\end{aligned}\tag{3-17}$$

根据式(3-14)与式(3-17),有

$$\begin{aligned}\|\boldsymbol{x}_i(t)-\boldsymbol{v}\|^2\leqslant{}&\|\boldsymbol{z}_i(t)-\boldsymbol{v}\|^2-2\alpha_i(t)(f_i(\boldsymbol{z}_i(t))-\phi_i(\boldsymbol{v}))-\\&2\alpha_i(t)\epsilon_i(t)^{\mathrm{T}}(\boldsymbol{z}_i(t)-\boldsymbol{v})-\frac{3}{4}\|\boldsymbol{x}_i(t)-\boldsymbol{z}_i(t)\|^2+\\&4\alpha_i^2(t)L_{\max}^2+2\alpha_i(t)\epsilon_i(t)^{\mathrm{T}}(\boldsymbol{z}_i(t)-\boldsymbol{x}_i(t))\end{aligned}\tag{3-18}$$

根据次梯度的定义:$\nabla f_i(\boldsymbol{z}_i(t))^{\mathrm{T}}(\boldsymbol{z}_i(t)-\boldsymbol{v})\geqslant f_i(\boldsymbol{z}_i(t))-f_i(\boldsymbol{v})$,可得

$$\begin{aligned}\|\boldsymbol{x}_i(t)-\boldsymbol{v}\|^2\leqslant{}&\|\boldsymbol{z}_i(t)-\boldsymbol{v}\|^2-2\alpha_i(t)(f_i(\boldsymbol{z}_i(t))-f_i(\boldsymbol{v}))-\\&2\alpha_i(t)\epsilon_i(t)^{\mathrm{T}}(\boldsymbol{z}_i(t)-\boldsymbol{v})-\\&\frac{3}{4}\|\boldsymbol{x}_i(t)-\boldsymbol{z}_i(t)\|^2+4\alpha_i^2(t)L_{\max}^2+\\&2\alpha_i(t)\epsilon_i(t)^{\mathrm{T}}(\boldsymbol{z}_i(t)-\boldsymbol{x}_i(t))\end{aligned}\tag{3-19}$$

此外,由次梯度的性质,可得

$$\begin{aligned}f_i(\boldsymbol{z}_i(t))&=(f_i(\boldsymbol{z}_i(t))-f_i(\boldsymbol{y}_i(t)))+f_i(\boldsymbol{y}_i(t))\\&\geqslant\nabla f_i(\boldsymbol{y}_i(t))^{\mathrm{T}}(\boldsymbol{z}_i(t)-\boldsymbol{y}_i(t))+f_i(\boldsymbol{y}_i(t))\\&\geqslant-L_{\max}\|\boldsymbol{z}_i(t)-\boldsymbol{y}_i(t)\|+f_i(\boldsymbol{y}_i(t))\end{aligned}\tag{3-20}$$

因此,有

$$\begin{aligned}-2\alpha_i(t)(f_i(\boldsymbol{z}_i(t))-f_i(\boldsymbol{v}))&\leqslant 2\alpha_i(t)L_{\max}\|\boldsymbol{z}_i(t)-\boldsymbol{y}_i(t)\|-\\&\quad 2\alpha_i(t)(f_i(\boldsymbol{y}_i(t))-f_i(\boldsymbol{v}))\\&\leqslant 4\eta\alpha_i^2(t)L_{\max}^2+\frac{1}{4\eta}\|\boldsymbol{z}_i(t)-\boldsymbol{y}_i(t)\|^2-\\&\quad 2\alpha_i(t)(f_i(\boldsymbol{y}_i(t))-f_i(\boldsymbol{v}))\end{aligned}\tag{3-21}$$

令 $a=L_{\max}\alpha_i(t)$,$b=\|\boldsymbol{z}_i(t)-\boldsymbol{y}_i(t)\|$,$\tau=4\eta(\eta>0)$,则最后一个不等式可由不等式 $2|a||b|\leqslant\tau a^2+\frac{b^2}{\tau}$ 得到。由式(3-19)和式(3-21),有

$$\begin{aligned}\|\boldsymbol{x}_i(t)-\boldsymbol{v}\|^2\leqslant{}&\|\boldsymbol{z}_i(t)-\boldsymbol{v}\|^2-2\alpha_i(t)(f_i(\boldsymbol{y}_i(t))-f_i(\boldsymbol{v}))-\\&\frac{3}{4}\|\boldsymbol{x}_i(t)-\boldsymbol{z}_i(t)\|^2+\frac{1}{4\eta}\|\boldsymbol{z}_i(t)-\boldsymbol{y}_i(t)\|^2+\\&4\alpha_i^2(t)(1+\eta)L_{\max}^2-2\alpha_i(t)\epsilon_i(t)^{\mathrm{T}}(\boldsymbol{z}_i(t)-\boldsymbol{v})+\\&2\alpha_i(t)\epsilon_i(t)^{\mathrm{T}}(\boldsymbol{z}_i(t)-\boldsymbol{x}_i(t))\end{aligned}\tag{3-22}$$

另外,还需对项 $2\alpha_i(t)(f_i(\boldsymbol{y}_i(t))-f_i(\boldsymbol{v}))$进行估计。首先有

$$\begin{aligned}
&2\alpha_i(t)(f_i(\boldsymbol{y}_i(t))-f_i(\boldsymbol{v})) \\
&=\frac{2}{t\gamma_i}(f_i(\boldsymbol{y}_i(t))-f_i(\boldsymbol{v}))+2\alpha_i(t)(f_i(\boldsymbol{y}_i(t))-f_i(\boldsymbol{v}))- \\
&\quad\frac{2}{t\gamma_i}(f_i(\boldsymbol{y}_i(t))-f_i(\boldsymbol{v})) \\
&\geqslant\frac{2}{t\gamma_i}(f_i(\boldsymbol{y}_i(t))-f_i(\boldsymbol{v}))- \\
&\quad 2\left|\alpha_i(t)-\frac{1}{t\gamma_i}\right|\,|f_i(\boldsymbol{y}_i(t))-f_i(\boldsymbol{v})|
\end{aligned}\tag{3-23}$$

因为 f_i 的次梯度在集合$\mathcal{X}$中是有界的,而且$\boldsymbol{v},\boldsymbol{y}_i(t)\in\mathcal{X}$,则有

$$|f_i(\boldsymbol{y}_i(t))-f_i(\boldsymbol{v})|\leqslant L_{\max}\|\boldsymbol{y}_i(t)-\boldsymbol{v}\|$$

再由引理3.3(c)可知,对于足够大的$\hat{t}$以及$i\in J_t$,当$t\geqslant\hat{t}$时,以概率1有

$$\begin{aligned}
&2\alpha_i(t)(f_i(\boldsymbol{y}_i(t))-f_i(\boldsymbol{v})) \\
&\geqslant\frac{2}{t\gamma_i}(f_i(\boldsymbol{y}_i(t))-f_i(\boldsymbol{v}))- \\
&\quad 2\frac{2}{t^{\frac{3}{2}-q}p_{\min}^2}L_{\max}\|\boldsymbol{y}_i(t)-\boldsymbol{v}\| \\
&\geqslant\frac{2}{t\gamma_i}(f_i(\boldsymbol{y}_i(t))-f_i(\boldsymbol{v}))- \\
&\quad\frac{2}{t^{\frac{3}{2}-q}p_{\min}^2}(L_{\max}^2+\|\boldsymbol{y}_i(t)-\boldsymbol{v}\|^2)
\end{aligned}\tag{3-24}$$

式中,最后一个不等式可由 Cauchy-Schwarz 不等式得到。因此,由式(3-22)和式(3-24)可得

$$\begin{aligned}
\|\boldsymbol{x}_i(t)-\boldsymbol{v}\|^2\leqslant{}&\|\boldsymbol{z}_i(t)-\boldsymbol{v}\|^2-\frac{2}{t\gamma_i}(f_i(\boldsymbol{y}_i(t))-f_i(\boldsymbol{v}))- \\
&\frac{3}{4}\|\boldsymbol{x}_i(t)-\boldsymbol{z}_i(t)\|^2+\frac{2}{t^{\frac{3}{2}-q}p_{\min}^2}\|\boldsymbol{y}_i(t)- \\
&\boldsymbol{v}\|^2+\frac{1}{4\eta}\|\boldsymbol{z}_i(t)-\boldsymbol{y}_i(t)\|^2+2\alpha_i(t)\epsilon_i(t)^{\mathrm{T}}(\boldsymbol{z}_i(t)- \\
&\boldsymbol{x}_i(t))-2\alpha_i(t)\epsilon_i(t)^{\mathrm{T}}(\boldsymbol{z}_i(t)-\boldsymbol{v})+ \\
&\left(\frac{2}{t^{\frac{3}{2}-q}p_{\min}^2}+\frac{16n^2}{t^2p_{\min}^2}(1+\eta)\right)L_{\max}^2
\end{aligned}\tag{3-25}$$

根据投影算子的定义，有 $\|\boldsymbol{z}_i(t)-\boldsymbol{y}_i(t)\| = \mathrm{dist}(\boldsymbol{z}_i(t),\mathcal{X})$，故可得

$$\begin{aligned}\|\boldsymbol{x}_i(t)-\boldsymbol{z}_i(t)\| &\geqslant \|\Pi_{\mathcal{X}_i^{\Omega_i(t)}}[\boldsymbol{z}_i(t)]-\boldsymbol{z}_i(t)\| \\ &= \mathrm{dist}(\boldsymbol{z}_i(t),\mathcal{X}_i^{\Omega_i(t)})\end{aligned} \tag{3-26}$$

由假设 3.5 可知，$\mathbb{E}[\epsilon_i(t)\mid \mathcal{F}_{t-1},I_t,J_t]=0$。因此，在式(3-25)两边同时取期望，可得

$$\begin{aligned}&\mathbb{E}[\|\boldsymbol{x}_i(t)-\boldsymbol{v}\|^2 \mid \mathcal{F}_{t-1},I_t,J_t] \\ \leqslant\ &\|\boldsymbol{z}_i(t)-\boldsymbol{v}\|^2-\frac{2}{t\gamma_i}(f_i(\boldsymbol{y}_i(t))-f_i(\boldsymbol{v}))- \\ &\frac{3}{4}\mathbb{E}[\mathrm{dist}^2(\boldsymbol{z}_i(t),\mathcal{X}_i^{\Omega_i(t)})\mid \boldsymbol{z}_i(t)]+ \\ &\frac{2}{t^{\frac{3}{2}-q}p_{\min}^2}\|\boldsymbol{y}_i(t)-\boldsymbol{v}\|^2+\frac{1}{4\eta}\mathrm{dist}^2(\boldsymbol{z}_i(t),\mathcal{X})+ \\ &\left(\frac{2}{t^{\frac{3}{2}-q}p_{\min}^2}+\frac{16n^2}{t^2p_{\min}^2}(1+\eta)\right)L_{\max}^2\end{aligned} \tag{3-27}$$

由假设 3.4 可知 $\mathbb{E}[\mathrm{dist}^2(\boldsymbol{z}_i(t),\mathcal{X}_i^{\Omega_i(t)})\mid \boldsymbol{z}_i(t)]\geqslant\frac{1}{c}\mathrm{dist}^2(\boldsymbol{z}_i(t),\mathcal{X})$。令 $\eta=c$，对于 $t\geqslant\hat{t}$，以概率 1 有

$$\begin{aligned}&\mathbb{E}[\|\boldsymbol{x}_i(t)-\boldsymbol{v}\|^2 \mid \mathcal{F}_{t-1},I_t,J_t] \\ \leqslant\ &\|\boldsymbol{z}_i(t)-\boldsymbol{v}\|^2-\frac{2}{t\gamma_i}(f_i(\boldsymbol{y}_i(t))-f_i(\boldsymbol{v}))- \\ &\frac{1}{2c}\mathrm{dist}^2(\boldsymbol{z}_i(t),\mathcal{X})+\frac{2}{t^{\frac{3}{2}-q}p_{\min}^2}\|\boldsymbol{y}_i(t)-\boldsymbol{v}\|^2+ \\ &\left(\frac{2}{t^{\frac{3}{2}-q}p_{\min}^2}+\frac{16n^2}{t^2p_{\min}^2}(1+c)\right)L_{\max}^2\end{aligned} \tag{3-28}$$

注意，如果 $i\notin J_t$，则 $\boldsymbol{x}_i(t)=\boldsymbol{z}_i(t)$。此外，如果 $i\in J_t$，节点 i 以概率 γ_i 更新它的估计值，而以概率 $1-\gamma_i$ 不更新它的估计值。因此，在式(3-28)两边取条件期望，可得式(3-13)。所以，引理 3.4 得证。

下面分析随机投影算子的误差，其定义为：对所有 $i\in\mathcal{V}$，$\boldsymbol{e}_i(t)=\boldsymbol{x}_i(t)-\boldsymbol{z}_i(t)$。因此，有以下引理。

引理 3.5 如果假设 3.1～假设 3.5 成立。对 $t\geqslant1$ 以及所有 $i\in\{1,2,\cdots,n\}$，则 $\sum_{t=1}^{\infty}\mathbb{E}[\mathrm{dist}^2(\boldsymbol{z}_i(t),\mathcal{X})\mid\mathcal{F}_{t-1}]<\infty$，$\lim_{t\to\infty}\mathrm{dist}(\boldsymbol{z}_i(t),\mathcal{X})=0$ 以概率 1 成立。此外，$\sum_{t=1}^{\infty}\mathbb{E}[\|\boldsymbol{e}_i(t)\|^2\mid\mathcal{F}_{t-1}]<\infty$ 和 $\lim_{t\to\infty}\|\boldsymbol{e}_i(t)\|=0$ 也以概率 1 成立。

引理 3.5 证明：在引理 3.4 中，令 $v=\boldsymbol{y}_i(t)=\Pi_{\mathcal{X}}[\boldsymbol{z}_i(t)]$，则对足够大的 $t\geqslant\hat{t}$ 和 $i\in\mathcal{V}$，有

$$\begin{aligned}&\mathbb{E}[\|\boldsymbol{x}_i(t)-\Pi_{\mathcal{X}}[\boldsymbol{z}_i(t)]\|^2 \mid \mathcal{F}_{t-1}]\\&=\left(1+\frac{2}{t^{\frac{3}{2}-q}p_{\min}^2}\right)\mathbb{E}[\operatorname{dist}^2(\boldsymbol{z}_i(t),\mathcal{X}) \mid \mathcal{F}_{t-1}]-\\&\quad\frac{\gamma_i}{2c}\mathbb{E}[\operatorname{dist}^2(\boldsymbol{z}_i(t),\mathcal{X}) \mid \mathcal{F}_{t-1}]+\\&\quad\left(\frac{2}{t^{\frac{3}{2}-q}p_{\min}^2}+\frac{16n^2}{t^2p_{\min}^2}(1+c)\right)L_{\max}^2\end{aligned}\tag{3-29}$$

式中，$q\in(0,1/2)$。根据距离函数 $\boldsymbol{x}\mapsto\operatorname{dist}^2(\boldsymbol{x},\mathcal{X})$的凸性，有

$$\sum_{i=1}^{n}\mathbb{E}[\operatorname{dist}^2(\boldsymbol{z}_i(t),\mathcal{X}) \mid \mathcal{F}_{t-1}]\leqslant\sum_{j=1}^{n}\operatorname{dist}^2(\boldsymbol{x}_j(t-1),\mathcal{X})\tag{3-30}$$

由投影函数的定义，有 $\operatorname{dist}(\boldsymbol{x}_i(t),\mathcal{X})\leqslant\|\boldsymbol{x}_i(t)-\Pi_{\mathcal{X}}[\boldsymbol{z}_i(t)]\|$。将此不等式代入式(3-29)，再根据式(3-30)，并对所得结果进行求和，则有

$$\begin{aligned}&\sum_{i=1}^{n}\mathbb{E}[\|\boldsymbol{x}_i(t)-\Pi_{\mathcal{X}}[\boldsymbol{z}_i(t)]\|^2 \mid \mathcal{F}_{t-1}]\\&=\left(1+\frac{2}{t^{\frac{3}{2}-q}p_{\min}^2}\right)\sum_{j=1}^{n}\operatorname{dist}^2(\boldsymbol{x}_j(t-1),\mathcal{X})-\\&\quad\frac{\gamma_{\min}}{2c}\sum_{i=1}^{n}\mathbb{E}[\operatorname{dist}^2(\boldsymbol{z}_i(t),\mathcal{X}) \mid \mathcal{F}_{t-1}]+\\&\quad nL_{\max}^2\left(\frac{2}{t^{\frac{3}{2}-q}p_{\min}^2}+\frac{16n^2}{t^2p_{\min}^2}(1+c)\right)\end{aligned}\tag{3-31}$$

式中，$\gamma_{\min}=\min\limits_i\gamma_i$。因此，从式(3-31)可以看出，当 $t\geqslant\hat{t}$ 时，满足引理 3.2 中的条件。所以，根据引理 3.2，对所有 $i\in\mathcal{V}$，有 $\sum\limits_{t=1}^{\infty}\mathbb{E}[\operatorname{dist}^2(\boldsymbol{z}_i(t),\mathcal{X})]<\infty$。此外，在式(3-31)两边同时取期望，再由引理 3.2 可知，对所有 $i=1,2,\cdots,n$，$\sum\limits_{t=1}^{\infty}\mathbb{E}[\operatorname{dist}^2(\boldsymbol{z}_i(t),\mathcal{X})]<\infty$。根据单调收敛定理[26]，以概率 1 有 $\lim\limits_{t\to\infty}\operatorname{dist}(\boldsymbol{z}_i(t),\mathcal{X})=0$。

因为 $\boldsymbol{y}_i(t)=\Pi_{\mathcal{X}}[\boldsymbol{z}_i(t)]$，由投影误差的定义可知

$$\begin{aligned}\|\boldsymbol{e}_i(t)\|&\leqslant\|\boldsymbol{x}_i(t)-\boldsymbol{y}_i(t)\|+\|\boldsymbol{y}_i(t)-\boldsymbol{z}_i(t)\|\\&=\|\Pi_{\mathcal{X}_i^{\Omega_i(t)}}[\boldsymbol{z}_i(t)-\alpha_i(t)(\nabla f_i(\boldsymbol{z}_i(t))+\epsilon_i(t))]-\\&\quad\boldsymbol{y}_i(t)\|+\|\boldsymbol{y}_i(t)-\boldsymbol{z}_i(t)\|\end{aligned}\tag{3-32}$$

因为$\mathcal{X}\subseteq\mathcal{X}_i^{\Omega_i(k)}$以及 $\boldsymbol{y}_i(t)\in\mathcal{X}$，则可知 $\boldsymbol{y}_i(t)\in\mathcal{X}_i^{\Omega_i(t)}$。由投影算子的非扩张性

质，即式(3-9)，有

$$\begin{aligned}\|\boldsymbol{e}_i(t)\| &\leqslant \|\boldsymbol{z}_i(t)-\alpha_i(t)(\nabla f_i(\boldsymbol{z}_i(t))+\epsilon_i(t))-\boldsymbol{y}_i(t)\| + \|\boldsymbol{y}_i(t)-\boldsymbol{z}_i(t)\| \\ &\leqslant 2\|\boldsymbol{z}_i(t)-\boldsymbol{y}_i(t)\| + \alpha_i(t)\|\nabla f_i(\boldsymbol{z}_i(t))+\epsilon_i(t)\| \\ &= 2\mathrm{dist}(\boldsymbol{z}_i(t),\mathcal{X}) + \alpha_i(t)\|\nabla f_i(\boldsymbol{z}_i(t))+\epsilon_i(t)\| \end{aligned} \tag{3-33}$$

对式(3-33)两边同时求平方，再由不等式$(a+b)^2 \leqslant 2(a^2+b^2)$，可得

$$\begin{aligned}\|\boldsymbol{e}_i(t)\|^2 &\leqslant 8\mathrm{dist}^2(\boldsymbol{z}_i(t),\mathcal{X}) + 2\alpha_i^2(t)\|\nabla f_i(\boldsymbol{z}_i(t))+\epsilon_i(t)\|^2 \\ &\leqslant 8\mathrm{dist}^2(\boldsymbol{z}_i(t),\mathcal{X}) + \frac{8n^2}{t^2 p_{\min}^2}\|\nabla f_i(\boldsymbol{z}_i(t))+\epsilon_i(t)\|^2 \end{aligned} \tag{3-34}$$

式中，最后一个不等式可由引理 3.3(c)得到。注意，式(3-34)以概率 γ_i 成立，而 $\boldsymbol{x}_i(t)=\boldsymbol{z}_i(t)$以概率 $1-\gamma_i$ 成立，其中 $\gamma_i \geqslant \frac{p_{\min}}{n}$。因此，在式(3-34)两边同时取条件期望，再根据假设 3.2 与假设 3.5，有

$$\begin{aligned} &\mathbb{E}[\|\boldsymbol{e}_i(t)\|^2 \mid \mathcal{F}_{t-1}] \\ &\leqslant 8\gamma_i \mathbb{E}[\mathrm{dist}^2(\boldsymbol{z}_i(t),\mathcal{X}) \mid \mathcal{F}_{t-1}] + \\ &\quad \frac{8\gamma_i n^2}{t^2 p_{\min}^2}\mathbb{E}[\|\nabla f_i(\boldsymbol{z}_i(t))+\epsilon_i(t)\|^2 \mid \mathcal{F}_{t-1}] \\ &\leqslant 8\gamma_i \mathbb{E}[\mathrm{dist}^2(\boldsymbol{z}_i(t),\mathcal{X}) \mid \mathcal{F}_{t-1}] + \frac{8\gamma_i n^2}{t^2 p_{\min}^2}(L_{\max}+\nu)^2 \end{aligned} \tag{3-35}$$

因为有 $\sum_{t=1}^{\infty}\mathbb{E}[\mathrm{dist}^2(\boldsymbol{z}_i(t),\mathcal{X}) \mid \mathcal{F}_{t-1}] < \infty$，$\sum_{t=1}^{\infty}(1/t^2) < \infty$，$i=1,2,\cdots,n$，$\sum_{t=1}^{\infty}\mathbb{E}[\|\boldsymbol{e}_i(t)\|^2 \mid \mathcal{F}_{t-1}] < \infty$ 以概率 1 成立。此外，由于$\lim_{t\to\infty}\mathrm{dist}(\boldsymbol{z}_i(t),\mathcal{X})=0$，再根据式(3-34)，以概率 1 有$\lim_{t\to\infty}\|\boldsymbol{e}_i(t)\|=0$。所以，引理 3.5 得证。

引理 3.6 *序列$\{\boldsymbol{z}_i(t)\}$可由式(3-5)产生，且 $\alpha_i(t)=1/\Gamma_i(t)$。则对所有 $i=1,2,\cdots,n$，$\sum_{t=1}^{\infty}(1/t)\mathbb{E}[\|\boldsymbol{z}_i(t)-\bar{\boldsymbol{z}}(t)\| \mid \mathcal{F}_{t-1}] < \infty$ 以概率 1 成立，其中，*

$$\bar{\boldsymbol{z}}(t) = (1/n)\sum_{i=1}^{n}\boldsymbol{z}_i(t)$$

引理 3.6 证明：定义向量$\boldsymbol{v}_\ell(t)\in\mathbb{R}^n$，对所有 $\ell=1,2,\cdots,d$ 和 $i=1,2,\cdots,n$，满足$[\boldsymbol{v}_\ell(t)]_i=[\boldsymbol{x}_i(t)]_\ell$。由式(3-5)，有

$$\boldsymbol{v}_\ell(t) = \boldsymbol{Q}(t)\boldsymbol{v}_\ell(t-1) + \boldsymbol{\xi}_\ell(t) \tag{3-36}$$

式中，$\boldsymbol{\xi}_\ell(t)\in\mathbb{R}^n$ 为向量，其定义如下：如果 $i\in J_t$，则

$$[\boldsymbol{\xi}_\ell(t)]_i = [\Pi_{\mathcal{X}_i^{\Omega_i(t)}}[\boldsymbol{z}_i(t)-\alpha_i(t)(\nabla f_i(\boldsymbol{z}_i(t))+\epsilon_i(t))]-\boldsymbol{z}_i(t)]_\ell \tag{3-37}$$

否则，$[\boldsymbol{\xi}_\ell(t)]_i=0$。此外，对 $k\geqslant 0$，有

$$[\bar{\boldsymbol{x}}(t)]_\ell=\frac{1}{n}\boldsymbol{1}^{\mathrm{T}}\boldsymbol{v}_\ell(t) \tag{3-38}$$

因此,固定任意的索引 $\ell=1,2,\cdots,d$,再根据式(3-36)和式(3-38),有

$$\begin{aligned}&\boldsymbol{v}_\ell(t)-[\bar{\boldsymbol{x}}(t)]_\ell\boldsymbol{1}\\&=\left(\boldsymbol{Q}(t)-\frac{1}{n}\boldsymbol{1}\boldsymbol{1}^{\mathrm{T}}\boldsymbol{Q}(t)\right)\boldsymbol{v}_\ell(t-1)+\left(\boldsymbol{I}-\frac{1}{n}\boldsymbol{1}\boldsymbol{1}^{\mathrm{T}}\right)\boldsymbol{\xi}_\ell(t)\end{aligned} \tag{3-39}$$

因为 $\boldsymbol{Q}(t)\boldsymbol{1}=\boldsymbol{1}$,有 $(\boldsymbol{Q}(t)-(1/n)\boldsymbol{1}\boldsymbol{1}^{\mathrm{T}}\boldsymbol{Q}(t))\boldsymbol{1}=\boldsymbol{0}$,则 $\left(\boldsymbol{Q}(t)-\frac{1}{n}\boldsymbol{1}\boldsymbol{1}^{\mathrm{T}}\boldsymbol{Q}(t)\right)[\bar{\boldsymbol{x}}(t-1)]_\ell\boldsymbol{1}=0$ 成立。因此,对 $t\geqslant 1$,可得

$$\boldsymbol{v}_\ell(t)-[\bar{\boldsymbol{x}}(t)]_\ell\boldsymbol{1}=\boldsymbol{D}(t)(\boldsymbol{v}_\ell(t-1)-[\bar{\boldsymbol{x}}(t-1)]_\ell\boldsymbol{1})+\boldsymbol{H}\boldsymbol{\xi}_\ell(t) \tag{3-40}$$

式中,$\boldsymbol{H}=\boldsymbol{I}-(1/n)\boldsymbol{1}\boldsymbol{1}^{\mathrm{T}}$。由式(3-40),以概率 1 有

$$\begin{aligned}&\mathbb{E}[\|\boldsymbol{v}_\ell(t)-[\bar{\boldsymbol{x}}(t)]_\ell\boldsymbol{1}\|\mid\mathcal{F}_{t-1}]\\&\leqslant\mathbb{E}[\|\boldsymbol{H}\boldsymbol{\xi}_\ell(t)\|\mid\mathcal{F}_{t-1}]+\\&\quad\mathbb{E}[\|\boldsymbol{D}(t)(\boldsymbol{v}_\ell(t-1)-[\bar{\boldsymbol{x}}(t-1)]_\ell\boldsymbol{1})\|\mid\mathcal{F}_{t-1}]\end{aligned} \tag{3-41}$$

下面估计式(3-41)右边的第二项。根据随机矩阵 $\boldsymbol{Q}(t)$ 的相关性质,可得

$$\begin{aligned}&\mathbb{E}[\|\boldsymbol{D}(t)(\boldsymbol{v}_\ell(t-1)-[\bar{\boldsymbol{x}}(t-1)]_\ell\boldsymbol{1})\|^2\mid\mathcal{F}_{t-1}]\\&\leqslant\lambda\|\boldsymbol{v}_\ell(t-1)-[\bar{\boldsymbol{x}}(t-1)]_\ell\boldsymbol{1}\|^2\end{aligned} \tag{3-42}$$

式中,$\lambda=\lambda_1(\mathbb{E}[\boldsymbol{D}(t)^{\mathrm{T}}\boldsymbol{D}(t)])$,且 $\lambda<1$。由不等式 $\mathbb{E}[\|x\|]\leqslant\sqrt{\mathbb{E}[\|x\|^2]}$,可得

$$\begin{aligned}&\mathbb{E}[\|\boldsymbol{D}(t)(\boldsymbol{v}_\ell(t-1)-[\bar{\boldsymbol{x}}(t-1)]_\ell\boldsymbol{1})\|\mid\mathcal{F}_{t-1}]\\&\leqslant\sqrt{\lambda}\|\boldsymbol{v}_\ell(t-1)-[\bar{\boldsymbol{x}}(t-1)]_\ell\boldsymbol{1}\|\end{aligned} \tag{3-43}$$

下面估计式(3-41)右边的第一项。因为 $\|\boldsymbol{H}\|^2=\left\|\boldsymbol{I}-\frac{1}{n}\boldsymbol{1}\boldsymbol{1}^{\mathrm{T}}\right\|^2=1$,则 $\|\boldsymbol{H}\boldsymbol{\xi}_\ell(t)\|^2\leqslant\|\boldsymbol{\xi}_\ell(t)\|^2$。再根据 $\boldsymbol{\xi}_\ell(t)$ 的定义,有

$$\|\boldsymbol{H}\boldsymbol{\xi}_\ell(t)\|^2\leqslant\sum_{i=1}^{n}(\|\Pi_{\mathcal{X}_i^{\Omega_i(t)}}[\boldsymbol{z}_i(t)-\alpha_i(t)(\nabla f_i(\boldsymbol{z}_i(t)+\epsilon_i(t)))]-\boldsymbol{z}_i(t)\|^2) \tag{3-44}$$

令 $\boldsymbol{y}_i(t)\triangleq\Pi_{\mathcal{X}}[\boldsymbol{z}_i(t)]$,则 $\boldsymbol{y}_i(t)\in\mathcal{X}_i^{\Omega_i(t)}$。再根据投影算子的非扩张性质,即式(3-9),可得

$$\|\boldsymbol{H}\boldsymbol{\xi}_\ell(t)\|^2\leqslant\sum_{i=1}^{m}(2\mathrm{dist}(\boldsymbol{z}_i(t),\mathcal{X})+\alpha_i(t)\|\nabla f_i(\boldsymbol{z}_i(t))+\epsilon_i(t)\|)^2 \tag{3-45}$$

式中,$\mathrm{dist}(\boldsymbol{z}_i(t),\mathcal{X})=\|\boldsymbol{z}_i(t)-\boldsymbol{y}_i(t)\|$。根据 Cauchy-Schwartz 不等式、$\alpha_i^2(t)\leqslant 4n^2/t^2p_{\min}$ 以及式(3-45),对足够大的 $\hat{t}$,有

$$\|\boldsymbol{H}\xi_\ell(t)\|^2\leqslant\sum_{i=1}^{n}\left(8\mathrm{dist}^2(\boldsymbol{z}_i(t),\mathcal{X})+\frac{8n^2}{t^2p_{\min}^2}\|\nabla\phi_i(\boldsymbol{z}_i(t))+\epsilon_i(t)\|^2\right) \tag{3-46}$$

在式(3-46)两边同时取条件期望,并根据式(3-7),可得

$$\mathbb{E}[\|\boldsymbol{H}\boldsymbol{\xi}_\ell(t)\|^2 \mid \mathcal{F}_{t-1}] \leqslant \frac{8n^3}{t^2 p_{\min}^2}(L_{\max}+\nu)^2 + 8\sum_{i=1}^{n}\mathbb{E}[\mathrm{dist}^2(\boldsymbol{z}_i(t),\mathcal{X}) \mid \mathcal{F}_{t-1}] \tag{3-47}$$

再由不等式$\mathbb{E}[\|x\|]\leqslant\sqrt{\mathbb{E}[\|x\|^2]}$,可得

$$\mathbb{E}[\|\boldsymbol{H}\boldsymbol{\xi}_\ell(t)\| \mid \mathcal{F}_{t-1}] \leqslant \sqrt{\frac{8n^3}{t^2 p_{\min}^2}(L_{\max}+\nu)^2 + 8\sum_{i=1}^{n}\mathbb{E}[\mathrm{dist}^2(\boldsymbol{z}_i(t),\mathcal{X}) \mid \mathcal{F}_{t-1}]} \tag{3-48}$$

因此,由式(3-43)和式(3-48),有

$$\begin{aligned}&\mathbb{E}[\|\boldsymbol{v}_\ell(t)-[\overline{\boldsymbol{x}}(t)]_\ell\boldsymbol{1}\| \mid \mathcal{F}_{t-1}]\\ \leqslant&\sqrt{\lambda}\,\|\boldsymbol{v}_\ell(t-1)-[\overline{\boldsymbol{x}}(t-1)]_\ell\boldsymbol{1}\| +\\ &\sqrt{\frac{8n^3}{t^2 p_{\min}^2}(L_{\max}+\nu)^2 + 8\sum_{i=1}^{n}\mathbb{E}[\mathrm{dist}^2(\boldsymbol{z}_i(t),\mathcal{X}) \mid \mathcal{F}_{t-1}]}\end{aligned} \tag{3-49}$$

所以,由式(3-49),当$t\geqslant\hat{t}$时,以概率1有

$$\begin{aligned}&\frac{1}{t}\mathbb{E}[\|\boldsymbol{v}_\ell(t)-[\overline{\boldsymbol{x}}(t)]_\ell\boldsymbol{1}\| \mid \mathcal{F}_{t-1}]\\ \leqslant&\frac{1}{t-1}\|\boldsymbol{v}_\ell(t-1)-[\overline{\boldsymbol{x}}(t-1)]_\ell\boldsymbol{1}\| -\\ &\frac{1-\sqrt{\lambda}}{t}\|\boldsymbol{v}_\ell(t-1)-[\overline{\boldsymbol{x}}(t-1)]_\ell\boldsymbol{1}\| +\\ &\frac{1}{t}\sqrt{\frac{8n^3}{t^2 p_{\min}^2}(L_{\max}+\nu)^2 + 8\sum_{i=1}^{n}\mathbb{E}[\mathrm{dist}^2(\boldsymbol{z}_i(t),\mathcal{X}) \mid \mathcal{F}_{t-1}]}\end{aligned} \tag{3-50}$$

因为$0<\lambda<1$,则$1-\sqrt{\lambda}>0$。由引理3.5可知,式(3-50)右边的最后一项是渐近收敛的,因此,满足引理3.2的条件,再根据引理3.2和$\boldsymbol{v}_\ell(t)$的定义,有

$$\sum_{i=1}^{n}\frac{1}{t}\mathbb{E}[\|\boldsymbol{x}_i(t)-\overline{\boldsymbol{x}}(t)\| \mid \mathcal{F}_{t-1}]<\infty \tag{3-51}$$

根据范数函数的凸性以及$\overline{\boldsymbol{z}}(t)$的定义,有

$$\sum_{i=1}^{n}\mathbb{E}[\|\boldsymbol{z}_i(t)-\overline{\boldsymbol{z}}(t)\| \mid \mathcal{F}_{t-1}]\leqslant\sum_{j=1}^{n}\|\boldsymbol{x}_j(t-1)-\overline{\boldsymbol{x}}(t-1)\| \tag{3-52}$$

式中利用了$\mathbb{E}[\boldsymbol{Q}(t)]$是双随机矩阵。因此,由式(3-51)和式(3-52),以概率1可得

$$\sum_{t=1}^{\infty}\frac{1}{t}\mathbb{E}[\|\boldsymbol{z}_i(t)-\overline{\boldsymbol{z}}(t)\| \mid \mathcal{F}_{t-1}]<\infty \tag{3-53}$$

因此,引理3.6得证。

定理 3.1 证明：因为均方范数函数是凸函数，且期望矩阵 $\bar{Q}$ 是双随机的，根据 $z_i(t)$ 的定义，有

$$\begin{aligned}\sum_{i=1}^{n}\mathbb{E}[\|z_i(t)-v\|^2\mid\mathcal{F}_{t-1}] &\leqslant \sum_{i=1}^{n}\sum_{j=1}^{n}\bar{Q}_{ij}\|x_j(t-1)-v\|^2\\ &=\sum_{j=1}^{n}\|x_j(t-1)-v\|^2\end{aligned}\tag{3-54}$$

因为$\mathbb{E}[\mathrm{dist}^2(z_i(t),\mathcal{X})\mid\mathcal{F}_{t-1}]\geqslant 0$ 以及 $0<\gamma_i<1$，故可根据引理 3.4，有

$$\begin{aligned}&\sum_{i=1}^{n}\mathbb{E}[\|x_i(t)-v\|^2\mid\mathcal{F}_{t-1}]\\ &\leqslant\left(1+\frac{2}{t^{\frac{3}{2}-q}p_{\min}^2}\right)\sum_{j=1}^{n}\|x_j(t-1)-v\|^2-\\ &\quad\frac{2}{t}\sum_{i=1}^{n}\mathbb{E}[f_i(y_i(t))-f_i(v)\mid\mathcal{F}_{t-1}]+\\ &\quad nL_{\max}^2\left(\frac{2}{t^{\frac{3}{2}-q}p_{\min}^2}+\frac{16n^2}{t^2p_{\min}^2}(1+c)\right)\end{aligned}\tag{3-55}$$

令 $\bar{y}(t)\triangleq(1/n)\sum_{i=1}^{n}y_i(t)$，则 $\bar{y}(t)\in\mathcal{X}$。因此，可得

$$\sum_{i=1}^{n}(f_i(y_i(t))-f_i(v))=\sum_{i=1}^{n}(f_i(y_i(t))-f_i(\bar{y}(t)))+(f(\bar{y}(t))-f(v))\tag{3-56}$$

由于函数 f_i 是凸的以及次梯度的范数 $\|\nabla f_i\|$ 是有界的，故有

$$\begin{aligned}\sum_{i=1}^{n}(f_i(y_i(t))-f_i(\bar{y}(t)))&\geqslant\sum_{i=1}^{n}\nabla f_i(\bar{y}(t))(y_i(t)-\bar{y}(t))\\ &\geqslant-\sum_{i=1}^{n}\|\nabla f_i(\bar{y}(t))\|\,\|y_i(t)-\bar{y}(t)\|\\ &\geqslant-L_{\max}\sum_{i=1}^{n}\|y_i(t)-\bar{y}(t)\|\end{aligned}\tag{3-57}$$

再根据均方范数函数的凸性，可得

$$\begin{aligned}\|y_i(t)-\bar{y}(t)\|&=\left\|\frac{1}{n}\sum_{k=1}^{n}(y_i(t)-y_k(t))\right\|\\ &\leqslant\frac{1}{n}\sum_{k=1}^{n}\|y_i(t)-y_k(t)\|\\ &\leqslant\frac{1}{n}\sum_{k=1}^{n}\|z_i(t)-z_k(t)\|\end{aligned}\tag{3-58}$$

式中，最后一个不等式利用了投影算子的非扩张性质。令 $\bar{\boldsymbol{z}}(t)=(1/n)\sum_{i=1}^{n}\boldsymbol{z}_i(t)$，则有

$$\|\boldsymbol{z}_i(t)-\boldsymbol{z}_k(t)\|\leqslant\|\boldsymbol{z}_i(t)-\bar{\boldsymbol{z}}(t)\|+\|\boldsymbol{z}_k(t)-\bar{\boldsymbol{z}}(t)\| \tag{3-59}$$

因此，联立式(3-58)和式(3-59)，有

$$\|\boldsymbol{y}_i(t)-\bar{\boldsymbol{y}}(t)\|\leqslant\|\boldsymbol{z}_i(t)-\bar{\boldsymbol{z}}(t)\|+\frac{1}{n}\sum_{\ell=1}^{n}\|\boldsymbol{z}_\ell(t)-\bar{\boldsymbol{z}}(t)\| \tag{3-60}$$

再对式(3-60)两边求和，可得

$$\sum_{i=1}^{n}\|\boldsymbol{y}_i(t)-\bar{\boldsymbol{y}}(t)\|\leqslant 2\sum_{i=1}^{n}\|\boldsymbol{z}_i(t)-\bar{\boldsymbol{z}}(t)\| \tag{3-61}$$

因此，由式(3-56)、式(3-57)和式(3-61)，有

$$\sum_{i=1}^{n}(f_i(\boldsymbol{y}_i(t))-f_i(\boldsymbol{v}))\geqslant -2L_{\max}\sum_{i=1}^{n}\|\boldsymbol{z}_i(t)-\bar{\boldsymbol{z}}(t)\|+(f(\bar{\boldsymbol{y}}(t))-f(\boldsymbol{v})) \tag{3-62}$$

令 $\boldsymbol{v}=\boldsymbol{x}^*$，根据式(3-55)和式(3-62)，可得

$$\begin{aligned}&\sum_{i=1}^{n}\mathbb{E}[\|\boldsymbol{x}_i(t)-\boldsymbol{x}^*\|^2\mid\mathcal{F}_{t-1}]\\&\leqslant\left(1+\frac{2}{t^{\frac{3}{2}-q}p_{\min}^2}\right)\sum_{j=1}^{n}\|\boldsymbol{x}_j(t-1)-\boldsymbol{x}^*\|^2-\\&\quad\frac{2}{t}\mathbb{E}[f(\bar{\boldsymbol{y}}(t))-f^*\mid\mathcal{F}_{t-1}]+\\&\quad\frac{4L_{\max}}{t}\sum_{i=1}^{n}\mathbb{E}[\|\boldsymbol{z}_i(t)-\bar{\boldsymbol{z}}(t)\|\mid\mathcal{F}_{t-1}]+\\&\quad nL_{\max}^2\left(\frac{2}{t^{\frac{3}{2}-q}p_{\min}^2}+\frac{16n^2}{t^2p_{\min}^2}(1+c)\right)\end{aligned} \tag{3-63}$$

因为 $\boldsymbol{y}(t)\in\mathcal{X}$，则 $f(\bar{\boldsymbol{y}}(t))-f^*\geqslant 0$。根据引理3.6与引理3.2，序列$\{\|\boldsymbol{x}_i(t)-\boldsymbol{x}^*\|^2\}$是以概率1收敛的。而且 $\sum_{t=1}^{\infty}(1/t)(f(\bar{\boldsymbol{y}}(t))-f^*)<\infty$ 以概率1成立。由于 $\sum_{t=1}^{\infty}(1/t)=\infty$，则以概率1有

$$\liminf_{t\to\infty}(f(\bar{\boldsymbol{y}}(t))-f^*)=0 \tag{3-64}$$

因为 $\boldsymbol{y}_i=\Pi_{\mathcal{X}}[\boldsymbol{z}_i(t)]$，再由引理3.5可知，对 $i\in J_t$，以概率1有

$$\lim_{t\to\infty}\|\boldsymbol{z}_i(t)-\boldsymbol{y}_i(t)\|=0 \tag{3-65}$$

因为$\{\|\boldsymbol{x}_i(t)-\boldsymbol{x}^*\|\}$是渐近收敛的，由式(3-5)与式(3-65)可知，序列$\{\|\boldsymbol{z}_i(t)-\boldsymbol{x}^*\|\}$和$\{\|\boldsymbol{y}_i(t)-\boldsymbol{x}^*\|\}$也是渐近收敛的，同时序列$\{\|\bar{\boldsymbol{z}}(t)-\boldsymbol{x}^*\|\}$与$\{\|\bar{\boldsymbol{y}}(t)-$

$x^*\|\}$也是渐近收敛的。因为函数 f 是连续的，根据式(3-64)，对于 $x^*\in\mathcal{X}^*$，有

$$\lim_{t\to\infty}\bar{y}(t)=x^* \tag{3-66}$$

以概率1成立。因此，有

$$\lim_{t\to\infty}\|\bar{z}(t)-\bar{y}(t)\|\leqslant(1/n)\sum_{k=1}^{n}\lim_{t\to\infty}\|z_k(t)-y_k(t)\|=0$$

由式(3-66)可知

$$\lim_{t\to\infty}\bar{z}(t)=x^* \tag{3-67}$$

以概率1成立。由引理3.6，以概率1有

$$\liminf_{t\to\infty}\|z_i(t)-\bar{z}(t)\|=0 \tag{3-68}$$

结合式(3-67)和式(3-68)，再由$\{\|z_i(t)-x^*\|\}$是渐近收敛的，可得

$$\lim_{t\to\infty}\|z_i(t)-x^*\|=0 \tag{3-69}$$

由引理3.6可得$\lim_{t\to\infty}\|x_i(t)-z_i(t)\|=0$。因此，对所有的 $i\in\mathcal{V}$，$\lim_{t\to\infty}x_i(t)=x^*$以概率1成立。综上所述，定理3.1得证。

3.5　误差界分析

本节给出定理3.2和定理3.3的详细证明。假设代价函数是强凸的，即：对所有的 $x,y\in\mathcal{X}$，有

$$(\nabla f_i(x)-\nabla f_i(y))^{\mathrm{T}}(x-y)\geqslant\delta_i\|x-y\|^2 \tag{3-70}$$

式中，$\delta_i>0$ 为常数。因此，函数 f 也是参数 $\delta=\sum_{i=1}^{n}\delta_i$ 的强凸函数。所以，优化问题式(3-1)有唯一解。为证明定理3.2与定理3.3，首先建立以下基本迭代关系。

引理3.7　*如果假设3.1～假设3.6成立。序列$\{x_i(t)\}$由式(3-5)生成。对所有 $i=1,2,\cdots,n$，$\alpha_i(t)=\alpha_i$，且假设每个函数 $f_i(x)$ 是 δ_i-强凸函数。则对所有 $i\in J_t$ 以及 $t\geqslant1$，以概率1有*

$$\begin{aligned}&\mathbb{E}[\|x_i(t)-v\|^2\mid\mathcal{F}_{t-1},I_t,J_t]\\&\leqslant(1-2\delta_i\alpha_i)\|z_i(t)-v\|^2-\\&\quad 2\alpha_i\nabla f_i(v)^{\mathrm{T}}(y_i(t)-v)+4(1+c)\alpha_i^2L_{\max}^2\end{aligned} \tag{3-71}$$

引理3.7证明：因为 $x_i(t)\in\mathcal{X}_i^{\Omega_i(t)}$，则以概率1有

$$\begin{aligned}&\mathbb{E}[\|x_i(t)-v\|^2\mid\mathcal{F}_{t-1},I_t,J_t]\\&\leqslant\|z_i(t)-v\|^2-\frac{3}{4}\mathbb{E}[\mathrm{dist}^2(z_i(t),\mathcal{X}_i^{\Omega_i(t)})\mid z_i(t)]-\\&\quad 2\alpha_i\nabla f_i(z_i(t))^{\mathrm{T}}(z_i(t)-v)+4\alpha_i^2L_{\max}^2\end{aligned} \tag{3-72}$$

根据式(3-70)，可得

$$\begin{aligned}&\nabla f_i(\boldsymbol{z}_i(t))^{\mathrm{T}}(\boldsymbol{z}_i(t)-\boldsymbol{v})\\&\geqslant \nabla f_i(\boldsymbol{v})^{\mathrm{T}}(\boldsymbol{z}_i(t)-\boldsymbol{v})+\delta_i\|\boldsymbol{z}_i(t)-\boldsymbol{v}\|^2\end{aligned} \tag{3-73}$$

此外,式(3-73)中的项$\nabla f_i(\boldsymbol{x})^{\mathrm{T}}(\boldsymbol{z}_i(t)-\boldsymbol{v})$可写为

$$\begin{aligned}&\nabla f_i(\boldsymbol{x})^{\mathrm{T}}(\boldsymbol{z}_i(t)-\boldsymbol{v})\\&=\nabla f_i(\boldsymbol{v})^{\mathrm{T}}(\boldsymbol{y}_i(t)-\boldsymbol{v})+\nabla f_i(\boldsymbol{v})^{\mathrm{T}}(\boldsymbol{z}_i(t)-\boldsymbol{y}_i(t))\end{aligned} \tag{3-74}$$

故根据次梯度的有界性,有

$$\begin{aligned}&\nabla f_i(\boldsymbol{v})^{\mathrm{T}}(\boldsymbol{z}_i(t)-\boldsymbol{v})\\&\geqslant \nabla f_i(\boldsymbol{v})^{\mathrm{T}}(\boldsymbol{y}_i(t)-\boldsymbol{v})-L_{\max}\|\boldsymbol{z}_i(t)-\boldsymbol{y}_i(t)\|\end{aligned} \tag{3-75}$$

因为$\boldsymbol{y}_i(t)=\Pi_{\mathcal{X}}[\boldsymbol{z}_i(t)]$,再将式(3-73)和式(3-75)代入式(3-72),又因$\mathrm{dist}(z_i(t),\mathcal{X})=\|\boldsymbol{z}_i(t)-\boldsymbol{y}_i(t)\|$,可得

$$\begin{aligned}&\mathbb{E}[\|\boldsymbol{x}_i(t)-\boldsymbol{v}\|^2\mid\mathcal{F}_{t-1},I_t,J_t]\\&\leqslant(1-2\delta_i\alpha_i)\|\boldsymbol{z}_i(t)-\boldsymbol{v}\|^2-\\&\quad\frac{3}{4}\mathbb{E}[\mathrm{dist}^2(\boldsymbol{z}_i(t),\mathcal{X}_i^{\Omega_i(t)})\mid\boldsymbol{z}_i(t)]+4\alpha_i^2L_{\max}^2-\\&\quad2\alpha_i\nabla f_i(\boldsymbol{v})^{\mathrm{T}}(\boldsymbol{y}_i(t)-\boldsymbol{v})+2\alpha_iL_{\max}\,\mathrm{dist}\,(\boldsymbol{z}_i(t),\mathcal{X})\\&\leqslant(1-2\delta_i\alpha_i)\|\boldsymbol{z}_i(t)-\boldsymbol{v}\|^2-2\alpha_i\nabla f_i(\boldsymbol{v})^{\mathrm{T}}(\boldsymbol{y}_i(t)-\boldsymbol{v})-\\&\quad\frac{3}{4}\mathbb{E}[\mathrm{dist}^2(\boldsymbol{z}_i(t),\mathcal{X}_i^{\Omega_i(t)})\mid\boldsymbol{z}_i(t)]+4\alpha_i^2L_{\max}^2+\\&\quad4c\alpha_i^2L_{\max}^2+\frac{1}{4c}\mathrm{dist}^2(\boldsymbol{z}_i(t),\mathcal{X})\end{aligned} \tag{3-76}$$

根据假设3.4,可知

$$\mathrm{dist}^2(\boldsymbol{z}_i(t),\mathcal{X})\leqslant c\mathbb{E}[\mathrm{dist}^2(\boldsymbol{z}_i(t),\mathcal{X}_i^{\Omega_i(t)})\mid\mathcal{F}_{t-1},I_t,J_t] \tag{3-77}$$

因此,由式(3-77),可得

$$\begin{aligned}&-\frac{3}{4}\mathbb{E}[\mathrm{dist}^2(\boldsymbol{z}_i(t),\boldsymbol{X}_i^{\Omega_i(t)})\mid\boldsymbol{z}_i(t)]+\frac{1}{4c}\mathrm{dist}^2(\boldsymbol{z}_i(t),\mathcal{X})\\&\leqslant-\frac{1}{2c}\mathrm{dist}^2(\boldsymbol{z}_i(t),\mathcal{X})\leqslant0\end{aligned} \tag{3-78}$$

所以,根据式(3-76)和式(3-78),引理3.7得证。

下面确立估计值与平均估计值之间的渐近距离。

引理3.8 如果假设3.1~假设3.6成立。序列$\{\boldsymbol{x}_i(t)\}$是由式(3-5)生成的。则以概率1有

$$\begin{aligned}&\limsup_{t\to\infty}\sum_{i=1}^{n}\mathbb{E}[\mathrm{dist}^2(\boldsymbol{x}_i(t),\mathcal{X})\mid\mathcal{F}_{t-1}]\\&\leqslant\frac{2(1+c)nL_{\max}^2\max_i\{\gamma_i\alpha_i^2\}}{\min_i\{\gamma_i\delta_i\alpha_i\}}\end{aligned} \tag{3-79}$$

为了证明引理3.8，需要使用以下引理的结果[22]，即：

引理3.9 令$\{\theta_t\}$和$\{\beta_t\}$为标量序列。如果$\theta_t \leqslant \mu\theta_{t-1}+\beta_{t-1}$且$0<\mu<1$，则$\limsup_{t\to\infty}\theta_t \leqslant (1/(1-\mu))\limsup_{t\to\infty}\beta_t$。

下面给出引理3.8的证明过程。

引理3.8证明：在引理3.7中，令$\boldsymbol{v}=\boldsymbol{y}_i(t)=\Pi_{\mathcal{X}}[\boldsymbol{z}_i(t)]$，对所有的$t\geqslant 1$和$i\in J_t$，以概率1有

$$\mathbb{E}[\|\boldsymbol{x}_i(t)-\boldsymbol{y}_i(t)\|^2 \mid \mathcal{F}_{t-1},I_t,J_t] \leqslant (1-2\delta_i\alpha_i)\text{dist}^2(\boldsymbol{z}_i(t),\mathcal{X})+4(1+c)\alpha_i^2 L_{\max}^2 \tag{3-80}$$

由于$\text{dist}(\boldsymbol{x}_i(t),\mathcal{X})\leqslant\|\boldsymbol{x}_i(t)-\boldsymbol{y}_i(t)\|$，则

$$\mathbb{E}[\text{dist}^2(\boldsymbol{x}_i(t),\mathcal{X}) \mid \mathcal{F}_{t-1},I_t,J_t] \leqslant (1-2\delta_i\alpha_i)\text{dist}^2(\boldsymbol{z}_i(t),\mathcal{X})+4(1+c)\alpha_i^2 L_{\max}^2 \tag{3-81}$$

因为上述不等式以概率γ_i成立，否则$\boldsymbol{x}_i(t)=\boldsymbol{z}_i(t)$以概率$1-\gamma_i$成立。因此有

$$\mathbb{E}[\text{dist}^2(\boldsymbol{x}_i(t),\mathcal{X}) \mid \mathcal{F}_{t-1}] \leqslant (1-2\gamma_i\delta_i\alpha_i)\,\text{dist}^2(\boldsymbol{z}_i(t),\mathcal{X})+4(1+c)\gamma_i\alpha_i^2 L_{\max}^2 \tag{3-82}$$

对式(3-82)两边关于i同时求和，可得

$$\begin{aligned}&\sum_{i=1}^{n}\mathbb{E}[\text{dist}^2(\boldsymbol{x}_i(t),\mathcal{X}) \mid \mathcal{F}_{t-1}]\\ &\leqslant 4(1+c)nL_{\max}^2\max_i\{\gamma_i\alpha_i^2\}+\\ &\quad(1-2\min_i\{\gamma_i\delta_i\alpha_i\})\sum_{j=1}^{n}\text{dist}^2(\boldsymbol{x}_j(t-1),\mathcal{X})\end{aligned} \tag{3-83}$$

因此，应用引理3.9到式(3-83)中，引理3.8得证。

引理3.10 如果假设3.1～假设3.6成立。令$\bar{\boldsymbol{x}}(t)=(1/n)\sum_{j=1}^{n}\boldsymbol{x}_j(t)$，则有

$$\begin{aligned}&\limsup_{t\to\infty}\sum_{i=1}^{n}\mathbb{E}[\|\boldsymbol{x}_i(t)-\bar{\boldsymbol{x}}(t)\|^2]\\ &\leqslant\frac{2\alpha_{\max}^2 nd}{(1-\sqrt{\lambda})^2}\left((L_{\max}+\nu)^2+\frac{8(1+c)\gamma_{\max}L_{\max}^2}{\min_i\{\gamma_i\delta_i\alpha_i\}}\right)\end{aligned} \tag{3-84}$$

引理3.10证明：因为矩阵$\mathbb{E}[\boldsymbol{Q}(t)]$是双随机矩阵，利用式(3-41)以及Hölder不等式，再进行求和，可得

$$\begin{aligned}&\sum_{\ell=1}^{d}\mathbb{E}[\|\boldsymbol{v}_\ell(t)-[\bar{\boldsymbol{x}}(t)]_\ell\mathbf{1}\|^2]\\ &\leqslant\left(\sqrt{\sum_{\ell=1}^{d}\mathbb{E}[\|\boldsymbol{D}(t)(\boldsymbol{v}_\ell(t-1)-[\bar{\boldsymbol{x}}(t-1)]_\ell\mathbf{1})\|^2]}+\sqrt{\sum_{\ell=1}^{d}\mathbb{E}[\|\boldsymbol{H}\boldsymbol{\xi}_\ell(t)\|^2]}\right)^2\end{aligned} \tag{3-85}$$

根据 $\boldsymbol{D}(t)$ 与 $\boldsymbol{H}$ 的定义，再由式(3-42)，可得

$$
\begin{aligned}
&\sum_{\ell=1}^{d} \mathbb{E}\left[\left\|\boldsymbol{D}(t)\left(\boldsymbol{v}_{\ell}(t-1)-[\bar{\boldsymbol{x}}(t-1)]_{\ell} \mathbf{1}\right)\right\|^{2}\right] \\
&\leqslant \lambda \sum_{\ell=1}^{d}\left\|\boldsymbol{v}_{\ell}(t-1)-[\bar{\boldsymbol{x}}(t-1)]_{\ell} \mathbf{1}\right\|^{2}
\end{aligned} \tag{3-86}
$$

此外，与式(3-47)的推导相似，可得

$$
\begin{aligned}
&\sum_{\ell=1}^{d} \mathbb{E}\left[\left\|\boldsymbol{H} \boldsymbol{\xi}_{\ell}(t)\right\|^{2}\right] \\
&\leqslant 8d \sum_{i=1}^{n} \mathbb{E}\left[\operatorname{dist}^{2}\left(\boldsymbol{z}_{i}(t), \mathcal{X}\right)\right]+2 \alpha_{\max }^{2} n d\left(L_{\max }+\nu\right)^{2}
\end{aligned} \tag{3-87}
$$

令 $\kappa(t)=\sqrt{\sum_{\ell=1}^{d} \mathbb{E}\left[\left\|\boldsymbol{v}_{\ell}(t)-[\bar{\boldsymbol{x}}(t)]_{\ell} \mathbf{1}\right\|^{2}\right]}$，则由式(3-85)、式(3-86)以及式(3-87)，有

$$
\kappa(t)=\sqrt{\lambda} \kappa(t-1)+\sqrt{2 \alpha_{\max }^{2} n d\left(L_{\max }+\nu\right)^{2}+8d \sum_{i=1}^{n} \mathbb{E}\left[\operatorname{dist}^{2}\left(\boldsymbol{z}_{i}(t), \mathcal{X}\right)\right]} \tag{3-88}
$$

因为 $0<\lambda<1$，则 $0<\sqrt{\lambda}<1$。因此，根据引理 3.9，可得

$$
\limsup_{t \rightarrow \infty} \kappa(t) \leqslant \frac{1}{1-\sqrt{\lambda}} \times \limsup_{t \rightarrow \infty} \sqrt{2 \alpha_{\max }^{2} n d\left(L_{\max }+\nu\right)^{2}+8d \sum_{i=1}^{n} \mathbb{E}\left[\operatorname{dist}^{2}\left(\boldsymbol{z}_{i}(t), \mathcal{X}\right)\right]} \tag{3-89}
$$

因此，可得

$$
\limsup_{t \rightarrow \infty} \kappa^{2}(t) \leqslant \frac{2 \alpha_{\max }^{2} n d\left(L_{\max }+\nu\right)^{2}}{(1-\sqrt{\lambda})^{2}}+\limsup_{t \rightarrow \infty} \frac{8d \sum_{j=1}^{n} \mathbb{E}\left[\operatorname{dist}^{2}\left(\boldsymbol{x}_{j}(t-1), \mathcal{X}\right)\right]}{(1-\sqrt{\lambda})^{2}} \tag{3-90}
$$

根据 $\boldsymbol{v}_{\ell}(t)$ 的定义，有 $\kappa^{2}(t)=\sum_{i=1}^{n} \mathbb{E}\left[\left\|\boldsymbol{x}_{i}(t)-\bar{\boldsymbol{x}}(t)\right\|^{2}\right]$。因此，根据式(3-90)以及引理 3.8，引理 3.10 得证。

定理 3.2 证明：在引理 3.7 中，令 $\boldsymbol{v}=\boldsymbol{x}^{*}$。定义 $\bar{\boldsymbol{y}}(t)=(1/n) \sum_{i=1}^{n} \boldsymbol{y}_{i}(t)$，则 $\bar{\boldsymbol{y}}(k) \in \mathcal{X}$。由于约束集 $\mathcal{X}$ 是紧的，则有

$$
\begin{aligned}
&\nabla f_{i}\left(\boldsymbol{x}^{*}\right)^{\mathrm{T}}\left(\boldsymbol{y}_{i}(t)-\boldsymbol{x}^{*}\right) \\
&\geqslant \nabla f_{i}\left(\boldsymbol{x}^{*}\right)^{\mathrm{T}}\left(\bar{\boldsymbol{y}}(t)-\boldsymbol{x}^{*}\right)-L_{\max }\left\|\boldsymbol{y}_{i}(t)-\bar{\boldsymbol{y}}(t)\right\|
\end{aligned} \tag{3-91}
$$

由引理 3.7 和式(3-91)，对所有的 $i \in J_{t}$，以概率 1 有

$$
\begin{aligned}
&\mathbb{E}[\|\boldsymbol{x}_i(t)-\boldsymbol{x}^*\|^2 \mid \mathcal{F}_{t-1}, I_t, J_t]\\
\leqslant &(1-2\delta_i\alpha_i)\|\boldsymbol{z}_i(t)-\boldsymbol{x}^*\|^2-\\
&2\alpha_i\mathbb{E}[\nabla f_i(\boldsymbol{x}^*)^{\mathrm{T}}(\overline{\boldsymbol{y}}(t)-\boldsymbol{x}^*) \mid \mathcal{F}_{t-1}]+4(1+c)\alpha_i^2L_{\max}^2+\\
&2\alpha_iL_{\max}\|\boldsymbol{y}_i(t)-\overline{\boldsymbol{y}}(t)\|
\end{aligned}
\tag{3-92}
$$

式(3-92)以概率γ_i成立，而$\boldsymbol{x}_i(t)=\boldsymbol{z}_i(t)$以概率$1-\gamma_i$成立。因此，对式(3-92)两边同时取条件期望并同时加上和减去$2\min\limits_i\{\gamma_i\alpha_i\}\mathbb{E}[\nabla f_i(\boldsymbol{x}^*)^{\mathrm{T}}(\overline{\boldsymbol{y}}(t)-\boldsymbol{x}^*) \mid \mathcal{F}_{t-1}]$，则有

$$
\begin{aligned}
&\mathbb{E}[\|\boldsymbol{x}_i(t)-\boldsymbol{x}^*\|^2 \mid \mathcal{F}_{t-1}]\\
\leqslant &(1-2\gamma_i\delta_i\alpha_i)\mathbb{E}[\|\boldsymbol{z}_i(t)-\boldsymbol{x}^*\|^2 \mid \mathcal{F}_{t-1}]-\\
&2\min_i\{\gamma_i\alpha_i\}\mathbb{E}[\nabla f_i(\boldsymbol{x}^*)^{\mathrm{T}}(\overline{\boldsymbol{y}}(t)-\boldsymbol{x}^*) \mid \mathcal{F}_{t-1}]+\\
&2\Delta_{\gamma\alpha}\mathbb{E}[\|\nabla f_i(\boldsymbol{x}^*)\|\|\overline{\boldsymbol{y}}(t)-\boldsymbol{x}^*\| \mid \mathcal{F}_{t-1}]+\\
&2\gamma_i\alpha_iL_{\max}\mathbb{E}[\|\boldsymbol{y}_i(t)-\overline{\boldsymbol{y}}(t)\| \mid \mathcal{F}_{t-1}]+\\
&4(1+c)\gamma_i\alpha_i^2L_{\max}^2
\end{aligned}
\tag{3-93}
$$

式中，$\Delta_{\gamma\alpha}=\max\limits_i\gamma_i\alpha_i-\min\limits_i\gamma_i\alpha_i$。因为$\mathcal{X}$是紧集，则

$$
\|\nabla f_i(\boldsymbol{x}^*)\|\|\overline{\boldsymbol{y}}(t)-\boldsymbol{x}^*\| \leqslant L_{\max}L_{\mathcal{X}}
\tag{3-94}
$$

式中，$L_{\mathcal{X}}=\max\limits_{\boldsymbol{x},\boldsymbol{y}}\|\boldsymbol{x}-\boldsymbol{y}\|$。

因为$\sum\limits_{i=1}^n\nabla f_i(\boldsymbol{x}^*)^{\mathrm{T}}(\overline{\boldsymbol{y}}(t)-\boldsymbol{x}^*)\geqslant f(\overline{\boldsymbol{y}}(t))-f(\boldsymbol{x}^*)\geqslant 0$，再根据式(3-54)，对式(3-93)两边同时对i求和，可得

$$
\begin{aligned}
&\sum_{i=1}^n\mathbb{E}[\|\boldsymbol{x}_i(t)-\boldsymbol{x}^*\|^2 \mid \mathcal{F}_{t-1}]\\
\leqslant &(1-2\min_i\{\gamma_i\delta_i\alpha_i\})\sum_{j=1}^n\mathbb{E}[\|\boldsymbol{x}_j(t-1)-\boldsymbol{x}^*\|^2 \mid \mathcal{F}_{t-1}]+\\
&2\gamma_{\max}\alpha_{\max}L_{\max}\sum_{i=1}^n\mathbb{E}[\|\boldsymbol{y}_i(t)-\overline{\boldsymbol{y}}(t)\| \mid \mathcal{F}_{t-1}]+\\
&2n\Delta_{\gamma\alpha}L_{\max}L_{\mathcal{X}}+4(1+c)n\gamma_{\max}\alpha_{\max}^2L_{\max}^2
\end{aligned}
\tag{3-95}
$$

对式(3-95)两边取期望，可得

$$
\begin{aligned}
&\limsup_{t\to\infty}\frac{1}{n}\sum_{i=1}^n\mathbb{E}[\|\boldsymbol{x}_i(t)-\boldsymbol{x}^*\|^2]\\
\leqslant &\frac{\Delta_{\gamma\alpha}L_{\max}L_{\mathcal{X}}+2(1+c)\gamma_{\max}\alpha_{\max}^2L_{\max}^2}{\min\limits_i\{\gamma_i\delta_i\alpha_i\}}+\\
&\frac{\gamma_{\max}\alpha_{\max}L_{\max}}{n\min\limits_i\{\gamma_i\delta_i\alpha_i\}}\limsup_{t\to\infty}\sum_{i=1}^n\mathbb{E}[\|\boldsymbol{y}_i(t)-\overline{\boldsymbol{y}}(t)\|]
\end{aligned}
\tag{3-96}
$$

对 $\sum_{i=1}^{n}\mathbb{E}[\|\boldsymbol{y}_i(t)-\overline{\boldsymbol{y}}(t)\|]$ 进行估计。根据 Hölder 不等式，有

$$\sum_{i=1}^{n}\mathbb{E}[\|\boldsymbol{y}_i(t)-\overline{\boldsymbol{y}}(t)\|]\leqslant\sqrt{n\sum_{i=1}^{n}\mathbb{E}[\|\boldsymbol{y}_i(t)-\overline{\boldsymbol{y}}(t)\|^2]}\tag{3-97}$$

因为 $\overline{\boldsymbol{y}}(t)=(1/n)\sum_{i=1}^{n}\Pi_{\mathcal{X}}[\boldsymbol{z}_i(t)]$，则

$$\begin{aligned}\sum_{i=1}^{n}\mathbb{E}[\|\boldsymbol{y}_i(t)-\overline{\boldsymbol{y}}(t)\|^2]&\leqslant\sum_{i=1}^{n}\mathbb{E}[\|\boldsymbol{y}_i(t)-\Pi_{\mathcal{X}}[\overline{\boldsymbol{z}}(t)]\|^2]\\&\leqslant\sum_{i=1}^{n}\mathbb{E}[\|\boldsymbol{z}_i(t)-\overline{\boldsymbol{z}}(t)\|^2]\end{aligned}\tag{3-98}$$

式中，最后一个不等式可由投影算子的非扩张性得到。因此，有

$$\sum_{i=1}^{n}\mathbb{E}[\|\boldsymbol{z}_i(t)-\overline{\boldsymbol{z}}(t)\|^2]\leqslant\sum_{i=1}^{n}\mathbb{E}[\|\boldsymbol{z}_i(t)-\overline{\boldsymbol{x}}(t-1)\|^2]\tag{3-99}$$

由式(3-99)和式(3-54)，可得

$$\sum_{i=1}^{n}\mathbb{E}[\|\boldsymbol{z}_i(t)-\overline{\boldsymbol{z}}(t)\|^2]\leqslant\sum_{j=1}^{n}\mathbb{E}[\|\boldsymbol{x}_j(t-1)-\overline{\boldsymbol{x}}(t-1)\|^2]\tag{3-100}$$

根据式(3-97)、式(3-98)和式(3-100)，有

$$\begin{aligned}&\limsup_{t\to\infty}\sum_{i=1}^{n}\mathbb{E}[\|\boldsymbol{y}_i(t)-\overline{\boldsymbol{y}}(t)\|]\\&\leqslant\frac{\alpha_{\max}n}{1-\sqrt{\lambda}}\sqrt{2d\left((L_{\max}+\nu)^2+\frac{8(1+c)\gamma_{\max}L_{\max}^2}{\min_i\{\gamma_i\delta_i\alpha_i\}}\right)}\end{aligned}\tag{3-101}$$

因此，结合式(3-96)和式(3-101)，可得定理 3.2。

定理 3.3 证明：根据式(3-93)和式(3-94)，有

$$\begin{aligned}&\mathbb{E}[\|\boldsymbol{x}_i(t)-\boldsymbol{x}^*\|^2\mid\mathcal{F}_{t-1}]\\&\leqslant(1-2\gamma_i\delta_i\alpha_i)\mathbb{E}[\|\boldsymbol{z}_i(t)-\boldsymbol{x}^*\|^2\mid\mathcal{F}_{t-1}]+2\Delta_{\gamma\alpha}L_{\max}L_{\mathcal{X}}-\\&\quad 2\min_i\{\gamma_i\alpha_i\}(f_i(\overline{\boldsymbol{y}}(t))-f_i(\boldsymbol{x}^*))+4(1+c)\gamma_{\max}\alpha_{\max}^2L_{\max}^2+\\&\quad 2\gamma_{\max}\alpha_{\max}L_{\max}\mathbb{E}[\|\boldsymbol{y}_i(t)-\overline{\boldsymbol{y}}(t)\|\mid\mathcal{F}_{t-1}]\end{aligned}\tag{3-102}$$

因此，由式(3-54)和式(3-102)，可得

$$\begin{aligned}&2\min_i\{\gamma_i\alpha_i\}\mathbb{E}[f(\overline{\boldsymbol{y}}(t))-f^*]\\&\leqslant(1-2\gamma_i\delta_i\alpha_i)\sum_{j=1}^{n}\mathbb{E}[\|\boldsymbol{x}_j(t-1)-\boldsymbol{x}^*\|^2]-\\&\quad\sum_{i=1}^{n}\mathbb{E}[\|\boldsymbol{x}_i(t)-\boldsymbol{x}^*\|^2]+\end{aligned}$$

$$2\gamma_{\max}\alpha_{\max}L_{\max}\sum_{i=1}^{n}\mathbb{E}[\|\boldsymbol{y}_i(t)-\overline{\boldsymbol{y}}(t)\|]+$$

$$2\Delta_{\gamma\alpha}L_{\max}L_{\mathcal{X}}+4(1+c)\gamma_{\max}\alpha_{\max}^2L_{\max}^2 \tag{3-103}$$

因为函数 f 是凸的，其次梯度是有界的，故有

$$f(\boldsymbol{x}_i(t-1))-f^*\leqslant f(\overline{\boldsymbol{y}}(t-1))-f^*+L_{\max}\sum_{i=1}^{n}\|\boldsymbol{x}_i(t-1)-\overline{\boldsymbol{y}}(t-1)\| \tag{3-104}$$

在不等式(3-103)两边同时除以 $2\min_i\{\gamma_i\alpha_i\}$，再结合式(3-104)，可得

$$\begin{aligned}&\mathbb{E}[f(\boldsymbol{x}_i(t-1))-f^*]\\ &\leqslant\frac{1-2\gamma_i\delta_i\alpha_i}{2\min_i\{\gamma_i\alpha_i\}}\left(\sum_{j=1}^{n}\mathbb{E}[\|\boldsymbol{x}_j(t-1)-\boldsymbol{x}^*\|^2]-\sum_{i=1}^{n}\mathbb{E}[\|\boldsymbol{x}_i(t)-\boldsymbol{x}^*\|^2]\right)+\\ &\frac{\gamma_{\max}\alpha_{\max}L_{\max}}{\min_i\{\gamma_i\alpha_i\}}\sum_{i=1}^{n}\mathbb{E}[\|\boldsymbol{y}_i(t)-\overline{\boldsymbol{y}}(t)\|]+\\ &\frac{n\Delta_{\gamma\alpha}L_{\max}L_{\mathcal{X}}+2n(1+c)\gamma_{\max}\alpha_{\max}^2L_{\max}^2}{\min_i\{\gamma_i\alpha_i\}}+\\ &\frac{L_{\max}}{\min_i\{\gamma_i\alpha_i\}}\sum_{i=1}^{n}\mathbb{E}[\|\boldsymbol{x}_i(t-1)-\overline{\boldsymbol{y}}(t-1)\|]\end{aligned} \tag{3-105}$$

式(3-105)两边同时对 t 求和，再除以 T，则

$$\begin{aligned}&\frac{1}{T}\sum_{t=1}^{T}\mathbb{E}[f(\boldsymbol{x}_i(t-1))-f^*]\\ &\leqslant\frac{1-2\gamma_i\delta_i\alpha_i}{2T\min_i\{\gamma_i\alpha_i\}}\sum_{j=1}^{n}\mathbb{E}[\|\boldsymbol{x}_j(0)-\boldsymbol{x}^*\|^2]+\\ &\frac{\gamma_{\max}\alpha_{\max}L_{\max}}{\min_i\{\gamma_i\alpha_i\}}\frac{1}{T}\sum_{t=1}^{T}\sum_{i=1}^{n}\mathbb{E}[\|\boldsymbol{y}_i(t)-\overline{\boldsymbol{y}}(t)\|]+\\ &\frac{n\Delta_{\gamma\alpha}L_{\max}L_{\mathcal{X}}+2n(1+c)\gamma_{\max}\alpha_{\max}^2L_{\max}^2}{\min_i\{\gamma_i\alpha_i\}}+\\ &\frac{L_{\max}}{\min_i\{\gamma_i\alpha_i\}}\frac{1}{T}\sum_{t=1}^{T}\sum_{i=1}^{n}\mathbb{E}[\|\boldsymbol{x}_i(t-1)-\overline{\boldsymbol{y}}(t-1)\|]\end{aligned} \tag{3-106}$$

在式(3-106)中令 $T\to\infty$，并利用 $\limsup_{m\to\infty}(1/m)\sum_{k=1}^{m}a_k\leqslant\limsup_{k\to\infty}a_k$，可得

$$\begin{aligned}
&\limsup_{T\to\infty}\frac{1}{T}\sum_{t=1}^{T}\mathbb{E}[f(\boldsymbol{x}_i(t-1))-f^*]\\
&\leqslant\frac{\gamma_{\max}\alpha_{\max}L_{\max}}{\min\limits_i\{\gamma_i\alpha_i\}}\limsup_{t\to\infty}\sum_{i=1}^{n}\mathbb{E}[\|\boldsymbol{y}_i(t)-\overline{\boldsymbol{y}}(t)\|]+\\
&\frac{L_{\max}}{\min\limits_i\{\gamma_i\alpha_i\}}\limsup_{t\to\infty}\sum_{i=1}^{n}\mathbb{E}[\|\boldsymbol{x}_i(t-1)-\overline{\boldsymbol{y}}(t-1)\|]+\\
&\frac{n\Delta_{\gamma\alpha}L_{\max}L_{\mathcal{X}}+2n(1+c)\gamma_{\max}\alpha_{\max}^2L_{\max}^2}{\min\limits_i\{\gamma_i\alpha_i\}}
\end{aligned}\tag{3-107}$$

对 $\limsup\limits_{t\to\infty}\sum\limits_{i=1}^{n}\mathbb{E}[\|\boldsymbol{y}_i(t)-\overline{\boldsymbol{y}}(t)\|]$ 进行估计。根据三角不等式，有

$$\sum_{i=1}^{n}\mathbb{E}[\|\boldsymbol{x}_i(t)-\overline{\boldsymbol{y}}(t)\|]\leqslant\sum_{i=1}^{n}\mathbb{E}[\|\boldsymbol{x}_i(t)-\boldsymbol{z}_i(t)\|+\|\boldsymbol{z}_i(t)-\overline{\boldsymbol{y}}(t)\|]\tag{3-108}$$

根据 $\overline{\boldsymbol{y}}(t)$的定义以及范数函数的凸性，可得

$$\begin{aligned}
\sum_{i=1}^{n}\mathbb{E}[\|\boldsymbol{z}_i(t)-\overline{\boldsymbol{y}}(t)\|]&\leqslant\sum_{i=1}^{n}\mathbb{E}[\|\boldsymbol{z}_i(t)-\boldsymbol{y}_i(t)\|]\\
&=\sum_{i=1}^{n}\mathbb{E}[\mathrm{dist}(\boldsymbol{z}_i(t),\mathcal{X})]
\end{aligned}\tag{3-109}$$

由引理 3.5 可知

$$\limsup_{t\to\infty}\sum_{i=1}^{n}\mathbb{E}[\|\boldsymbol{x}_i(t)-\overline{\boldsymbol{y}}(t)\|]=0\tag{3-110}$$

因此，根据式(3-101)和式(3-110)，有

$$\begin{aligned}
&\limsup_{T\to\infty}\frac{1}{T}\sum_{t=1}^{T}\mathbb{E}[f(\boldsymbol{x}_i(t-1))-f^*]\\
&\leqslant\frac{n\Delta_{\gamma\alpha}L_{\max}L_{\mathcal{X}}+2n(1+c)\gamma_{\max}\alpha_{\max}^2L_{\max}^2}{\min\limits_i\{\gamma_i\alpha_i\}}+\\
&\frac{n\gamma_{\max}\alpha_{\max}^2L_{\max}}{(1-\sqrt{\lambda})\min\limits_i\{\gamma_i\alpha_i\}}\times\\
&\sqrt{2d\left((L_{\max}+\nu)^2+\frac{8(1+c)\gamma_{\max}L_{\max}^2}{\min\limits_i\{\gamma_i\delta_i\alpha_i\}}\right)}
\end{aligned}\tag{3-111}$$

再根据函数 f 的凸性，定理 3.3 得证。

3.6 本章小结

本章考虑约束优化问题，全局代价函数是每个智能体的局部代价函数之和，每个智能体只知道自己的局部代价函数，而且每个智能体不能提前知道自己的约束集，或者约束集的组成元素的数量巨大。为求解此优化问题，本章基于随机投影与异步广播通信协议，提出一种分布式随机次梯度算法，分析了所提算法的收敛性能，即：当选择合适的步长时，所提算法能渐近收敛到最优解。当步长是常数时，基于期望距离建立了局部估计值与最优解之间的渐近误差界；同时也基于期望距离建立了全局代价函数在平均估计值处的值与最优值之间的渐近误差界。

参考文献

[1] Lesser V, Tambe M, Ortiz C L. Distributed Sensor Networks: A Multiagent Perspective[M]. Norwell: Kluwer Academic Publishers, 2003.

[2] Rabbat M, Nowak R. Distributed optimization in sensor networks [C]. International Symposium on Information Processing in Sensor Networks, 2004: 20-27.

[3] Kar S, Moura J M F. Distributed consensus algorithms in sensor networks: Quantized data and random link failures [J]. IEEE Transactions on Signal Processing, 2010, 58 (3): 1383-1400.

[4] Kar S, Moura J M F, Ramanan K. Distributed parameter estimation in sensor networks: Nonlinear observation models and imperfect communication [J]. IEEE Transactions on Information Theory, 2012, 58(6): 3575-3605.

[5] Hastie T, Tibshirani R, Friedman J. The Elements of Statistical Learning: Data Mining, Inference, Prediction[M]. New York: Springer-Verlag, 2001.

[6] Bekkerman J L R, Bilenko M. Scaling Up Machine Learning: Parallel and Distributed Approaches[M]. Cambridge: Cambridge University Press, 2011.

[7] Beck A, Nedić A, Ozdaglar A. An $O(1/k)$ gradient method for network resource allocation problems[J]. IEEE Transactions on Control of Network Systems, 2014, 1(1): 64-73.

[8] Chang T H, Nedić A, Scaglione A. Distributed constrained optimization by consensus-based primal-dual perturbation method[J]. IEEE Transactions on Automatic Control, 2014, 59(6): 1524-1538.

[9] Nedić A, Ozdaglar A. Distributed subgradient methods for multi-agent optimization[J]. IEEE Transactions on Automatic Control, 2009, 54(1): 48-61.

[10] Lobel I, Ozdaglar A. Distributed subgradient methods for convex optimization over random networks[J]. IEEE Transactions on Automatic Control, 2011, 56(6): 1291-1306.

[11] Nedić A, Ozdaglar A, Parrilo P A. Constrained consensus and optimization in multi-agent networks[J]. IEEE Transactions on Automatic Control, 2010, 55(4): 922-938.

[12] Duchi J C, Agarwal A, Wainwright M J. Dual averaging for distributed optimization: Convergence analysis and network scaling[J]. IEEE Transactions on Automatic Control,

2012,57(3): 592-606.

[13] Lobel I, Ozdaglar A, Feijer D. Distributed multi-agent optimization with state-dependent communication[J]. Mathematical Programming,2011,129(2): 255-284.

[14] Srivastava K, Nedić A. Distributed asynchronous constrained stochastic optimization[J]. IEEE Journal of Selected Topics in Signal Processing,2011,5(4): 772-790.

[15] Lee S,Nedić A. Distributed random projection algorithm for convex optimization[J]. IEEE Journal on Selected Topics in Signal Processing,2013,7(3): 221-229.

[16] Nedić A. Random algorithms for convex minimization problems [J]. Mathematical Programming,2011,129(2): 225-253.

[17] Boyd S,Ghosh A,Prabhakar B,et al. Randomized gossip algorithms[J]. IEEE Transactions on Information Theory,2006,52(6): 2508-2530.

[18] Aysal T C,Yildiz M E,Sarwate A D,et al. Broadcast gossip algorithms for consensus[J]. IEEE Transactions on Signal Processing,2009,57(7): 2748-2761.

[19] Lee S,Nedić A. Asynchronous gossip-based random projection algorithms over networks[J]. IEEE Transactions on Automatic Control,2016,61(4): 953-968.

[20] Fagnani F,Zampieri S. Randomized consensus algorithms over large scale networks[J]. IEEE Journal on Selected Areas in Communications,2008,26(4): 634-649.

[21] Yang Y,Blum R S. Broadcast-based consensus with non-zero-mean stochastic perturbations [J]. IEEE Transactions on Information Theory,2013,59(6): 3971-3989.

[22] Nedić A. Asynchronous broadcast-based convex optimization over a network[J]. IEEE Transactions on Automatic Control,2011,56(6): 1337-1351.

[23] Gubin L G,Polyak B T,Raik E V. The method of projections for finding the common point of convex sets[J]. U. S. S. R. Computational Mathematics and Mathematical Physics,1967, 7(6): 1211-1228.

[24] Bertsekas D P, Nedić A, Ozdaglar A. Convex Analysis and Optimization[M]. Belmont: Athena Scientific,2003.

[25] Polyak B. Introduction to Optimization[M]. New York: Optimization Software,Inc. ,1987.

[26] Royden H. Real Analysis[M]. 3rd ed. Englewood Cliffs: Prentice Hall,1998.

第4章

量化信息与随机网络拓扑的扩散最小均方算法

本章研究无线传感网中的分布式参数估计问题，是分布式优化问题的一种特殊情形。在无线传感网中，数据传输之前需要对数据进行量化，而且传感器之间的通信链路可能随机地被损坏。为求解此问题，本章提出一种量化信息与随机网络拓扑的扩散 LMS(least-mean-square)算法。在所提算法中，在量化之前添加一抖动到估计值上以达到无偏估计。本章还分析了所提算法的稳定性与收敛性能，并得到了 MSD (mean-square deviation)和 EMSE(excess mean-square Errors)的闭合解析式。另外，本章证明了量化信息以及随机网络拓扑不影响所提算法的收敛性，但是量化是影响所提算法性能退化的主要因素。最后通过仿真实验验证理论结果。

4.1　引言

无线传感网是网络化多智能体系统的一种特定的网络场景。在无线传感网络中，分布式参数或状态估计是一个重要的研究方面。近年来，分布式自适应估计在理论分析与应用上具有极大挑战性，得到广泛关注。因此，自适应网络是分布式自适应估计问题一个最普通的解[1-2]。自适应网络由一些节点组成，每个节点可与其他节点交互信息。因此，自适应网络可协同地求解分布式自适应估计问题。

在无线传感网中，由于功率与带宽是受限的，故传感器之间不能传输高精度的模拟数据。因此，在无线传感网中传输未量化的数据是不切实际的。所以，数据在传输之前需要量化[3-5]。但是，相比原始数据而言，数据经过量化后，节点接收到的数据会损失一定的信息。因此，与以前的分布式自适应估计[6]相比，量化使其具有更大的挑战。在分布式参数估计问题中，量化的 Consensus 策略已经得到深入的研究[3,7-8]，但关于量化扩散策略的研究较少。同时，由于无线环境非常复杂，节点可能损坏以及通信链路也可能被破坏。因此，网络拓扑的随机性是无线网络的一个重要特征。

由于在分布式参数估计问题中，扩散策略优于 Consensus 策略[9]，而且现有的扩散算法没有考虑量化的影响。因此，本章研究量化与随机拓扑对扩散算法的性能影响。通过对量化信息与随机拓扑建模，本章提出一种量化信息与随机网络拓扑的扩散 LMS 算法，而且分析了算法的收敛与稳态性能。此外，对于高斯数据以及足够小的步长，本章还推导出了 MSD 与 EMSE 的闭合解析式。最后，通过仿真实验验证理论结果。

4.2 扩散算法

本章考虑的网络是由 N 个节点组成，且分布在一个空间区域中。在一个连接的网络中，如果两个节点可通过一条边直接相连，则称两个节点互为邻居。因此，邻居节点之间能共享信息。当网络拓扑是固定的，节点 k 的邻居集合由节点 k 的邻居以及自身组成，用符号$\mathcal{N}_k$表示。在每个时间索引 i 上，每个节点 $k\in\{1,2,\cdots,N\}$能获得数据$\{d_k(i),\boldsymbol{u}_{k,i}\}$，其中，$d_k(i)$为一标量度量；$\boldsymbol{u}_{k,i}$ 是一个 $1\times M$ 的回归行向量。数据$\{d_k(i),\boldsymbol{u}_{k,i}\}$可从联合广义平稳随机过程$\{d_k(i),\boldsymbol{u}_{k,i}\}$中获得，其中 $\boldsymbol{u}_{k,i}$ 是一均值为 0、协方差矩阵为 $\sigma_u^2 I_M$ 的随机变量。为了估计一些未知的 $M\times 1$ 列向量 $\boldsymbol{w}^o$，本章假设测量值满足以下线性回归模型[10]：

$$d_k(i)=\boldsymbol{u}_{k,i}\boldsymbol{w}^o+v_k(i) \tag{4-1}$$

式中，$v_k(i)$为测量噪声。假设$\{v_k(i)\}$在空间与时间上独立同分布，且其均值为 0，方差为 $\sigma_{v,k}^2$。同时假设对所有的 ℓ，$\{v_k(i)\}$与 $u_{\ell,i}$ 相互独立。

在分布式参数估计问题中，代价函数的定义如下：

$$J(\boldsymbol{w})=\sum_{k=1}^{N}\mathbb{E}[\|d_k(i)-\boldsymbol{u}_{k,i}\boldsymbol{w}\|^2] \tag{4-2}$$

式中，$\mathbb{E}[\cdot]$表示期望运算。通过最小化代价函数 $J(w)$，最优解 $\boldsymbol{w}^o$ 满足以下等式：

$$\left(\sum_{k=1}^{N}\boldsymbol{R}_{u,k}\right)\boldsymbol{w}^o=\sum_{k=1}^{N}\boldsymbol{r}_{du,k} \tag{4-3}$$

式中，$\boldsymbol{r}_{du,k}\triangleq\mathbb{E}[d_k(i)\boldsymbol{u}_{k,i}^*]$，$\boldsymbol{R}_{u,k}\triangleq\mathbb{E}[\boldsymbol{u}_{k,i}^*\boldsymbol{u}_{k,i}]$。为了描述方便，本章假设矩阵 $\boldsymbol{R}_{u,k}$ 是正定矩阵，即：$\boldsymbol{R}_{u,k}>0$。因此，$\boldsymbol{R}_{u,k}$ 是可逆的，则最优解 $\boldsymbol{w}^o$ 满足正规方程[10]：

$$\boldsymbol{w}^o=\left(\sum_{k=1}^{N}\boldsymbol{R}_{u,k}\right)^{-1}\left(\sum_{k=1}^{N}\boldsymbol{r}_{du,k}\right) \tag{4-4}$$

在实际应用中，$\{\boldsymbol{R}_{u,k},\boldsymbol{r}_{du,k}\}$的值不能提前获悉，故不能从正规方程中直接确定最优解 $\boldsymbol{w}^o$。因此，为求解 $\boldsymbol{w}^o$，Lopes 等[6]提出了 CTA(combine-then-adaptive)扩散 LMS 算法，具体如下：

$$\boldsymbol{\phi}_{k,i-1}=\sum_{l\in\mathcal{N}_k}a_{lk}\boldsymbol{w}_{l,i-1} \tag{4-5}$$

$$\boldsymbol{w}_{k,i}=\boldsymbol{\phi}_{k,i-1}+\mu_k\boldsymbol{u}_{k,i}^{*}(d_k(i)-\boldsymbol{u}_{k,i}\boldsymbol{\phi}_{k,i-1}) \tag{4-6}$$

式中，μ_k 为局部步长；$w_{k,i}$ 为节点 k 在时间索引 i 时对参数 w^o 的局部估计值。$\{a_{lk}\}$为非负系数，可看成自由设定的权值参数，且满足以下关系：

$$a_{lk}\geqslant 0,\quad \sum_{l=1}^{N}a_{lk}=1 \tag{4-7}$$

如果 $l\notin\mathcal{N}_k$，则 $a_{lk}=0$。

4.3 算法设计

为了研究量化与随机网络拓扑对扩散 LMS 算法的影响，本节首先建立随机网络拓扑模型与量化模型，再设计基于量化信息与随机网络拓扑的扩散 LMS 算法。

4.3.1 随机网络拓扑模型

为了研究方便，本章考虑的网络拓扑是无向图，即 $a_{lk}(i)=a_{kl}(i)$，其中$\{a_{lk}(i),a_{kl}(i)\}$为时间索引 i 时的系数。为了模拟拓扑的随机性，假设链路是一个随机变量。对任何给定的时间索引 i，假设系数 $a_{kl}(i)$要么以概率 p_{kl} 等于a_{kl}，要么以概率 $q_{kl}=1-p_{kl}$ 等于 0。由于 $a_{kl}=a_{lk}$，故可令 $p_{kl}=p_{lk}$。形式化描述为：

$$[A_i]_{kl}=a_{kl}(i)=\begin{cases}a_{kl}, & p_{kl}\\ 0, & q_{kl}=1-p_{kl}\end{cases} \tag{4-8}$$

式中，$A_i=[a_{kl}(i)]$。

由于网络中存在链路故障的情况，因此假设一个标准网络拓扑 A_0，它包含 N 个节点与 n_l 条边。所以，n_l 条边会产生 2^{n_l} 个不同的子网 A_l，并以概率 p_l 形成子网 A_l，子网 A_l 由无故障链路与故障链路组成。因此拓扑矩阵 A_i 是随机的，引入均值拓扑矩阵$\mathcal{A}$和$\mathcal{B}$，它们的定义如下：

$$\boldsymbol{\mathcal{A}}=\mathbb{E}[\boldsymbol{\mathcal{A}}_i]=\sum_{l=1}^{2^{n_l}}p_l\,\boldsymbol{\mathcal{A}}_l \tag{4-9}$$

$$\boldsymbol{\mathcal{B}}=\mathbb{E}[\boldsymbol{\mathcal{A}}_i\odot\boldsymbol{\mathcal{A}}_i^{*\mathrm{T}}]=\sum_{l=1}^{2^{n_l}}p_l(\boldsymbol{\mathcal{A}}_l\odot\boldsymbol{\mathcal{A}}_l^{*\mathrm{T}}) \tag{4-10}$$

式中，$p_l=\Pr\{\boldsymbol{A}_i=\boldsymbol{A}_l\}$；$\boldsymbol{\mathcal{A}}_i=\boldsymbol{A}_i\otimes\boldsymbol{I}_M$；$\boldsymbol{\mathcal{A}}_l=\boldsymbol{A}_l\otimes\boldsymbol{I}_M$。符号$\otimes$和$\odot$分别表示 Kronecker 积与分块 Kronecker 积。

4.3.2 抖动量化模型

本章假设节点之间的通信信道上使用一个均匀量化器，其量化步长为 Δ。为模拟通信信道，本章引入量化函数 $Q(\cdot):\mathbb{R}\rightarrow\mathcal{Q},\mathcal{Q}=\{k\Delta \mid k\in\mathbb{Z}\}$，换而言之

$$Q(x)=k\Delta,\quad \left(k-\frac{1}{2}\right)\Delta\leqslant x<\left(k+\frac{1}{2}\right)\Delta \tag{4-11}$$

式中，$x\in\mathbb{R}$ 为信道的输入。因此，$Q(x)$可写为

$$Q(x)=x+e(x) \tag{4-12}$$

式中，$e(x)$为量化误差，它满足

$$-\frac{\Delta}{2}\leqslant e(x)<\frac{\Delta}{2} \tag{4-13}$$

由于误差项不是随机的，故不能得到一个合理的解。因此，本章在量化扰乱的随机状态之间引入抖动以随机化节点状态。根据文献[7]，当在量化之前加入抖动，则量化误差序列$\{\epsilon(i)\}_{i\geqslant 0}$的定义如下：

$$\epsilon(i)=Q(x(i)+\delta(i))-(x(i)+\delta(i)) \tag{4-14}$$

式中，$\{x(i)\}_{i\geqslant 0}$和$\{\delta(i)\}_{i\geqslant 0}$为随机序列。此外，序列$\{\delta(i)\}_{i\geqslant 0}$与序列$\{x(i)\}_{i\geqslant 0}$相互独立。如果抖动序列$\{\delta(i)\}_{i\geqslant 0}$满足 Schuchman 条件[11]，则序列$\{\epsilon(i)\}_{i\geqslant 0}$独立同分布，且在$[-\Delta/2,\Delta/2)$服从均匀分布。除此之外，量化误差序列$\{\epsilon(i)\}_{i\geqslant 0}$与输入序列$\{x(i)\}_{i\geqslant 0}$也相互独立[12-13]。

4.3.3　随机网络与抖动量化的扩散策略

本节设计基于随机网络拓扑与抖动量化的扩散 LMS 算法。为此，引入 $M\times 1$ 维的序列向量$\{\boldsymbol{\delta}_{lk,i}\}_{i\geqslant 0,l\in\mathcal{N}_{k,i}\setminus\{k\}}$，向量中的每个元素是独立同分布的随机变量，在$[-\Delta/2,\Delta/2)$服从均匀分布。根据式(4-14)，状态更新式(4-5)和式(4-6)更改为

$$\boldsymbol{\phi}_{k,i-1}=\sum_{l\in\mathcal{N}_{k,i}}a_{lk}(i)\boldsymbol{w}_{l,i-1}+\boldsymbol{v}_{k,i-1}^{(\delta)}+\boldsymbol{v}_{k,i-1}^{(\epsilon)} \tag{4-15}$$

$$\boldsymbol{w}_{k,i}=\boldsymbol{\phi}_{k,i-1}+\mu_k\boldsymbol{u}_{k,i}^{*}(d_k(i)-\boldsymbol{u}_{k,i}\boldsymbol{\phi}_{k,i-1}) \tag{4-16}$$

式中，$\mathcal{N}_{k,i}$表示在时间索引 i 时节点 k 的邻居节点组成的集合，$v_{k,i}^{(\delta)}$ 与 $v_{k,i}^{(\epsilon)}$ 的定义如下：

$$\boldsymbol{v}_{k,i}^{(\delta)}\triangleq\sum_{l\in\mathcal{N}_{k,i}\setminus\{k\}}a_{lk}(i)\boldsymbol{\delta}_{lk,i} \tag{4-17}$$

$$\boldsymbol{v}_{k,i}^{(\epsilon)}\triangleq\sum_{l\in\mathcal{N}_{k,i}\setminus\{k\}}a_{lk}(i)\boldsymbol{\epsilon}_{lk,i} \tag{4-18}$$

根据抖动序列$\{\delta(i)\}_{i\geqslant 0}$与量化误差序列$\{\epsilon(i)\}_{i\geqslant 0}$的性质可知，$v_{k,i}^{(\delta)}$ 与 $v_{k,i}^{(\epsilon)}$ 是均值为 0 的随机向量，且它们的组成元素独立同分布，与 $w_{k,i}$ 独立，协方差矩阵分别为

$$R_{v,k}^{(\delta)}\triangleq\sum_{l\in\mathcal{N}_{k,i}\setminus\{k\}}\mathbb{E}[a_{lk}^2(i)]R_{v,lk}^{(\delta)} \tag{4-19}$$

$$R_{v,k}^{(\epsilon)}\triangleq\sum_{l\in\mathcal{N}_{k,i}\setminus\{k\}}\mathbb{E}[a_{lk}^2(i)]R_{v,lk}^{(\epsilon)} \tag{4-20}$$

式中，$R_{v,lk}^{(\delta)}=\mathbb{E}[\|\delta_{lk,i}\|^2]$，$R_{v,lk}^{(\epsilon)}=\mathbb{E}[\|\epsilon_{lk,i}\|^2]$。

为了便于分析，引入以下量：

$$\boldsymbol{w}_i \triangleq \operatorname{col}\{\boldsymbol{w}_{1,i},\boldsymbol{w}_{2,i},\cdots,\boldsymbol{w}_{N,i}\} \tag{4-21}$$

$$\boldsymbol{\phi}_i \triangleq \operatorname{col}\{\boldsymbol{\phi}_{1,i},\boldsymbol{\phi}_{2,i},\cdots,\boldsymbol{\phi}_{N,i}\} \tag{4-22}$$

$$\boldsymbol{U}_i \triangleq \operatorname{diag}\{\boldsymbol{u}_{1,i},\boldsymbol{u}_{2,i},\cdots,\boldsymbol{u}_{N,i}\} \tag{4-23}$$

$$\boldsymbol{d}_i \triangleq \operatorname{col}\{d_1(i),d_2(i),\cdots,d_N(i)\} \tag{4-24}$$

$$\boldsymbol{\mathcal{M}} \triangleq \operatorname{diag}\{\mu_1\boldsymbol{I}_M,\mu_2\boldsymbol{I}_M,\cdots,\mu_N\boldsymbol{I}_M\} \tag{4-25}$$

$$\boldsymbol{v}_i \triangleq \operatorname{col}\{\boldsymbol{v}_1(i),\boldsymbol{v}_2(i),\cdots,\boldsymbol{v}_N(i)\} \tag{4-26}$$

$$\boldsymbol{v}_i^{(\delta)} \triangleq \operatorname{col}\{\boldsymbol{v}_{1,i}^{(\delta)},\boldsymbol{v}_{2,i}^{(\delta)},\cdots,\boldsymbol{v}_{N,i}^{(\delta)}\} \tag{4-27}$$

$$\boldsymbol{v}_i^{(\epsilon)} \triangleq \operatorname{col}\{\boldsymbol{v}_{1,i}^{(\epsilon)},\boldsymbol{v}_{2,i}^{(\epsilon)},\cdots,\boldsymbol{v}_{N,i}^{(\epsilon)}\} \tag{4-28}$$

$$\boldsymbol{w}^{(o)} \triangleq \operatorname{col}\{\boldsymbol{w}^o,\boldsymbol{w}^o,\cdots,\boldsymbol{w}^o\} \tag{4-29}$$

根据式(4-1)及式(4-23)、式(4-24)、式(4-26)和式(4-29)，可得

$$\boldsymbol{d}_i=\boldsymbol{U}_i\boldsymbol{w}^{(o)}+\boldsymbol{v}_i \tag{4-30}$$

根据式(4-30)，式(4-15)和式(4-16)可写为

$$\boldsymbol{\phi}_{i-1}=\boldsymbol{\mathcal{A}}_i\boldsymbol{w}_{i-1}+\boldsymbol{v}_{i-1}^{(\delta)}+\boldsymbol{v}_{i-1}^{(\epsilon)} \tag{4-31}$$

$$\boldsymbol{w}_i=\boldsymbol{\phi}_{i-1}+\boldsymbol{\mathcal{M}}\boldsymbol{U}_i^*(\boldsymbol{d}_i-\boldsymbol{U}_i\boldsymbol{\phi}_{i-1}) \tag{4-32}$$

式(4-31)和式(4-32)还可写成一个更紧凑的形式，即

$$\begin{aligned}\boldsymbol{w}_i=&\boldsymbol{\mathcal{A}}_i\boldsymbol{w}_{i-1}+\boldsymbol{v}_{i-1}^{(\delta)}+\boldsymbol{v}_{i-1}^{(\epsilon)}+\\&\boldsymbol{\mathcal{M}}\boldsymbol{U}_i^*(\boldsymbol{d}_i-\boldsymbol{U}_i\boldsymbol{\mathcal{A}}_i\boldsymbol{w}_{i-1}-\boldsymbol{U}_i\boldsymbol{v}_{i-1}^{(\delta)}-\boldsymbol{U}_i\boldsymbol{v}_{i-1}^{(\epsilon)})\end{aligned} \tag{4-33}$$

因此，式(4-33)为节点状态的更新式。

4.4 均方收敛分析

众所周知，研究单个自适应滤波器的性能是一项具有挑战性的工作。但是，网络中每个节点都能影响其他节点的行为。因此，分析算法的性能比分析单个自适应滤波更复杂。为了分析算法的性能，引入误差向量 $\tilde{\boldsymbol{w}}_i$，其定义如下：

$$\tilde{\boldsymbol{w}}_i\triangleq\boldsymbol{w}^{(o)}-\boldsymbol{w}_i \tag{4-34}$$

值得注意的是，$\boldsymbol{A}_i\boldsymbol{w}^{(o)}=\boldsymbol{w}^{(o)}$。因此，对式(4-33)的两边同时减去 $\boldsymbol{w}^{(o)}$，并由式(4-30)，可得

$$\begin{aligned}\tilde{\boldsymbol{w}}_i=&\boldsymbol{\mathcal{A}}_i\tilde{\boldsymbol{w}}_{i-1}-\boldsymbol{v}_{i-1}^{(\delta)}-\boldsymbol{v}_{i-1}^{(\epsilon)}-\boldsymbol{\mathcal{M}}\boldsymbol{U}_i^*(\boldsymbol{U}_i\boldsymbol{\mathcal{A}}_i\tilde{\boldsymbol{w}}_{i-1}+\boldsymbol{v}_i-\boldsymbol{U}_i\boldsymbol{v}_{i-1}^{(\delta)}-\boldsymbol{U}_i\boldsymbol{v}_{i-1}^{(\epsilon)})\\=&(\boldsymbol{I}_{NM}-\boldsymbol{\mathcal{M}}\boldsymbol{U}_i^*\boldsymbol{U}_i)\boldsymbol{\mathcal{A}}_i\tilde{\boldsymbol{w}}_{i-1}-\boldsymbol{\mathcal{M}}\boldsymbol{U}_i^*\boldsymbol{v}_i+\boldsymbol{\mathcal{M}}\boldsymbol{U}_i^*\boldsymbol{U}_i\boldsymbol{v}_{i-1}^{(\delta)}+\\&\boldsymbol{\mathcal{M}}\boldsymbol{U}_i^*\boldsymbol{U}_i\boldsymbol{v}_{i-1}^{(\epsilon)}-\boldsymbol{v}_{i-1}^{(\delta)}-\boldsymbol{v}_{i-1}^{(\epsilon)}\end{aligned} \tag{4-35}$$

假设回归数据 $\{\boldsymbol{u}_{k,i}\}$ 在空间上和时间上是独立的随机变量，则对式(4-35)两边

同时取期望,有

$$\begin{aligned}\mathbb{E}[\tilde{\boldsymbol{w}}_i]&=(\boldsymbol{I}_{NM}-\mathbb{E}[\boldsymbol{\mathcal{M}}\boldsymbol{U}_i^*\boldsymbol{U}_i])\cdot\mathbb{E}[\boldsymbol{\mathcal{A}}_i]\cdot\mathbb{E}[\tilde{\boldsymbol{w}}_{i-1}]\\&=(\boldsymbol{I}_{NM}-\boldsymbol{\mathcal{M}}\boldsymbol{\mathcal{R}}_u)\boldsymbol{\mathcal{A}}\cdot\mathbb{E}[\tilde{\boldsymbol{w}}_{i-1}]\end{aligned}\tag{4-36}$$

式中,$\mathcal{R}_u=\operatorname{diag}\{\boldsymbol{R}_{u,1},\boldsymbol{R}_{u,2},\cdots,\boldsymbol{R}_{u,N}\}$为分块对角矩阵;$\boldsymbol{\mathcal{R}}_{u,k}=\mathbb{E}[\boldsymbol{u}_{k,i}^*\boldsymbol{u}_{k,i}]$。因此,由式(4-36)可以看出,误差向量的均值与均值拓扑矩阵$\boldsymbol{\mathcal{A}}$以及分块对角矩阵$\boldsymbol{\mathcal{R}}_u$有关。

定理 4.1 如果数据模型式(4-30)成立。假设回归数据$\{\boldsymbol{u}_{k,i}\}$在时间和空间上独立。如果对任意的$k=1,2,\cdots,N$,参数$\{\mu_k\}$满足条件$0<\mu_k<\frac{2}{\lambda_{\max}(\boldsymbol{R}_{u,k})}$,其中$\lambda_{\max}(\boldsymbol{R}_{u,k})$表示埃尔米特矩阵$\boldsymbol{R}_{u,k}$的最大特征值,则所有估计值$\{\boldsymbol{w}_{k,i}\}$以均值收敛到最优解$\boldsymbol{w}^o$。

定理 4.1 证明:根据式(4-36),当且仅当矩阵$(\boldsymbol{I}_{NM}-\boldsymbol{\mathcal{M}}\boldsymbol{\mathcal{R}}_u)\boldsymbol{\mathcal{A}}$是一个稳定矩阵误差向量的期望收敛到零。如果矩阵$\boldsymbol{I}_{NM}-\boldsymbol{\mathcal{M}}\boldsymbol{\mathcal{R}}_u$是稳定的,则矩阵$(\boldsymbol{I}_{NM}-\boldsymbol{\mathcal{M}}\boldsymbol{\mathcal{R}}_u)\mathcal{A}$也是稳定的。而矩阵$\boldsymbol{I}_{NM}-\boldsymbol{\mathcal{M}}\boldsymbol{\mathcal{R}}_u$是稳定的条件为当且仅当步长$\{\mu_k\}$满足以下条件:对所有的$k=1,2,\cdots,N$,

$$\rho(\boldsymbol{I}_{NM}-\boldsymbol{\mathcal{M}}\boldsymbol{\mathcal{R}}_u)<1\tag{4-37}$$

式中,$\rho(\boldsymbol{I}_{NM}-\boldsymbol{\mathcal{M}}\boldsymbol{\mathcal{R}}_u)$为矩阵$\boldsymbol{I}_{NM}-\boldsymbol{\mathcal{M}}\boldsymbol{\mathcal{R}}_u$的谱半径。因此,有

$$\rho(\boldsymbol{I}_{NM}-\boldsymbol{\mathcal{M}}\boldsymbol{\mathcal{R}}_u)=\max_{1\leqslant k\leqslant N}\rho(\boldsymbol{I}_M-\mu_k\boldsymbol{R}_{u,k})<1\tag{4-38}$$

或

$$|1-\lambda_{\max}(\mu_k\boldsymbol{R}_{u,k})|=|1-\mu_k\lambda_{\max}(\boldsymbol{R}_{u,k})|<1\tag{4-39}$$

因此,矩阵$\boldsymbol{I}_{NM}-\mathcal{M}\mathcal{R}_u$是稳定的当且仅当步长$\mu_k$满足

$$0<\mu_k<\frac{2}{\lambda_{\max}(\boldsymbol{R}_{u,k})}\tag{4-40}$$

所以,当$i\to\infty$时,则

$$\mathbb{E}[\tilde{\boldsymbol{w}}_i]\to 0\tag{4-41}$$

即,$i\to\infty$时,

$$\mathbb{E}[\boldsymbol{w}_{k,i}]\to\boldsymbol{w}^o\tag{4-42}$$

4.5 稳态性能分析

为了分析算法的稳态性能,需得到误差向量$\tilde{\boldsymbol{w}}_i$的方差关系。由式(4-35),可得

$$\begin{aligned}\mathbb{E}[\|\tilde{\boldsymbol{w}}_i\|_{\boldsymbol{\Sigma}}^2]=&\mathbb{E}[\|\tilde{\boldsymbol{w}}_{i-1}\|_{\boldsymbol{\Sigma}'}^2]+\mathbb{E}[\boldsymbol{v}_i^*\boldsymbol{U}_i\boldsymbol{\mathcal{M}}\boldsymbol{\Sigma}\boldsymbol{\mathcal{M}}\boldsymbol{U}_i^*\boldsymbol{v}_i]+\\&\mathbb{E}[\|\boldsymbol{v}_{i-1}^{(\delta)}\|_{\boldsymbol{\Sigma}''}^2]+\mathbb{E}[\|\boldsymbol{v}_{i-1}^{(\epsilon)}\|_{\boldsymbol{\Sigma}''}^2]+\\&2\Re(\mathbb{E}[(\boldsymbol{v}_{i-1}^{(\epsilon)})^*\boldsymbol{\Sigma}\boldsymbol{v}_{i-1}^{(\delta)}])-\end{aligned}$$

$$2\Re(\mathbb{E}[(\boldsymbol{v}_{i-1}^{(\epsilon)})^* \boldsymbol{U}_i^* \boldsymbol{U}_i \boldsymbol{\mathcal{M}}\boldsymbol{\Sigma} \boldsymbol{v}_{i-1}^{(\delta)}]) -$$
$$2\Re(\mathbb{E}[(\boldsymbol{v}_{i-1}^{(\epsilon)})^* \boldsymbol{\Sigma} \boldsymbol{\mathcal{M}}\boldsymbol{U}_i^* \boldsymbol{U}_i \boldsymbol{v}_{i-1}^{(\delta)}]) +$$
$$2\Re(\mathbb{E}[(\boldsymbol{v}_{i-1}^{(\epsilon)})^* \boldsymbol{U}_i^* \boldsymbol{U}_i \boldsymbol{\mathcal{M}}\boldsymbol{\Sigma} \boldsymbol{\mathcal{M}}\boldsymbol{U}_i^* \boldsymbol{U}_i \boldsymbol{v}_{i-1}^{(\delta)}]) \tag{4-43}$$

式中，$\Re(\cdot)$表示取实部操作；$\boldsymbol{\Sigma}$ 为任意的 $NM \times NM$ 埃尔米特正定矩阵。对任意列向量 $\boldsymbol{x}$，$\|\boldsymbol{x}\|_{\Sigma}^2 = \boldsymbol{x}^* \boldsymbol{\Sigma} \boldsymbol{x}$，且

$$\boldsymbol{\Sigma}' = \mathbb{E}[\boldsymbol{\mathcal{A}}_i^* \boldsymbol{\Sigma} \boldsymbol{\mathcal{A}}_i] - \mathbb{E}[\boldsymbol{\mathcal{A}}_i^* \boldsymbol{U}_i^* \boldsymbol{U}_i \boldsymbol{\mathcal{M}}\boldsymbol{\Sigma} \boldsymbol{\mathcal{A}}_i] - \mathbb{E}[\boldsymbol{\mathcal{A}}_i^* \boldsymbol{\Sigma} \boldsymbol{\mathcal{M}}\boldsymbol{U}_i^* \boldsymbol{U}_i \boldsymbol{\mathcal{A}}_i] +$$
$$\mathbb{E}[\boldsymbol{\mathcal{A}}_i^* \boldsymbol{U}_i^* \boldsymbol{U}_i \boldsymbol{\mathcal{M}}\boldsymbol{\Sigma} \boldsymbol{\mathcal{M}}\boldsymbol{U}_i^* \boldsymbol{U}_i \boldsymbol{\mathcal{A}}_i] \tag{4-44}$$

$$\boldsymbol{\Sigma}'' = \boldsymbol{\Sigma} - \mathbb{E}[\boldsymbol{U}_i^* \boldsymbol{U}_i] \boldsymbol{\mathcal{M}}\boldsymbol{\Sigma} - \boldsymbol{\Sigma} \boldsymbol{\mathcal{M}}\mathbb{E}[\boldsymbol{U}_i^* \boldsymbol{U}_i] +$$
$$\mathbb{E}[\boldsymbol{U}_i^* \boldsymbol{U}_i \boldsymbol{\mathcal{M}}\boldsymbol{\Sigma} \boldsymbol{\mathcal{M}}\boldsymbol{U}_i^* \boldsymbol{U}_i] \tag{4-45}$$

但是，方差关系的闭合解析式很难得到，因此本章考虑的回归数据由均值为零的循环高斯信源产生。

为了利用方差关系评估每个节点的网络均方性能，需计算二阶矩阵。因为对任意分布的数据，式(4-44)和式(4-45)中最后一项的闭合解析式很难计算，因此假设回归数据服从均值为零的循环高斯分布。定义以下变换量：

$$\bar{\boldsymbol{w}}_i = \boldsymbol{T}^* \tilde{\boldsymbol{w}}_i, \bar{\boldsymbol{U}}_i = \boldsymbol{U}_i \boldsymbol{T}, \bar{\boldsymbol{\Sigma}} = \boldsymbol{T}^* \boldsymbol{\Sigma} \boldsymbol{T}, \bar{\boldsymbol{\Sigma}}' = \boldsymbol{T}^* \boldsymbol{\Sigma}' \boldsymbol{T}, \quad \bar{\boldsymbol{\Sigma}}'' = \boldsymbol{T}^* \boldsymbol{\Sigma}'' \boldsymbol{T}, \quad \bar{\boldsymbol{\mathcal{A}}}_i = \boldsymbol{T}^* \boldsymbol{\mathcal{A}}_i \boldsymbol{T}$$

$$\bar{\boldsymbol{v}}_i^{(\delta)} = \boldsymbol{T}^* \boldsymbol{v}_i^{(\delta)}, \bar{\boldsymbol{v}}_i^{(\epsilon)} = \boldsymbol{T}^* \boldsymbol{v}_i^{(\epsilon)}, \bar{\boldsymbol{\mathcal{M}}} = \boldsymbol{T}^* \mathcal{M} \boldsymbol{T} = \boldsymbol{\mathcal{M}}$$

其中，引入了特征分解$\boldsymbol{\mathcal{R}}_u = \boldsymbol{T}^* \boldsymbol{\Lambda} \boldsymbol{T}$，$\boldsymbol{T}$ 是酉矩阵，$\boldsymbol{\Lambda} = \mathrm{diag}\{\Lambda_1, \Lambda_2, \cdots, \Lambda_N\}$是对角矩阵，且 $\Lambda_k > 0$。由式(4-25)可知$\bar{\boldsymbol{\mathcal{M}}} = \boldsymbol{M}$。因此，式(4-43)、式(4-44)和式(4-45)转变为

$$\mathbb{E}\left[\|\bar{\boldsymbol{w}}_i\|_{\bar{\boldsymbol{\Sigma}}}^2\right] = \mathbb{E}[\|\bar{\boldsymbol{w}}_{i-1}\|_{\bar{\boldsymbol{\Sigma}}'}^2] + \mathbb{E}[\boldsymbol{v}_i^* \bar{\boldsymbol{U}}_i \boldsymbol{\mathcal{M}}\bar{\boldsymbol{\Sigma}}\boldsymbol{\mathcal{M}}\bar{\boldsymbol{U}}_i^* \boldsymbol{v}_i] +$$
$$\mathbb{E}[\|\bar{\boldsymbol{v}}_{i-1}^{(\delta)}\|_{\bar{\boldsymbol{\Sigma}}''}^2] + \mathbb{E}[\|\bar{\boldsymbol{v}}_{i-1}^{(\epsilon)}\|_{\bar{\boldsymbol{\Sigma}}''}^2] +$$
$$2\Re(\mathbb{E}[(\bar{\boldsymbol{v}}_{i-1}^{(\epsilon)})^* \bar{\boldsymbol{\Sigma}} \bar{\boldsymbol{v}}_{i-1}^{(\delta)}]) -$$
$$2\Re(\mathbb{E}[(\bar{\boldsymbol{v}}_{i-1}^{(\epsilon)})^* \bar{\boldsymbol{U}}_i^* \bar{\boldsymbol{U}}_i \boldsymbol{\mathcal{M}}\bar{\boldsymbol{\Sigma}} \bar{\boldsymbol{v}}_{i-1}^{(\delta)}]) -$$
$$2\Re(\mathbb{E}[(\bar{\boldsymbol{v}}_{i-1}^{(\epsilon)})^* \bar{\boldsymbol{\Sigma}}\boldsymbol{\mathcal{M}}\bar{\boldsymbol{U}}_i^* \bar{\boldsymbol{U}}_i \bar{\boldsymbol{v}}_{i-1}^{(\delta)}]) +$$
$$2\Re(\mathbb{E}[(\bar{\boldsymbol{v}}_{i-1}^{(\epsilon)})^* \bar{\boldsymbol{U}}_i^* \bar{\boldsymbol{U}}_i \boldsymbol{\mathcal{M}}\bar{\boldsymbol{\Sigma}}\boldsymbol{\mathcal{M}}\bar{\boldsymbol{U}}_i^* \bar{\boldsymbol{U}}_i \bar{\boldsymbol{v}}_{i-1}^{(\delta)}]) \tag{4-46}$$

$$\bar{\boldsymbol{\Sigma}}' = \mathbb{E}[\bar{\boldsymbol{\mathcal{A}}}_i^* \bar{\boldsymbol{\Sigma}} \bar{\boldsymbol{\mathcal{A}}}_i] - \mathbb{E}[\bar{\boldsymbol{\mathcal{A}}}_i^* \bar{\boldsymbol{U}}_i^* \bar{\boldsymbol{U}}_i \boldsymbol{\mathcal{M}}\bar{\boldsymbol{\Sigma}} \bar{\boldsymbol{\mathcal{A}}}_i] - \mathbb{E}[\bar{\boldsymbol{\mathcal{A}}}_i^* \bar{\boldsymbol{\Sigma}}\boldsymbol{\mathcal{M}}\bar{\boldsymbol{U}}_i^* \bar{\boldsymbol{U}}_i \bar{\boldsymbol{\mathcal{A}}}_i] +$$
$$\mathbb{E}[\bar{\boldsymbol{\mathcal{A}}}_i^* \bar{\boldsymbol{U}}_i^* \bar{\boldsymbol{U}}_i \boldsymbol{\mathcal{M}}\bar{\boldsymbol{\Sigma}}\boldsymbol{\mathcal{M}}\bar{\boldsymbol{U}}_i^* \bar{\boldsymbol{U}}_i \bar{\boldsymbol{\mathcal{A}}}_i] \tag{4-47}$$

$$\bar{\boldsymbol{\Sigma}}'' = \bar{\boldsymbol{\Sigma}} - \mathbb{E}[\bar{\boldsymbol{U}}_i^* \bar{\boldsymbol{U}}_i] \boldsymbol{\mathcal{M}}\bar{\boldsymbol{\Sigma}} - \bar{\boldsymbol{\Sigma}}\boldsymbol{\mathcal{M}}\mathbb{E}[\bar{\boldsymbol{U}}_i^* \bar{\boldsymbol{U}}_i] +$$
$$\mathbb{E}[\bar{\boldsymbol{U}}_i^* \bar{\boldsymbol{U}}_i \boldsymbol{\mathcal{M}}\bar{\boldsymbol{\Sigma}}\boldsymbol{\mathcal{M}}\bar{\boldsymbol{U}}_i^* \bar{\boldsymbol{U}}_i] \tag{4-48}$$

对于高斯数据信源,式(4-46)可写为以下递归关系:

$$\begin{aligned}\mathbb{E}[\|\bar{w}_i\|^2_{\bar{\sigma}}] &= \mathbb{E}[\|\bar{w}_{i-1}\|^2_{\bar{F}\bar{\sigma}}]+\mathbb{E}[\|\bar{\boldsymbol{v}}^{(\delta)}_{i-1}\|^2_{\boldsymbol{\kappa}\bar{\boldsymbol{\sigma}}}]+\\ &\quad \mathbb{E}[\|\bar{\boldsymbol{v}}^{(\epsilon)}_{i-1}\|^2_{\boldsymbol{\kappa}\bar{\boldsymbol{\sigma}}}]+\boldsymbol{b}^{\mathrm{T}}\bar{\boldsymbol{\sigma}}+2\Re\{\mathrm{bvec}\{(\bar{\boldsymbol{R}}^{(\delta\epsilon)}_{v,k})^{\mathrm{T}}\}^{\mathrm{T}}\boldsymbol{\kappa}\bar{\boldsymbol{\sigma}}\}\\ &=\mathbb{E}[\|\bar{w}_{i-1}\|^2_{\bar{F}\bar{\sigma}}]+\boldsymbol{h}\bar{\boldsymbol{\sigma}}\end{aligned} \tag{4-49}$$

式中,

$$\bar{\boldsymbol{F}}=\bar{\boldsymbol{\mathcal{B}}}\boldsymbol{\kappa} \tag{4-50}$$

$$\boldsymbol{\kappa}=\boldsymbol{I}_{N^2M^2}-(\boldsymbol{\Lambda\mathcal{M}}\odot\boldsymbol{I}_{NM})-(\boldsymbol{I}_{NM}\odot\boldsymbol{\Lambda\mathcal{M}})+(\boldsymbol{\mathcal{M}}\odot\boldsymbol{\mathcal{M}})\boldsymbol{\mathcal{G}} \tag{4-51}$$

$$\begin{aligned}h &=\{\mathbb{E}[\|\bar{\boldsymbol{v}}^{(\delta)}_{i-1}\|^2_{\boldsymbol{\kappa}\bar{\boldsymbol{\sigma}}}]+\mathbb{E}[\|\bar{\boldsymbol{v}}^{(\epsilon)}_{i-1}\|^2_{\boldsymbol{\kappa}\bar{\boldsymbol{\sigma}}}]\}/\bar{\boldsymbol{\sigma}}+\boldsymbol{b}^{\mathrm{T}}+\\ &\quad 2\Re\{\mathrm{bvec}\{(\bar{\boldsymbol{R}}^{(\delta\epsilon)}_{v,k})^{\mathrm{T}}\}^{\mathrm{T}}\boldsymbol{\kappa}\}\end{aligned} \tag{4-52}$$

在式(4-49)中,用向量 $\boldsymbol{\sigma}$ 代替了矩阵 $\boldsymbol{\Sigma}$ 。式(4-49)的推导过程如下:

令$\boldsymbol{\sigma}=\mathrm{bvec}\{\boldsymbol{\Sigma}\}$,其中 bvec{·}表示分块向量算子。对任意矩阵$\{\boldsymbol{U},\boldsymbol{\Sigma},\boldsymbol{W}\}$,有

$$\mathrm{bvec}\{\boldsymbol{U\Sigma W}\}=(\boldsymbol{W}^{\mathrm{T}}\odot\boldsymbol{U})\boldsymbol{\sigma} \tag{4-53}$$

$$\mathrm{tr}(\boldsymbol{\Sigma W})=[\mathrm{bvec}\{\boldsymbol{W}^{\mathrm{T}}\}]^{\mathrm{T}}\boldsymbol{\sigma} \tag{4-54}$$

根据 $\bar{\boldsymbol{U}}_i$ 和 $\bar{\boldsymbol{\Sigma}}$ 的定义,有

$$\mathbb{E}[\bar{\boldsymbol{U}}_i^*\bar{\boldsymbol{U}}_i]=\Lambda$$

$$\bar{\boldsymbol{\sigma}}=\mathrm{bvec}\{\bar{\boldsymbol{\Sigma}}\}$$

由式(4-53),可得

$$\mathrm{bvec}\{\mathbb{E}[\bar{\boldsymbol{\mathcal{A}}}_i^*\bar{\boldsymbol{\Sigma}}\bar{\boldsymbol{\mathcal{A}}}_i]\}=\mathbb{E}[\bar{\boldsymbol{\mathcal{A}}}_i\odot\bar{\boldsymbol{\mathcal{A}}}_i^{*\mathrm{T}}]\bar{\boldsymbol{\sigma}}=\bar{\boldsymbol{\mathcal{B}}}\bar{\boldsymbol{\sigma}} \tag{4-55}$$

$$\begin{aligned}\mathrm{bvec}\{\mathbb{E}[\bar{\boldsymbol{\mathcal{A}}}_i^*\bar{\boldsymbol{U}}_i^*\bar{\boldsymbol{U}}_i\boldsymbol{\mathcal{M}}\bar{\boldsymbol{\Sigma}}\bar{\boldsymbol{\mathcal{A}}}_i]\} &=\mathrm{bvec}\{\mathbb{E}[\bar{\boldsymbol{\mathcal{A}}}_i^*\boldsymbol{\Lambda\mathcal{M}}\bar{\boldsymbol{\Sigma}}\bar{\boldsymbol{\mathcal{A}}}_i]\}\\ &=\mathbb{E}[\bar{\boldsymbol{\mathcal{A}}}_i\odot\bar{\boldsymbol{\mathcal{A}}}_i^{*\mathrm{T}}]\mathrm{bvec}\{\boldsymbol{\Lambda\mathcal{M}}\bar{\boldsymbol{\Sigma}}\}\\ &=\mathbb{E}[\bar{\boldsymbol{\mathcal{A}}}_i\odot\bar{\boldsymbol{\mathcal{A}}}_i^{*\mathrm{T}}]\mathrm{bvec}\{\boldsymbol{\Lambda\mathcal{M}}\bar{\boldsymbol{\Sigma}}\boldsymbol{I}_{NM}\}\\ &=\mathbb{E}[\bar{\boldsymbol{\mathcal{A}}}_i\odot\bar{\boldsymbol{\mathcal{A}}}_i^{*\mathrm{T}}](\boldsymbol{I}_{NM}\odot\boldsymbol{\Lambda\mathcal{M}})\bar{\boldsymbol{\sigma}}\\ &=\bar{\boldsymbol{\mathcal{B}}}(\boldsymbol{I}_{NM}\odot\boldsymbol{\Lambda\mathcal{M}})\bar{\boldsymbol{\sigma}}\end{aligned} \tag{4-56}$$

和

$$\begin{aligned}\mathrm{bvec}\{\mathbb{E}[\bar{\boldsymbol{\mathcal{A}}}_i^*\bar{\boldsymbol{\Sigma}}\boldsymbol{\mathcal{M}}\bar{\boldsymbol{U}}_i^*\bar{\boldsymbol{U}}_i\bar{\boldsymbol{\mathcal{A}}}_i]&=\mathbb{E}[\bar{\boldsymbol{\mathcal{A}}}_i\odot\bar{\boldsymbol{\mathcal{A}}}_i^{*\mathrm{T}}](\boldsymbol{\Lambda\mathcal{M}}\odot\boldsymbol{I}_{NM})\bar{\boldsymbol{\sigma}}\\ &=\bar{\boldsymbol{\mathcal{B}}}(\boldsymbol{\Lambda\mathcal{M}}\odot\boldsymbol{I}_{NM})\bar{\boldsymbol{\sigma}}\end{aligned} \tag{4-57}$$

式(4-47)中的最后一项可向量化为[6]

$$\begin{aligned}&\mathrm{bvec}\{\mathbb{E}[\bar{\boldsymbol{\mathcal{A}}}_i^*\bar{\boldsymbol{U}}_i^*\bar{\boldsymbol{U}}_i\boldsymbol{\mathcal{M}}\bar{\boldsymbol{\Sigma}}\boldsymbol{\mathcal{M}}\bar{\boldsymbol{U}}_i^*\bar{\boldsymbol{U}}_i\bar{\boldsymbol{\mathcal{A}}}_i]\}\\ &=\mathbb{E}[\bar{\boldsymbol{\mathcal{A}}}_i\odot\bar{\boldsymbol{\mathcal{A}}}_i^{*\mathrm{T}}](\boldsymbol{\mathcal{M}}\odot\boldsymbol{\mathcal{M}})\mathrm{bvec}\{\mathbb{E}[\bar{\boldsymbol{U}}_i^*\bar{\boldsymbol{U}}_i\bar{\boldsymbol{\Sigma}}\bar{\boldsymbol{U}}_i^*\bar{\boldsymbol{U}}_i]\}\\ &=\bar{\boldsymbol{\mathcal{B}}}(\boldsymbol{\mathcal{M}}\odot\boldsymbol{\mathcal{M}})\mathrm{bvec}\{\boldsymbol{G}\}\end{aligned} \tag{4-58}$$

式中，$\boldsymbol{G}\triangleq\mathbb{E}[\bar{\boldsymbol{U}}_i^*\bar{\boldsymbol{U}}_i\bar{\boldsymbol{\Sigma}}\bar{\boldsymbol{U}}_i^*\bar{\boldsymbol{U}}_i]$；$\bar{\boldsymbol{\mathcal{B}}}=\mathbb{E}[\bar{\boldsymbol{\mathcal{A}}}_i\odot\bar{\boldsymbol{\mathcal{A}}}_i^{*\mathrm{T}}]$。因此有 $\mathrm{bvec}\{\boldsymbol{G}\}=\boldsymbol{\mathcal{G}}\bar{\boldsymbol{\sigma}}$，其中$\boldsymbol{\mathcal{G}}$的定义为

$$\boldsymbol{\mathcal{G}}=\mathrm{diag}\{\boldsymbol{\mathcal{G}}_1,\boldsymbol{\mathcal{G}}_2,\cdots,\boldsymbol{\mathcal{G}}_N\}$$

$$\boldsymbol{\mathcal{G}}_i=\mathrm{diag}\{\boldsymbol{\Lambda}_1\otimes\boldsymbol{\Lambda}_i,\cdots,\lambda_i\lambda_i^{\mathrm{T}}+\gamma\boldsymbol{\Lambda}_i\otimes\boldsymbol{\Lambda}_i,\cdots,\boldsymbol{\Lambda}_N\otimes\boldsymbol{\Lambda}_i\}$$

$$\lambda_i=\mathrm{bvec}\{\boldsymbol{\Lambda}_i\},\quad \boldsymbol{\Lambda}_v=\mathrm{diag}\,\{\sigma_{v,1}^2,\sigma_{v,2}^2,\cdots,\sigma_{v,N}^2\}$$

其中，γ 为常数(对实数，$\gamma=2$；对复数，$\gamma=1$)。而且还有

$$\begin{aligned}\mathrm{bvec}\{\mathbb{E}[\bar{\boldsymbol{U}}_i^*\bar{\boldsymbol{U}}_i]\boldsymbol{\mathcal{M}}\bar{\boldsymbol{\Sigma}}\}&=\mathrm{bvec}\{\boldsymbol{\Lambda}\boldsymbol{\mathcal{M}}\bar{\boldsymbol{\Sigma}}\}=\mathrm{bvec}\{\boldsymbol{\mathcal{M}}\boldsymbol{\mathcal{M}}\bar{\boldsymbol{\Sigma}}\boldsymbol{I}_{NM}\}\\&=(\boldsymbol{I}_{NM}\odot\boldsymbol{\Lambda}\boldsymbol{\mathcal{M}})\bar{\boldsymbol{\sigma}}\end{aligned}\tag{4-59}$$

$$\begin{aligned}\mathrm{bvec}\{\bar{\boldsymbol{\Sigma}}\boldsymbol{\mathcal{M}}\mathbb{E}[\bar{\boldsymbol{U}}_i^*\bar{\boldsymbol{U}}_i]\}&=\mathrm{bvec}\,\{\bar{\boldsymbol{\Sigma}}\boldsymbol{\mathcal{M}}\boldsymbol{\Lambda}\}=\mathrm{bvec}\{\boldsymbol{I}_{NM}\bar{\boldsymbol{\Sigma}}\boldsymbol{\mathcal{M}}\boldsymbol{\Lambda}\}\\&=(\boldsymbol{\Lambda}\boldsymbol{\mathcal{M}}\odot\boldsymbol{I}_{NM})\bar{\boldsymbol{\sigma}}\end{aligned}\tag{4-60}$$

$$\begin{aligned}\mathrm{bvec}\{\mathbb{E}[\bar{\boldsymbol{U}}_i^*\bar{\boldsymbol{U}}_i\boldsymbol{\mathcal{M}}\bar{\boldsymbol{\Sigma}}\boldsymbol{\mathcal{M}}\bar{\boldsymbol{U}}_i^*\bar{\boldsymbol{U}}_i]\}&=\mathrm{bvec}\{\boldsymbol{\mathcal{M}}\mathbb{E}[\bar{\boldsymbol{U}}_i^*\bar{\boldsymbol{U}}_i\bar{\boldsymbol{\Sigma}}\bar{\boldsymbol{U}}_i^*\bar{\boldsymbol{U}}_i]\boldsymbol{\mathcal{M}}\}\\&=(\boldsymbol{\mathcal{M}}\odot\boldsymbol{\mathcal{M}})\mathrm{bvec}\{\mathbb{E}[\bar{\boldsymbol{U}}_i^*\bar{\boldsymbol{U}}_i\bar{\boldsymbol{\Sigma}}\bar{\boldsymbol{U}}_i^*\bar{\boldsymbol{U}}_i]\}\\&=(\boldsymbol{\mathcal{M}}\odot\boldsymbol{\mathcal{M}})\mathrm{bvec}\{\boldsymbol{G}\}\\&=(\boldsymbol{\mathcal{M}}\odot\boldsymbol{\mathcal{M}})\boldsymbol{\mathcal{G}}\bar{\boldsymbol{\sigma}}\end{aligned}\tag{4-61}$$

$$\begin{aligned}\mathbb{E}[(\bar{\boldsymbol{v}}_{i-1}^{(\epsilon)})^*\bar{\boldsymbol{\Sigma}}\bar{\boldsymbol{v}}_{i-1}^{(\delta)}]&=\mathbb{E}[(\bar{\boldsymbol{\Sigma}}\boldsymbol{v}_{i-1}^{(\epsilon)})^*\bar{\boldsymbol{v}}_{i-1}^{(\delta)}]=\mathrm{Tr}\,(\mathbb{E}[\bar{\boldsymbol{v}}_{i-1}^{(\delta)}(\bar{\boldsymbol{\Sigma}}\bar{\boldsymbol{v}}_{i-1}^{(\epsilon)})^*])\\&=\mathrm{Tr}(\mathbb{E}[\bar{\boldsymbol{v}}_{i-1}^{(\delta)}(\bar{\boldsymbol{v}}_{i-1}^{(\epsilon)})^*]\bar{\boldsymbol{\Sigma}})=\mathrm{bvec}\{\mathbb{E}[\bar{\boldsymbol{v}}_{i-1}^{(\delta)}(\bar{\boldsymbol{v}}_{i-1}^{(\epsilon)})^*]^{\mathrm{T}}\}^{\mathrm{T}}\bar{\boldsymbol{\sigma}}\\&=\mathrm{bvec}\{(\bar{\boldsymbol{R}}_{v,k}^{(\delta\epsilon)})^{\mathrm{T}}\}^{\mathrm{T}}\bar{\boldsymbol{\sigma}}\end{aligned}\tag{4-62}$$

式中，$\bar{\boldsymbol{R}}_{v,k}^{(\delta\epsilon)}=\mathbb{E}[\bar{\boldsymbol{v}}_{i-1}^{(\delta)}(\bar{\boldsymbol{v}}_{i-1}^{(\epsilon)})^*]$。另外，有

$$\begin{aligned}\mathbb{E}[(\bar{\boldsymbol{v}}_{i-1}^{(\epsilon)})^*\bar{\boldsymbol{U}}_i^*\bar{\boldsymbol{U}}_i\boldsymbol{\mathcal{M}}\bar{\boldsymbol{\Sigma}}\bar{\boldsymbol{v}}_{i-1}^{(\delta)}]&=\mathrm{tr}(\mathbb{E}[\bar{\boldsymbol{v}}_{i-1}^{(\delta)}(\bar{\boldsymbol{v}}_{i-1}^{(\epsilon)})^*\bar{\boldsymbol{U}}_i^*\bar{\boldsymbol{U}}_i\boldsymbol{\mathcal{M}}\bar{\boldsymbol{\Sigma}}])\\&=\mathrm{tr}(\mathbb{E}[\bar{\boldsymbol{v}}_{i-1}^{(\delta)}(\bar{\boldsymbol{v}}_{i-1}^{(\epsilon)})^*]\mathbb{E}[\bar{\boldsymbol{U}}_i^*\bar{\boldsymbol{U}}_i]\boldsymbol{\mathcal{M}}\bar{\boldsymbol{\Sigma}})\\&=\mathrm{tr}(\bar{\boldsymbol{R}}_{v,k}^{(\delta\epsilon)}\boldsymbol{\Lambda}\boldsymbol{\mathcal{M}}\bar{\boldsymbol{\Sigma}})\\&=\mathrm{bvec}\{(\bar{\boldsymbol{R}}_{v,k}^{(\delta\epsilon)})^{\mathrm{T}}\}^{\mathrm{T}}\mathrm{bvec}\{\boldsymbol{\Lambda}\boldsymbol{\mathcal{M}}\bar{\boldsymbol{\Sigma}}\}\\&=\mathrm{bvec}\{(\bar{\boldsymbol{R}}_{v,k}^{(\delta\epsilon)})^{\mathrm{T}}\}^{\mathrm{T}}\mathrm{bvec}\{\boldsymbol{\Lambda}\boldsymbol{\mathcal{M}}\bar{\boldsymbol{\Sigma}}\boldsymbol{I}_{NM}\}\\&=\mathrm{bvec}\{(\bar{\boldsymbol{R}}_{v,k}^{(\delta\epsilon)})^{\mathrm{T}}\}^{\mathrm{T}}(\boldsymbol{I}_{NM}\odot\boldsymbol{\Lambda}\boldsymbol{\mathcal{M}})\bar{\boldsymbol{\sigma}}\end{aligned}\tag{4-63}$$

$$\begin{aligned}\mathbb{E}[(\bar{\boldsymbol{v}}_{i-1}^{(\epsilon)})^*\bar{\boldsymbol{\Sigma}}\boldsymbol{\mathcal{M}}\bar{\boldsymbol{U}}_i^*\bar{\boldsymbol{U}}_i\bar{\boldsymbol{v}}_{i-1}^{(\delta)}]&=\mathrm{tr}(\mathbb{E}[\bar{\boldsymbol{v}}_{i-1}^{(\delta)}(\bar{\boldsymbol{v}}_{i-1}^{(\epsilon)})^*]\bar{\boldsymbol{\Sigma}}\boldsymbol{\mathcal{M}}\mathbb{E}[\bar{\boldsymbol{U}}_i^*\bar{\boldsymbol{U}}_i])\\&=\mathrm{tr}(\bar{\boldsymbol{R}}_{v,k}^{(\delta\epsilon)}\bar{\boldsymbol{\Sigma}}\boldsymbol{\mathcal{M}}\boldsymbol{\Lambda})\\&=\mathrm{bvec}\{(\bar{\boldsymbol{R}}_{v,k}^{(\delta\epsilon)})^{\mathrm{T}}\}^{\mathrm{T}}\mathrm{bvec}\{\bar{\boldsymbol{\Sigma}}\boldsymbol{\Lambda}\boldsymbol{\mathcal{M}}\}\\&=\mathrm{bvec}\{(\bar{\boldsymbol{R}}_{v,k}^{(\delta\epsilon)})^{\mathrm{T}}\}^{\mathrm{T}}\mathrm{bvec}\{\boldsymbol{I}_{NM}\bar{\boldsymbol{\Sigma}}\boldsymbol{\Lambda}\boldsymbol{\mathcal{M}}\}\\&=\mathrm{bvec}\{(\bar{\boldsymbol{R}}_{v,k}^{(\delta\epsilon)})^{\mathrm{T}}\}^{\mathrm{T}}(\boldsymbol{\Lambda}\boldsymbol{\mathcal{M}}\odot\boldsymbol{I}_{NM})\bar{\boldsymbol{\sigma}}\end{aligned}\tag{4-64}$$

$$\begin{aligned}
&\mathbb{E}[(\bar{\boldsymbol{v}}_{i-1}^{(\epsilon)})^* \bar{\boldsymbol{U}}_i^* \bar{\boldsymbol{U}}_i \boldsymbol{\mathcal{M}\Sigma\mathcal{M}} \bar{\boldsymbol{U}}_i^* \bar{\boldsymbol{U}}_i \bar{\boldsymbol{v}}_{i-1}^{(\delta)}] \\
&= \operatorname{tr}(\mathbb{E}[\bar{\boldsymbol{v}}_{i-1}^{(\delta)} (\bar{\boldsymbol{v}}_{i-1}^{(\epsilon)})^*] \mathbb{E}[\bar{\boldsymbol{U}}_i^* \bar{\boldsymbol{U}}_i \boldsymbol{\mathcal{M}\Sigma\mathcal{M}} \bar{\boldsymbol{U}}_i^* \bar{\boldsymbol{U}}_i]) \\
&= \operatorname{tr}(\bar{\boldsymbol{R}}_{v,k}^{(\delta\epsilon)} \mathbb{E}[\bar{\boldsymbol{U}}_i^* \bar{\boldsymbol{U}}_i \boldsymbol{\mathcal{M}\Sigma} \boldsymbol{\mathcal{M}} \bar{\boldsymbol{U}}_i^* \bar{\boldsymbol{U}}_i]) \\
&= \operatorname{bvec}\{(\bar{\boldsymbol{R}}_{v,k}^{(\delta\epsilon)})^{\mathrm{T}}\}^{\mathrm{T}} \operatorname{bvec}\{\mathbb{E}[\bar{\boldsymbol{U}}_i^* \bar{\boldsymbol{U}}_i \boldsymbol{\mathcal{M}\Sigma\mathcal{M}} \bar{\boldsymbol{U}}_i^* \bar{\boldsymbol{U}}_i]\} \\
&= \operatorname{bvec}\{(\bar{\boldsymbol{R}}_{v,k}^{(\delta\epsilon)})^{\mathrm{T}}\}^{\mathrm{T}} (\boldsymbol{\mathcal{M}} \odot \boldsymbol{\mathcal{M}}) \boldsymbol{\mathcal{G}} \bar{\boldsymbol{\sigma}}
\end{aligned} \tag{4-65}$$

因此,根据文献[6],有

$$\mathbb{E}[\boldsymbol{v}_i^* \bar{\boldsymbol{U}}_i \boldsymbol{\mathcal{M}} \bar{\boldsymbol{\Sigma}} \boldsymbol{\mathcal{M}} \bar{\boldsymbol{U}}_i^* \boldsymbol{v}_i] = \boldsymbol{b}^{\mathrm{T}} \bar{\boldsymbol{\sigma}} \tag{4-66}$$

式中,$\boldsymbol{b} = \operatorname{bvec}\{\boldsymbol{\mathcal{R}}_v \boldsymbol{\mathcal{M}}^2 \boldsymbol{\Lambda}\}$,$\boldsymbol{\mathcal{R}}_v = \boldsymbol{\Lambda}_v \odot \boldsymbol{I}_M$,$\boldsymbol{\Lambda}_v$ 为正定对角矩阵。

综上,可得式(4-49)。

下面分析算法的稳态性能。引入稳态量 MSD 与 EMSE,它们的定义为:

$$\text{MSD}: \eta = \lim_{i \to \infty} \frac{1}{N} \mathbb{E}[\|\bar{\boldsymbol{w}}_i\|^2] \tag{4-67}$$

$$\text{EMSE}: \zeta = \lim_{i \to \infty} \frac{1}{N} \mathbb{E}[\|\bar{\boldsymbol{w}}_i\|_{\boldsymbol{\Lambda}}^2] \tag{4-68}$$

由于接收到的数据是量化过的数据,因此相比文献[6]中的式(68),增加了 $\mathbb{E}[\|\bar{\boldsymbol{v}}_{i-1}^{(\delta)}\|_{\boldsymbol{\kappa}\bar{\boldsymbol{\sigma}}}^2]$、$\mathbb{E}[\|\bar{\boldsymbol{v}}_{i-1}^{(\epsilon)}\|_{\boldsymbol{\kappa}\bar{\boldsymbol{\sigma}}}^2]$和 $2\Re\{\operatorname{bvec}\{(\bar{\boldsymbol{R}}_{v,k}^{(\delta\epsilon)})^{\mathrm{T}}\}^{\mathrm{T}} \boldsymbol{\kappa}\bar{\boldsymbol{\sigma}}\}$项。因此,可得全局的 MSD 与 EMSE:

$$\text{MSD}: \eta = \frac{1}{N} \boldsymbol{h} (\boldsymbol{I} - \bar{\boldsymbol{F}})^{-1} \boldsymbol{q} \tag{4-69}$$

$$\text{EMSE}: \zeta = \frac{1}{N} \boldsymbol{h} (\boldsymbol{I} - \bar{\boldsymbol{F}})^{-1} \boldsymbol{\lambda} \tag{4-70}$$

式中,$\boldsymbol{q} = \operatorname{bvec}\{\boldsymbol{I}_{NM}\}$;$\boldsymbol{\lambda} = \operatorname{bvec}\{\boldsymbol{\Lambda}\}$。

为了分析单个节点的稳态性能,引入以下量:

$$\boldsymbol{J}_{q,k} = \operatorname{diag}\{0_{(k-1)M}, \boldsymbol{I}_M, 0_{(N-k)M}\} \tag{4-71}$$

$$\boldsymbol{J}_{\lambda,k} = \operatorname{diag}\{0_{(k-1)M}, \boldsymbol{\Lambda}_k, 0_{(N-k)M}\} \tag{4-72}$$

式中,0_L 为 $L \times L$ 矩阵。因此,局部 MSD 与 EMSE 度量单个节点的稳态性能形式为

$$\text{MSD}: \eta_k = \frac{1}{N} \boldsymbol{h} (I - \bar{\boldsymbol{F}})^{-1} \operatorname{bvec}\{\boldsymbol{J}_{q,k}\} \tag{4-73}$$

$$\text{EMSE}: \zeta_k = \frac{1}{N} \boldsymbol{h} (\boldsymbol{I} - \bar{\boldsymbol{F}})^{-1} \operatorname{bvec}\{\boldsymbol{J}_{\lambda,k}\} \tag{4-74}$$

4.6 仿真结果

本节将通过 MATLAB 仿真实验验证理论结果。考虑一个由 8 个节点组成的无线传感网络,网络拓扑如图 4-1 所示。

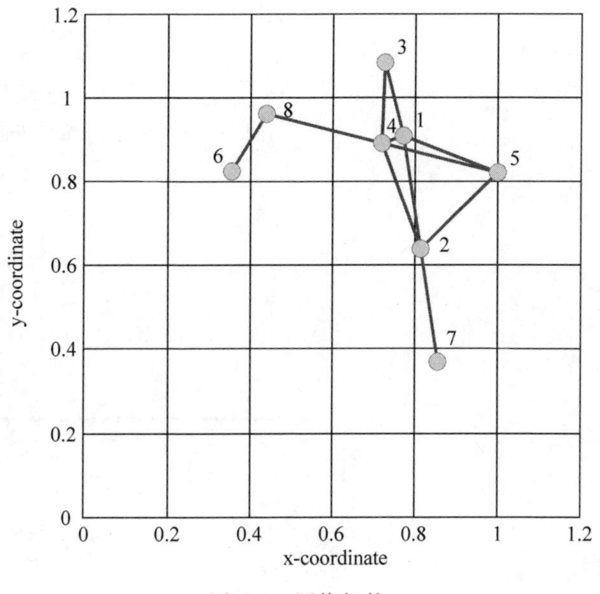

图 4-1 网络拓扑

在仿真实验中，设置 $M=5$，$\boldsymbol{w}^o=[1\quad 1\quad 1\quad 1\quad 1]^{\mathrm{T}}/\sqrt{M}$，$\mu_k=\mu=0.01$，$k=1,2,\cdots,8$。同时假设回归数据由高斯 1-Markov 信源产生，并将该信源协方差矩阵的最大特征值设置为 5，最小特征值设置为 1。由回归数据的产生方式可知，回归向量的均值为 0，回归向量在仿真实验中的统计特征如图 4-2 所示。

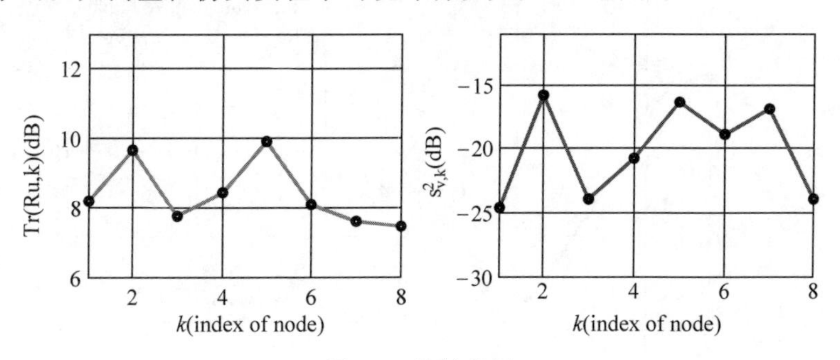

图 4-2 统计特征

所提算法的全局 MSD 和 EMSE 的曲线如图 4-3 与图 4-4 所示。在实验中，全局 MSD 与 EMSE 可通过平均多次实验中所有节点上的$\mathbb{E}[\|\tilde{\boldsymbol{w}}_{k,i}\|^2]$值得到。由图 4-3 和图 4-4 可以看出，量化与随机网络拓扑等因素降低了扩散 LMS 算法的性能，而且量化是扩散 LMS 算法性能退化的一个主要因素。

另外，所提算法的局部 MSD 和 EMSE 曲线如图 4-5 与图 4-6 所示。从图 4-5 和图 4-6 可以看出，仿真实验结果很好地验证了理论分析结果的正确性。

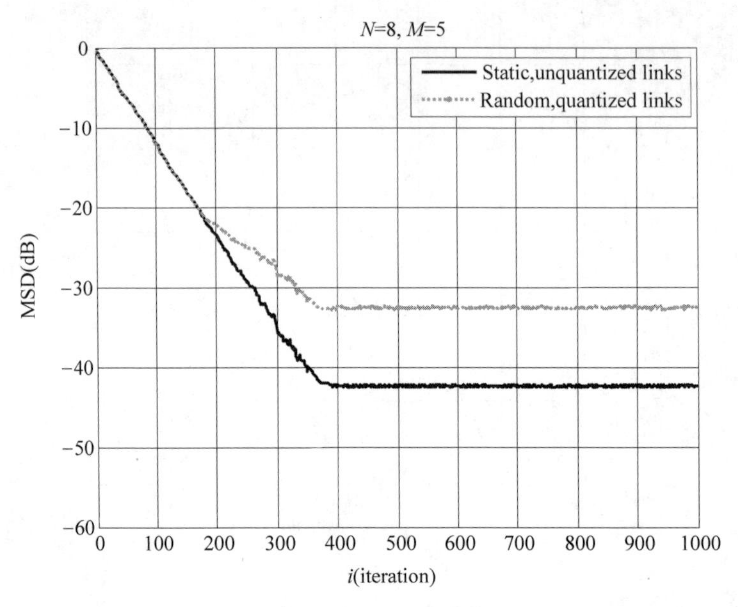

图 4-3　全局 MSD 曲线

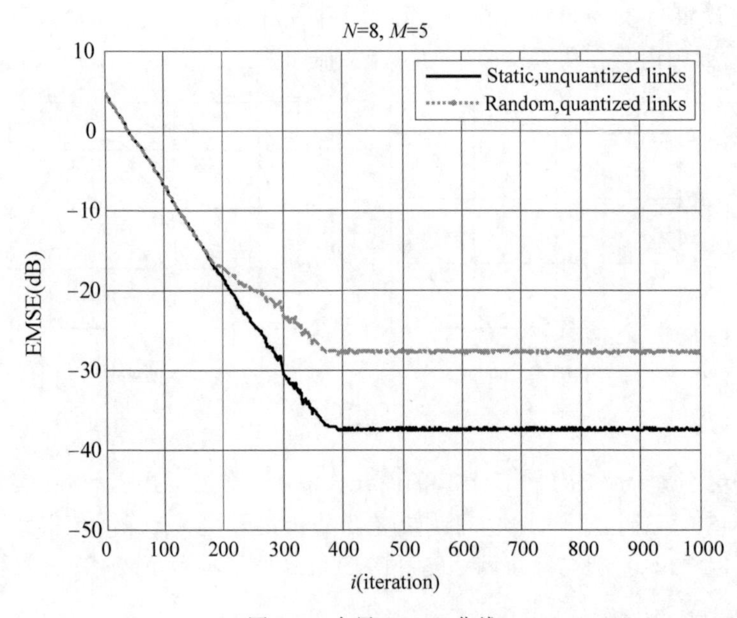

图 4-4　全局 EMSE 曲线

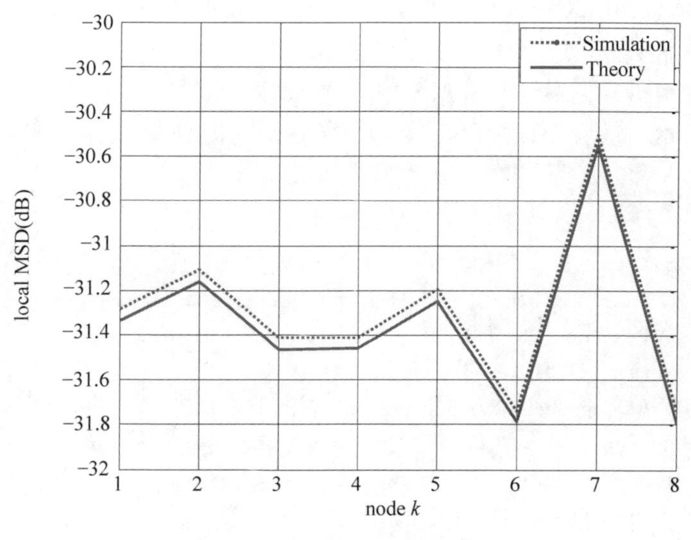

图 4-5 局部 MSD 曲线

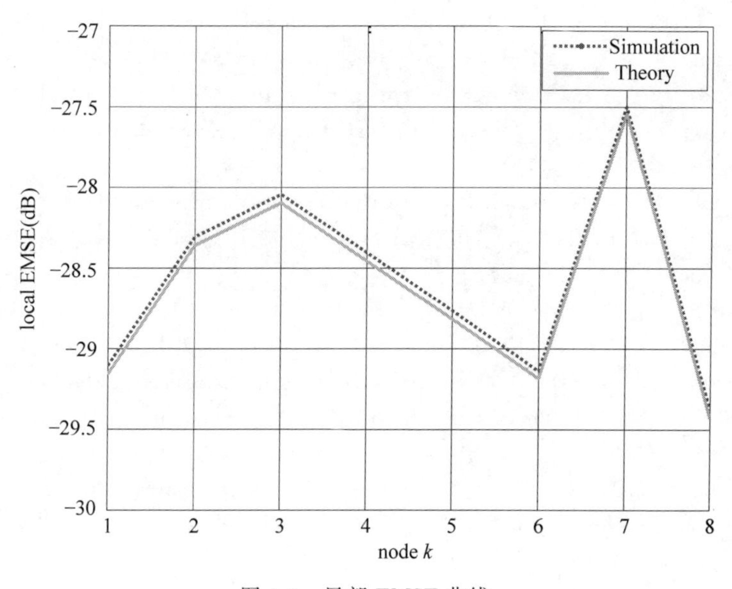

图 4-6 局部 EMSE 曲线

4.7 本章小结

本章研究了无线传感网中的分布式参数估计问题。由于在无线传感网络中，功率与带宽是受限的，不能传输高精度数据，因此，在传输数据之前需要先对数据进行量化。所以，本章使用抖动量化模型对数据进行量化。此外，由于网络拓扑是随机变化的，故采用随机网络拓扑模型。基于量化信息与随机网络拓扑，研究了扩散 LMS 算法。为了分析算法的性能，建立了方差关系，并利用方差关系推导出 MSD 与 EMSE 的闭合解析式。通过分析 MSD 和 EMSE 可知，量化是影响扩散 LMS 算法性能一个主要因素。最后，通过仿真实验验证了理论分析结果。

参考文献

[1] Sayed A H, Tu S Y, Chen J, et al. Diffusion strategies for adaptation and learning over networks: An examination of distributed strategies and network behavior[J]. IEEE Signal Processing Magazine, 2013, 30(3): 155-171.

[2] Sayed A H. Adaptive networks[J]. Proceedings of the IEEE, 2014, 102(4): 460-497.

[3] Megalooikonomou V, Yesha Y. Quantizer design for distributed estimation with communication constraints and unknown observation statistics[J]. IEEE Transactions on Communications, 2000, 48(2): 181-184.

[4] Li J, Alregib G. Distributed estimation in energy-constrained wireless sensor networks[J]. IEEE Transactions on Signal Processing, 2009, 57(10): 3746-3758.

[5] Aysal T C, Coates M J, Rabbat M G. Distributed average consensus with dithered quantization[J]. IEEE Transactions on Signal Processing, 2008, 56(10): 4905-4918.

[6] Lopes C G, Sayed A H. Diffusion least-mean squares over adaptive networks: Formulation and performance analysis[J]. IEEE Transactions on Signal Processing, 2008, 56(7): 3122-3136.

[7] Kar S, Moura J M F. Distributed consensus algorithms in sensor networks: Quantized data and random link failures[J]. IEEE Transactions on Signal Processing, 2010, 58(3): 1383-1400.

[8] Li D, Kar S, Alsaadi F E, et al. Distributed Kalman filtering with quantized sensing state[J]. IEEE Transactions on Signal Processing, 2015, 63(19): 5180-5193.

[9] Tu S Y, Sayed A H. Diffusion strategies outperform consensus strategies for distributed estimation over adaptive networks[J]. IEEE Transactions on Signal Processing, 2012, 60(12): 6217-6234.

[10] Sayed A H. Fundamentals of Adaptive Filtering[M]. New York: Wiley, 2003.

[11] Schuchman L. Dither signals and their effect on quantization noise[J]. IEEE Transactions on Communication Technology, 1964, 12(4): 162-165.

[12] Gray R M, Stockham T G J. Dithered quantizers[J]. IEEE Transactions on Information Theory, 1993, 39(3): 805-812.

[13] Sripad A, Snyder D. A necessary and sufficient condition for quantization errors to be uniform and white[J]. IEEE Transactions on Acoustics Speech and Signal Processing, 1977, 25(5): 442-448.

第5章

分布式随机次梯度在线优化算法

本章考虑分布式在线优化问题,每个智能体的局部代价函数是动态变化的,只能事后获悉各自的代价函数信息,而不能获悉其他智能体的局部代价函数信息。为求解此类在线优化问题,本章提出一种分布式随机次梯度在线优化算法。此外,本章考虑的网络化多智能体系统是时变有向的,由于有向网络导致权矩阵的不对称性,所以可利用权平衡方法解决。通过选择适当的学习速率,理论分析了所提算法的性能:当局部代价函数是强凸函数时,所提算法能达到对数 Regret 界;当局部代价函数是凸函数时,所提算法能达到平方根的 Regret 界。

5.1　引言

近年来,分布式算法可用来解决很多应用中遇到的问题,因此分布式优化受到了广泛关注,例如:传感网中的分布式追踪与估计问题[1-4]、机器学习中的大规模分布式学习问题[5-7]、多智能体的协调问题[8]、有线和无线网络中的资源分配问题[9-10]等。这些应用的目标是以分布式、协作的方式求解优化问题,而且没有任何的中心协调。除此之外,网络中的智能体只知道自己的隐私信息,而不知道其他智能体的隐私信息。

目前,有很多工作[11-14]集中在分布式优化算法的设计上。在这些工作中,网络中的智能体之间能够交互信息,但没有考虑在线优化情形,而有些分布式优化的实际场景是动态变化的。例如:在无线传感网络中的在线预测与估计问题中,由于存在干扰和噪声,每个传感器上的观察是随时间变化的。因此,分布式优化算法需处理优化问题的动态方面,即:局部代价函数可能随时间的变化而改变,故这类问题可视为在线优化问题,分配给每个智能体的代价函数是随时间改变的,而且这种变化要事后才能获悉。这与分布式优化有着本质的不同。在线分布式优化中,为了度量算法的性能，Regret 界是一个标准的度量，其定义为通过算法所产生的代价与通过事后最优的决策所产生的代价之差。假如一个在线优化算法的 Regret 界是次线性的，则称该算法是优良的算法。

目前，多智能体网络的分布式在线优化算法尚处于初步研究阶段。当网络拓扑是无向图时，Raginsky 等[15]提出了一种去中心化的在线算法，所有智能体的连接拓扑形成一条链，该算法可达到平方根的 Regret 界 $O(\sqrt{T})$，其中，T 为时间范围。在强连接图中，Yan 等[16]基于次梯度下降算法提出一种分布式自治在线学习算法，并且得到了以下 Regret 界：当局部代价函数是强凸函数时，算法可达到对数的 Regret 界$O(\log T)$；当局部代价函数是一般的凸函数时，算法可达到平方根的 Regret 界 $O(\sqrt{T})$。Hosseini 等[17]提出了一种分布式在线对偶平均算法，其网络拓扑是一类无向图，并得到了平方根的 Regret 界 $O(\sqrt{T})$。Mateos-Núñez 等[18]提出了一种分布式在线凸优化算法，其网络拓扑是一个有向图，他们分析了算法的 Regret 界：当代价函数是一般凸函数时，算法可达到的 Regret 界为 $O(\sqrt{T})$；当代价函数是强凸函数时，算法可达到的 Regret 界为 $O(\log T)$。在固定的无向图上，Nedić 等[19]提出了一种分布式原始-对偶算法，通过选择适当的步长，算法可达到平方根的 Regret 界 $O(\sqrt{T})$。但是以上算法假设网络拓扑要么是固定的，要么是无向的。

然而，时变的网络拓扑更适合实际应用。因为在移动网络中，每个智能体是移动的。此外，在很多应用中，网络拓扑可能是有向的。例如：在无线传感网络中，智能体可能以不同功率进行广播，而且它们的干扰和噪声模式是时变的，因此，导致在两个方向上的通信能力不一样。所以，本章考虑网络拓扑是时变有向的。由 Hendrickx 与 Tsitsiklis 得到的结果[20]可知，每个节点必须知道其出度信息，因此，本章假设节点能获悉自己的出度信息。在实际应用中，出度信息可通过双向的交互“Hello”信息获得。

与本章比较相近的工作是 Akbari 等提出的算法[21]，该算法联合考虑了 Push-Sum 与次梯度下降算法。但是，当代价函数是强凸函数时，该算法只能达到的 Regret 界为 $O((\log T)^2)$。相比此工作，本章基于权平衡技术，提出一种随机次梯度在线优化算法。为度量所提算法的性能，使用期望 Regret 界作为标准度量。此外，还分析了所提算法的性能：当代价函数是强凸函数时，所提算法可到达对数的 Regret 界 $O(\log T)$；当代价函数是一般凸函数时，所提算法可达到平方根的 Regret 界 $O(\sqrt{T})$。相比 Akbari 等的工作，本章所得到的分析结果与目前分布式在线算法最快的 Regret 界一致。

本章首先设计一种分布式随机次梯度在线优化算法，随后对算法进行理论分析。分析结果表明所提算法是一种优良的在线算法，即：所提算法的 Regret 界是次线性的，对于局部代价函数是强凸函数的情形，可达到的 Regret 界为 $O(\log T)$；对于局部代价函数是凸函数的情形，可达到的 Regret 界为 $O(\sqrt{T})$。最后本章将所提算法应用到传感网中的分布式在线预测与估计问题之中。

5.2　问题描述与算法设计

本章将网络化多智能体系统建模为一个时变有向图$\mathcal{G}(t)=(\mathcal{V},\mathcal{E}(t))$，其中，$\mathcal{V}=\{1,2,\cdots,n\}$表示所有智能体的集合；$\mathcal{E}(t)\subset\mathcal{V}\times\mathcal{V}$表示时刻$t$的有向边集合。$(i,j)\in\mathcal{E}(t)$表示在时刻$t$节点$i$可向节点$j$发送信息。假如两个节点可直接交互信息，则两个节点互为邻居。用$\mathcal{N}_i^{\text{out}}(t)=\{j\in\mathcal{V}\mid(i,j)\in\mathcal{E}(t)\}$表示节点$i$在时刻$t$的出节点集合，$\mathcal{N}_i^{\text{in}}(t)=\{j\in\mathcal{V}\mid(j,i)\in\mathcal{E}(t)\}$表示在时刻$t$节点$i$的入节点集合。$d_i^{\text{out}}(t)=|\mathcal{N}_i^{\text{out}}(t))|$表示节点$i$在时刻$t$的出度，$d_i^{\text{in}}(t)=|\mathcal{N}_i^{\text{in}}(t)|$表示节点$i$在时刻$t$的入度。

5.2.1　问题描述

本节首先引入在线凸优化问题。假设有一个代价函数序列$\{f^1,f^2,\cdots,f^T\}$，其中，对每个时刻$t\in\{1,2,\cdots,T\}$，$f^t:\mathbb{R}^d\mapsto\mathbb{R}$是凸函数，$T$为时间范围。在每个时刻$t\in\{1,2,\cdots,T\}$，一个决策者选择一个行动$\boldsymbol{x}(t)\in\mathbb{R}^d$并将其融入到决策后，此时获得一个代价函数$f^t:\mathbb{R}^d\mapsto\mathbb{R}$，而且决策者面临的损失为$f^t(\boldsymbol{x}(t))$。因为决策者在做决策之前不能提前知道代价函数，故决策可能不是最优决策，因此，决策者会为当初的决策感到Regret。Regret的定义为随时间累积的代价与做最优决策招致的代价之差，它的形式为

$$\mathcal{R}(T)\triangleq\sum_{t=1}^{T}f^t(\boldsymbol{x}(t))-\sum_{t=1}^{T}f^t(\boldsymbol{x}^*)\tag{5-1}$$

式中，$\boldsymbol{x}^*\in\arg\min\limits_{x\in\mathbb{R}^d}\sum_{t=1}^{T}f^t(\boldsymbol{x})$。在本章中，假设最优解集合是非空的。为求解在线最优问题，需设计一个策略以达到一个次线性的Regret界，即：$\lim\limits_{T\to\infty}\dfrac{\mathcal{R}(T)}{T}=0$，保证平均Regret随着时间的延长趋近于0。

下面介绍分布式在线优化问题。一个由n个节点组成的网络，节点之间可相互交互信息。在时刻$t\in\{1,2,\cdots,T\}$，节点$i\in\{1,2,\cdots,n\}$选择它的估计值$\boldsymbol{x}_i(t)\in\mathbb{R}^d$。在选择了估计值之后，节点$i$获得一个代价函数$f_i^t:\mathbb{R}^d\mapsto\mathbb{R}$，此时节点$i$招致的损失为$f_i^t(\boldsymbol{x}_i(t))$。因此，对应的优化问题为

$$\min_{x\in\mathbb{R}^d}F(\boldsymbol{x})\triangleq\sum_{t=1}^{T}\sum_{i=1}^{n}f_i^t(\boldsymbol{x})\tag{5-2}$$

为求解优化问题式(5-2)，需设计一个分布式在线算法，每个节点基于它自己对整个网络的选择猜测自己的估计值。因为任意节点不能提前知道自己在对应时刻的代价函数，故节点的决策可能不是最好的决策。因此，每个节点都可能后悔当初做的决

策。节点 $j\in\{1,2,\cdots,n\}$ 的 Regret 定义为

$$\mathcal{R}_j(T)\triangleq\sum_{t=1}^{T}\sum_{i=1}^{n}f_i^t(\boldsymbol{x}_j(t))-\sum_{t=1}^{T}\sum_{i=1}^{n}f_i^t(\boldsymbol{x}^*)\tag{5-3}$$

式中，$\boldsymbol{x}^*\in\arg\min\limits_{\boldsymbol{x}\in\mathbb{R}^d}\sum_{t=1}^{T}\sum_{i=1}^{n}f_i^t(\boldsymbol{x})$。

因为本章考虑的情形是：每个节点只能获悉自己的噪声次梯度信息，而不能知道自己的精确次梯度信息。由于噪声次梯度是一个随机变量，因此序列 $\{f_1^t,f_2^t,\cdots,f_n^t\}$、$\{\boldsymbol{x}(t)\}$ 以及其他变量也是随机变量。所以，需修改相应的 Regret 函数为期望 Regret 函数，其定义为

$$\bar{\mathcal{R}}(T)\triangleq\mathbb{E}\left[\sum_{t=1}^{T}\sum_{i=1}^{n}f_i^t(\boldsymbol{x}_i(t))\right]-\mathbb{E}\left[\sum_{t=1}^{T}\sum_{i=1}^{n}f_i^t(\boldsymbol{x}^*)\right]\tag{5-4}$$

以及

$$\bar{\mathcal{R}}_j(T)\triangleq\mathbb{E}\left[\sum_{t=1}^{T}\sum_{i=1}^{n}f_i^t(\boldsymbol{x}_j(t))\right]-\mathbb{E}\left[\sum_{t=1}^{T}\sum_{i=1}^{n}f_i^t(\boldsymbol{x}^*)\right]\tag{5-5}$$

因此，本章的目的是设计一种分布式随机次梯度在线算法以求解问题式(5-2)。节点通过执行该算法，期望 Regret 函数是次线性的。

5.2.2　算法设计

由于本章考虑的网络拓扑是时变有向的，故权矩阵不是双随机矩阵。为了解决这个问题，与第 2 章一样，采用权平衡技术，其具体定义可参见定义 2.1。为了在时变有向网络上求解优化问题式(5-2)，本章结合权平衡技术与随机次梯度下降算法，提出一种分布式随机次梯度算法。假设节点 $i\in\{1,2,\cdots,n\}$ 在 $t\in\{1,2,\cdots,T\}$ 时刻的估计值为 $\boldsymbol{x}_i(t)\in\mathbb{R}^d$，则 $\boldsymbol{x}_i(t)$ 的更新规则如下：

$$\boldsymbol{x}_i(t+1)=(1-w_i(t)d_i^{\text{out}}(t))\boldsymbol{x}_i(t)+\sum_{j\in\mathcal{N}_i^{\text{in}}(t)}w_j(t)\boldsymbol{x}_j(t)-\alpha(t)\boldsymbol{g}_i(t)\tag{5-6}$$

式中，$\alpha(t)$ 为正学习速率；$\boldsymbol{g}_i(t)$ 为 $\boldsymbol{g}_i^t(\boldsymbol{x}_i(t))$ 的缩写形式，为函数 $f_i^t(\boldsymbol{x})$ 在 $\boldsymbol{x}=\boldsymbol{x}_i(t)$ 处的噪声次梯度。在每个时刻 t，每个节点 i 将自己的估计值与其邻居的估计值进行线性融合，沿着噪声次梯度的负方向进行迭代更新。此外，节点可通过简单的广播通信执行该算法。

在算法式(5-6)中，$w_i(t)$ 表示节点 i 在时刻 t 的一个标量权值，其更新如下：

$$w_i(t+1)=\frac{1}{2}w_i(t)+\frac{1}{d_i^{\text{out}}(t)}\sum_{j\in\mathcal{N}_i^{\text{in}}(t)}\frac{1}{2}w_j(t)\tag{5-7}$$

为了分析式(5-6)的性能，首先给出一些标准假设。

假设 5.1　假设时变有向图 $\mathcal{G}(t)$ 在每个时刻 t 是强连接的，即：对于所有 $\boldsymbol{x}$、$\boldsymbol{y}\in\mathcal{V}$，在时刻 t 存在一条节点 i 到节点 j 的通路。

假设 5.1 确保了任意节点 i 在时刻 t 可接收其他节点 j 的信息。

此外，代价函数 f_i^t 的噪声次梯度 $\boldsymbol{g}_i^t(\boldsymbol{x}_i(t))$ 具有以下形式：

$$\boldsymbol{g}_i^t(\boldsymbol{x}_i(t)) = \nabla f_i^t(\boldsymbol{x}_i(t)) + \epsilon_i(t) \tag{5-8}$$

式中，$\nabla f_i^t(\boldsymbol{x}_i(t))$ 表示函数 $f_i^t(\boldsymbol{x})$ 在 $\boldsymbol{x}=\boldsymbol{x}_i(t)$ 处的次梯度；$\epsilon_i(t)\in\mathbb{R}^d$ 为节点 i 在时刻 t 的一个随机次梯度误差。

下面给出关于局部代价函数序列的相关假设。

假设 5.2　$\{f_1^t, f_2^t, \cdots, f_n^t\}_{t=1}^T$ 为局部代价函数序列。假设对所有的 $\boldsymbol{x}\in\mathbb{R}^d$ 与 $i\in\mathcal{V}$，函数 $f_i^t(\boldsymbol{x})$ 的次梯度 $\nabla f_i^t(\boldsymbol{x})$ 是 L_i 有界的，即：对所有的 $i\in\mathcal{V}$ 与 $\boldsymbol{x}\in\mathbb{R}^d$，$\|\nabla f_i^t(\boldsymbol{x})\|\leqslant L_i$。

令 $\mathcal{F}_t$ 表示式(5-6)所产生的全部历史信息。因此，关于随机次梯度误差的假设如下。

假设 5.3　对任意的节点 $i=1,2,\cdots,n$，假设随机次梯度误差 $\epsilon_i(t)$ 是一个随机变量，其均值为 0，即：$\mathbb{E}[\boldsymbol{\epsilon}_i(t) \mid \mathcal{F}_{t-1}]=\boldsymbol{0}$。同时假设 $\epsilon_i(t)$ 相互独立。此外，假设噪声范数 $\|\boldsymbol{\epsilon}_i(t)\|$ 是一致有界的，即：$\mathbb{E}[\|\boldsymbol{\epsilon}_i(t)\| \mid \mathcal{F}_{t-1}]\leqslant\nu_i$，其中，$\nu_i$ 是正常数。

5.3　主要结果

本节首先给出当代价函数是强凸函数时，所提算法的期望 Regret 界。

定理 5.1　如果假设 5.1～假设 5.3 成立。假设序列 $\{f_1^t, f_2^t, \cdots, f_n^t\}_{t=1}^T$ 是凸函数，且 $f_i^t: \mathbb{R}^d \mapsto \mathbb{R}$。此外，假设最优解集是非空的。同时，令 $\bigcup_{t=1}^T\bigcup_{i=1}^n \operatorname{argmin} f_i^t \subseteq \bar{\mathcal{B}}(0, C_{\mathcal{X}})$，其中，$C_{\mathcal{X}}$ 为正实数且与 T 无关。假设 $\{f_1^t, f_2^t, \cdots, f_n^t\}_{t=1}^T$ 在 $\bar{\mathcal{B}}\left(0, K\left(\frac{pC_{\mathcal{X}}}{2L}\right)\right)$ 上是 p-强凸函数，其中，$L=\sum_{i=1}^n L_i$。估计值序列 $\{\boldsymbol{x}_i(t)\}$ 由式(5-6)生成。如果对任何的 $\tilde{p}\in(0,p]$ 和 $t\geqslant1$，学习速率定义为 $\alpha(t)=\frac{1}{\tilde{p}(t+1)}$，则期望网络 Regret 界为

$$\bar{\mathcal{R}}(T)\leqslant\kappa_1+\kappa_2(1+\log T) \tag{5-9}$$

式中，

$$\kappa_1=\frac{n}{\alpha(1)}\|\bar{\boldsymbol{x}}(1)-\boldsymbol{x}^*\|^2+\frac{5LC\lambda}{1-\lambda}\sum_{j=1}^n\|\boldsymbol{x}_j(0)\|_1 \tag{5-10}$$

$$\kappa_2=\frac{5LC\sqrt{d}}{\tilde{p}(1-\lambda)}\sum_{i=1}^n(L_i+\nu_i)+\frac{1}{\tilde{p}}\sum_{i=1}^n(L_i+\nu_i)^2 \tag{5-11}$$

节点 $j\in\mathcal{V}$ 的期望 Regret 界为

$$\bar{\mathcal{R}}_j(T)\leqslant\kappa_3+\kappa_4(1+\log T) \tag{5-12}$$

式中，

$$\kappa_3 = \frac{n}{\alpha(1)} \| \bar{\boldsymbol{x}}(1) - \boldsymbol{x}^* \|^2 + \frac{7LC\lambda}{1-\lambda} \sum_{j=1}^{n} \| \boldsymbol{x}_j(0) \|_1 \tag{5-13}$$

$$\kappa_4 = \frac{7LC\sqrt{d}}{\tilde{p}(1-\lambda)} \sum_{i=1}^{n} (L_i + \nu_i) + \frac{1}{\tilde{p}} \sum_{i=1}^{n} (L_i + \nu_i)^2 \tag{5-14}$$

由于式(5-9)和式(5-12)的右边含有 $\log T$ 或常数，故所提算法可达到对数的 Regret 界 $O(\log T)$。

当代价函数是一般的凸函数时，所提算法的期望 Regret 界如下。

定理 5.2 如果假设 5.1～假设 5.3 成立。假设序列 $\{f_1^t, f_2^t, \cdots, f_n^t\}_{t=1}^{T}$ 是凸函数，且 $f_i^t: \mathbb{R}^d \mapsto \mathbb{R}$。此外，假设最优解集是非空的。同时，令 $\bigcup_{t=1}^{T} \bigcup_{i=1}^{n} \operatorname{argmin} f_i^t \subseteq \bar{\mathcal{B}}(0, C_{\mathcal{X}})$，其中，$C_{\mathcal{X}}$ 为正实数且与 T 无关。假设 $\{f_1^t, f_2^t, \cdots, f_n^t\}_{t=1}^{T}$ 在集合 $\mathbb{R}^d \setminus \bar{\mathcal{B}}(0, C_{\mathcal{X}})$ 上是 β-中心的。估计值序列 $\{\boldsymbol{x}_i(t)\}$ 由式(5-6)生成。如果对任何的 $\tilde{p} \in (0, p]$ 和 $t \geqslant 1$，学习速率 $\alpha(t)$ 可通过双倍叠加的策略进行选择，则网络的 Regret 界为

$$\bar{\mathcal{R}}(T) \leqslant \frac{\sqrt{2}}{\sqrt{2}-1} \eta \sqrt{T} \tag{5-15}$$

式中，

$$\eta = n \| \bar{\boldsymbol{x}}(1) - \boldsymbol{x}^* \|^2 + \frac{5LC\lambda}{1-\lambda} \sum_{j=1}^{n} \| \boldsymbol{x}_j(0) \|_1 + \frac{5LC\sqrt{d}}{1-\lambda} \sum_{i=1}^{n} (L_i + \nu_i) + \sum_{i=1}^{n} (L_i + \nu_i)^2 \tag{5-16}$$

节点 $j \in \mathcal{V}$ 的期望 Regret 界为

$$\bar{\mathcal{R}}_j(T) \leqslant \frac{\sqrt{2}}{\sqrt{2}-1} \zeta \sqrt{T} \tag{5-17}$$

式中，

$$\zeta = n \| \bar{\boldsymbol{x}}(1) - \boldsymbol{x}^* \|^2 + \frac{7LC\lambda}{1-\lambda} \sum_{j=1}^{n} \| \boldsymbol{x}_j(0) \|_1 + \frac{7LC\sqrt{d}}{1-\lambda} \sum_{i=1}^{n} (L_i + \nu_i) + \sum_{i=1}^{n} (L_i + \nu_i)^2 \tag{5-18}$$

由于式(5-15)与式(5-17)的右边都含有 $\sqrt{T}$，因此，当代价函数是凸函数时，所提算法可达平方根的 Regret 界 $O(\sqrt{T})$。

因为本章考虑的网络拓扑是时变有向图，故从定理 5.1 和定理 5.2 可以看出，时变有向的网络拓扑不影响 Regret 界。此外，在定理 5.1 中，假设函数序列 $\{f_1^t, f_2^t, \cdots, f_n^t\}_{t=1}^{T}$ 在 $\bar{\mathcal{B}}\left(0, K\left(\frac{pC_{\mathcal{X}}}{2L}\right)\right)$ 上是强凸函数。而在定理 5.2 中，假设函数序列 $\{f_1^t, f_2^t, \cdots,$

$f_n^t\}_{t=1}^T$ 在集合$\mathbb{R}^d\backslash\bar{\mathcal{B}}(0,C_{\mathcal{X}})$上是$\beta$-中心的。因此，估计值$\boldsymbol{x}_i(t)$在$\bar{\mathcal{B}}\left(0,K\left(\frac{pC_{\mathcal{X}}}{2L}\right)\right)$区域之内。所以，估计值必须一致有界以确保定理5.1与定理5.2成立。为此，以下定理表明估计值是一致有界的。换而言之，由式(5-6)生成的估计值$\boldsymbol{x}_i(t)$在区域$\bar{\mathcal{B}}\left(0,K\left(\frac{pC_{\mathcal{X}}}{2L}\right)\right)$之内。

定理5.3　如果假设5.1～假设5.3成立。假设序列$\{f_1^t,f_2^t,\cdots,f_n^t\}_{t=1}^T$是凸函数，且$f_i^t:\mathbb{R}^d\mapsto\mathbb{R}$。此外，假设最优解集是非空的。同时，令$\bigcup_{t=1}^T\bigcup_{i=1}^n\operatorname{argmin} f_i^t\subseteq\bar{\mathcal{B}}(0,C_{\mathcal{X}})$，其中，$C_{\mathcal{X}}$为正实数且与$T$无关。假设$\{f_1^t,f_2^t,\cdots,f_n^t\}_{t=1}^T$在$\bar{\mathcal{B}}\left(0,K\left(\frac{pC_{\mathcal{X}}}{2L}\right)\right)$上是$p$-强凸函数，其中，$L=\sum_{i=1}^n L_i$。估计值序列$\{\boldsymbol{x}_i(t)\}$由式(5-6)生成。则对任意的$i\in\mathcal{V}$，估计值$\boldsymbol{x}_i(t)$限制在区域$\bar{\mathcal{B}}\left(0,K\left(\frac{pC_{\mathcal{X}}}{2L}\right)\right)$之内。

5.4　算法性能分析

本节给出定理5.1～定理5.3的证明过程。为了方便分析算法的性能，首先描述式(5-6)的标量形式，即$x_i(t)$和$w_i(t)$是标量变量。则节点$i\in\mathcal{V}$的估计值$x_i(t)$按以下规则更新：

$$x_i(t+1)=(1-w_i(t)d_i^{\text{out}}(t))x_i(t)+\sum_{j\in\mathcal{N}_i^{\text{in}}(t)}w_j(t)x_j(t)-\alpha(t)g_i(t) \tag{5-19}$$

式中，$g_i(t)=\nabla f_i^t(x_i(t))+\epsilon_i(t)$。

为便于分析，式(5-19)可重写为一个紧凑形式，即

$$x(t+1)=\boldsymbol{W}(t)x(t)-\alpha(t)g(t) \tag{5-20}$$

式中，矩阵$\boldsymbol{W}(t)$的定义如下：在时刻t，对于不同的节点i与节点$j\in\mathcal{N}_i^{\text{in}}(t)$，$[\boldsymbol{W}(t)]_{ij}=w_j(t)$；否则，$[\boldsymbol{W}(t)]_{ii}=1-w_i(t)d_i^{\text{out}}(t)$。同时定义以下向量：

$$\boldsymbol{x}(t)\triangleq[x_1(t),\cdots,x_n(t)]^{\mathrm{T}}$$

$$\boldsymbol{g}(t)\triangleq[g_1(t),\cdots,g_n(t)]^{\mathrm{T}}$$

由式(5-20)可知，对任意s和t且满足$t\geqslant s$，有

$$\boldsymbol{x}(t+1)=[\boldsymbol{W}(t)\cdots\boldsymbol{W}(0)]\boldsymbol{x}(0)-\sum_{s=0}^{t-1}[\boldsymbol{W}(t)\cdots\boldsymbol{W}(s+1)]\alpha(s)\boldsymbol{g}(s)-\alpha(t)\boldsymbol{g}(t) \tag{5-21}$$

为方便分析，引入以下矩阵：

$$\boldsymbol{\Phi}(t:s)\triangleq\boldsymbol{W}(s)\cdots\boldsymbol{W}(t)$$

其中 $t\geqslant s$。注意$\boldsymbol{\Phi}(t,t)=\boldsymbol{W}(t)$。因此，根据矩阵$\boldsymbol{\Phi}(t:s)$的定义和式(5-21)，可得

$$\boldsymbol{x}(t+1)=\boldsymbol{\Phi}(t:0)\boldsymbol{x}(0)-\sum_{s=0}^{t}\boldsymbol{\Phi}(t:s+1)\alpha(s)\boldsymbol{g}(s) \tag{5-22}$$

为了方便论述，令$\boldsymbol{\Phi}(t:t+1)=\boldsymbol{I}$。在算法性能的分析中，矩阵$\boldsymbol{W}(t)$和$\boldsymbol{\Phi}(t:s)$扮演关键角色。因此，首先给出矩阵的一些性质。

引理 5.1　如果假设 5.1 成立。则对任意 $t\geqslant 0$，矩阵 $\boldsymbol{W}(t)$是列随机矩阵。此外，对所有的 i、$j\in\mathcal{V}$，存在正常数 C 和 $\lambda\in(0,1)$，矩阵$\boldsymbol{\Phi}(t:s)$满足

$$\left|[\boldsymbol{\Phi}(t:s)]_{ij}-\frac{1}{n}\right|\leqslant C\lambda^{t-s+1} \tag{5-23}$$

式中，$t\geqslant s$。

由引理 5.1 可知，矩阵 $\boldsymbol{W}(t)$是列随机的，即：$\boldsymbol{1}^{\mathrm{T}}\boldsymbol{W}(t)=\boldsymbol{1}^{\mathrm{T}}$。由式(5-22)，对所有的 $t\geqslant 0$，有

$$\boldsymbol{1}^{\mathrm{T}}\boldsymbol{x}(t+1)=\boldsymbol{1}^{\mathrm{T}}\boldsymbol{x}(0)-\sum_{s=0}^{t}\boldsymbol{1}^{\mathrm{T}}\alpha(s)\boldsymbol{g}(s) \tag{5-24}$$

引理 5.2　序列$\{x_i(t)\}$由式(5-19)产生的。假设序列$\{\alpha(t)\}$是非负的，则对于所有的 $i\in\mathcal{V}$，有

$$\left|x_i(t)-\frac{\boldsymbol{1}^{\mathrm{T}}\boldsymbol{x}(t)}{n}\right|\leqslant C\left(\lambda^t\|\boldsymbol{x}(0)\|_1+\sum_{s=0}^{t-1}\alpha(s)\lambda^{t-s-1}\|\boldsymbol{g}(s)\|_1\right) \tag{5-25}$$

引理 5.2 证明：由式(5-22)和式(5-24)，可得

$$\begin{aligned}\left|x_i(t)-\frac{\boldsymbol{1}^{\mathrm{T}}\boldsymbol{x}(t)}{n}\right|&=\Bigg|[\boldsymbol{\Phi}(t-1:0)x(0)]_i-\frac{1}{n}\boldsymbol{1}^{\mathrm{T}}\boldsymbol{x}(0)-\\&\qquad\sum_{s=0}^{t-1}\alpha(s)[\boldsymbol{\Phi}(t-1:s+1)\boldsymbol{g}(s)]_i+\frac{1}{n}\sum_{s=0}^{t-1}\alpha(s)\boldsymbol{1}^{\mathrm{T}}\boldsymbol{g}(s)\Bigg|\\&\leqslant\max_j\left|[\boldsymbol{\Phi}(t-1:0)]_{ij}-\frac{1}{n}\right|\times\|\boldsymbol{x}(0)\|_1+\\&\qquad\sum_{s=0}^{t-1}\alpha(s)\|\boldsymbol{g}(s)\|_1\max_j\left|[\boldsymbol{\Phi}(t-1:s+1)]_{ij}-\frac{1}{n}\right|\\&\leqslant C\lambda^t\|\boldsymbol{x}(0)\|_1+\sum_{s=0}^{t-1}C\lambda^{t-s-1}\alpha(s)\|\boldsymbol{g}(s)\|_1\end{aligned} \tag{5-26}$$

式中，第一个不等式可由 Hölder 不等式获得；最后一个不等式可由引理 5.1 得到。因此，引理 5.2 得证。

推论 5.1　对每个 $i=1,2,\cdots,n$，向量变量 $\boldsymbol{x}_i(t)$、$\boldsymbol{g}_i(t)$满足

$$\left\|\boldsymbol{x}_i(t)-\frac{\sum_{j=1}^{n}\boldsymbol{x}_j(t)}{n}\right\|\leqslant C\left(\lambda^t\sum_{j=1}^{n}\|\boldsymbol{x}_j(0)\|_1+\sum_{s=0}^{t-1}\alpha(s)\lambda^{t-s-1}\sum_{j=1}^{n}\|\boldsymbol{g}_j(s)\|_1\right) \tag{5-27}$$

注意：对任意向量，1 范数大于或等于标准的欧氏范数。因此，将引理 5.2 应用到$\mathbb{R}^d$ 的每个坐标上，推论 5.1 可立即得到。

为了分析算法的性能，首先引入辅助变量 $\bar{\boldsymbol{x}}(t)$，其定义为

$$\bar{\boldsymbol{x}}(t)=\frac{1}{n}\sum_{i=1}^{n}\boldsymbol{x}_i(t) \tag{5-28}$$

下面建立变量 $\bar{\boldsymbol{x}}(t)$的递归关系。对所有的 $i\in\{1,2,\cdots,n\}$与 $\ell\in\{1,2,\cdots,d\}$，引入向量 $\boldsymbol{x}^{\ell}(t)\in\mathbb{R}^n$，使其满足$[\boldsymbol{x}^{\ell}(t)]_i=[\boldsymbol{x}_i(t)]_{\ell}$。根据式(5-6)，有

$$\boldsymbol{x}^{\ell}(t+1)=\boldsymbol{W}(t)\boldsymbol{x}^{\ell}(t)-\alpha(t)\boldsymbol{g}^{\ell}(t) \tag{5-29}$$

式中，$\boldsymbol{g}^{\ell}(t)\in\mathbb{R}^n$ 且满足$[\boldsymbol{g}^{\ell}(t)]_i=[\boldsymbol{g}_i(t)]_{\ell}$。

因为矩阵 $\boldsymbol{W}(t)$是列随机矩阵，因此有

$$\frac{1}{n}\sum_{i=1}^{n}[\boldsymbol{x}^{\ell}(t+1)]_i=\frac{1}{n}\sum_{i=1}^{n}[\boldsymbol{x}^{\ell}(t)]_i-\frac{\alpha(t)}{n}\sum_{i=1}^{n}[\boldsymbol{g}^{\ell}(t)]_i \tag{5-30}$$

根据向量 $\boldsymbol{x}^{\ell}(t)$的定义，有

$$\bar{\boldsymbol{x}}(t+1)=\bar{\boldsymbol{x}}(t)-\frac{\alpha(t)}{n}\sum_{i=1}^{n}\boldsymbol{g}_i(t) \tag{5-31}$$

因此，可建立变量$\bar{\boldsymbol{x}}(t)$的递归关系如下，它们在定理 5.1 与定理 5.2 的证明中发挥重要作用。

引理 5.3　如果假设 5.1～假设 5.3 成立。估计值序列$\{\boldsymbol{x}_i(t)\}$可由式(5-6)产生。则对所有的 $\boldsymbol{u}\in\mathbb{R}^d$ 和 $t\geqslant 1$，以概率 1 有

$$\begin{aligned}&\mathbb{E}[\|\bar{\boldsymbol{x}}(t+1)-\boldsymbol{u}\|^2\mid\mathcal{F}_t]\\&\leqslant\|\bar{\boldsymbol{x}}(t)-\boldsymbol{u}\|^2-\frac{2\alpha(t)}{n}(f^t(\bar{\boldsymbol{x}}(t))-f^t(\boldsymbol{u}))-\\&\quad\frac{2\alpha(t)}{n}\sum_{i=1}^{n}\frac{p_t(\boldsymbol{u},\boldsymbol{x}_i(t))}{2}\|\boldsymbol{x}_i(t)-\boldsymbol{u}\|^2+\\&\quad\frac{4\alpha(t)}{n}\sum_{i=1}^{n}L_i\|\boldsymbol{x}_i(t)-\bar{\boldsymbol{x}}(t)\|+\frac{\alpha^2(t)}{n}\sum_{i=1}^{n}(L_i+\nu_i)^2\end{aligned} \tag{5-32}$$

式中，$p_t(\boldsymbol{u},\boldsymbol{x}_i(t))$表示强凸的模数；$f^t=\sum_{i=1}^{n}f_i^t$。

引理 5.3 证明：由式(5-31)，可得

$$\|\bar{\boldsymbol{x}}(t+1)-\boldsymbol{u}\|^2=\left\|\bar{\boldsymbol{x}}(t)-\frac{\alpha(t)}{n}\sum_{i=1}^{n}\boldsymbol{g}_i(t)-\boldsymbol{u}\right\|^2$$
$$=\|\bar{\boldsymbol{x}}(t)-\boldsymbol{u}\|^2-\frac{2\alpha(t)}{n}\sum_{i=1}^{n}\boldsymbol{g}_i(t)^{\mathrm{T}}(\bar{\boldsymbol{x}}(t)-\boldsymbol{u})+$$
$$\frac{\alpha^2(t)}{n^2}\left\|\sum_{i=1}^{n}\boldsymbol{g}_i(t)\right\|^2 \tag{5-33}$$

对式(5-33)两边同时取期望，且根据式(5-8)以及

$$\mathbb{E}[\epsilon_i(t)\mid\mathcal{F}_t]=0$$

有

$$\mathbb{E}[\|\bar{\boldsymbol{x}}(t+1)-\boldsymbol{u}\|^2\mid\mathcal{F}_t]$$
$$\leqslant\|\bar{\boldsymbol{x}}(t)-\boldsymbol{u}\|^2-\frac{2\alpha(t)}{n}\sum_{i=1}^{n}\nabla f_i^t(\boldsymbol{x}_i(t))^{\mathrm{T}}(\bar{\boldsymbol{x}}(t)-\boldsymbol{u})+$$
$$\frac{\alpha^2(t)}{n^2}\mathbb{E}\left[\left\|\sum_{i=1}^{n}\boldsymbol{g}_i(t)\right\|^2\mid\mathcal{F}_t\right] \tag{5-34}$$

此外，式(5-34)中的项 $\mathbb{E}\left[\left\|\sum_{i=1}^{n}\boldsymbol{g}_i(t)\right\|^2\mid\mathcal{F}_t\right]$ 可估计为

$$\mathbb{E}\left[\left\|\sum_{i=1}^{n}\boldsymbol{g}_i(t)\right\|^2\mid\mathcal{F}_t\right]\leqslant n\sum_{i=1}^{n}\mathbb{E}[\|\boldsymbol{g}_i(t)\|^2\mid\mathcal{F}_t]$$
$$\leqslant n\sum_{i=1}^{n}(L_i+\nu_i)^2 \tag{5-35}$$

式中，第一个不等式可由 Cauchy-Schwarz 不等式得到；第二个不等式可由 Hölder 不等式得到。因此，将式(5-35)代入式(5-34)，可得

$$\mathbb{E}[\|\bar{\boldsymbol{x}}(t+1)-\boldsymbol{u}\|^2\mid\mathcal{F}_t]$$
$$\leqslant\|\bar{\boldsymbol{x}}(t)-\boldsymbol{u}\|^2-\frac{2\alpha(t)}{n}\sum_{i=1}^{n}\nabla f_i^t(\boldsymbol{x}_i(t))^{\mathrm{T}}(\bar{\boldsymbol{x}}(t)-\boldsymbol{u})+$$
$$\frac{\alpha^2(t)}{n}\sum_{i=1}^{n}(L_i+\nu_i)^2 \tag{5-36}$$

下面估计项$\nabla f_i^t(\boldsymbol{x}_i(t))^{\mathrm{T}}(\bar{\boldsymbol{x}}(t)-\boldsymbol{u})$，首先有

$$\nabla f_i^t(\boldsymbol{x}_i(t))^{\mathrm{T}}(\bar{\boldsymbol{x}}(t)-\boldsymbol{u})$$
$$=\nabla f_i^t(\boldsymbol{x}_i(t))^{\mathrm{T}}(\bar{\boldsymbol{x}}(t)-\boldsymbol{x}_i(t))+\nabla f_i^t(\boldsymbol{x}_i(t))^{\mathrm{T}}(\boldsymbol{x}_i(t)-\boldsymbol{u})$$
$$\geqslant\nabla f_i^t(\boldsymbol{x}_i(t))^{\mathrm{T}}(\bar{\boldsymbol{x}}(t)-\boldsymbol{x}_i(t))+$$
$$f_i^t(\boldsymbol{x}_i(t))-f_i^t(\boldsymbol{u})+\frac{p_t(\boldsymbol{u},\boldsymbol{x}_i(t))}{2}\|\boldsymbol{x}_i(t)-\boldsymbol{u}\|^2 \tag{5-37}$$

式中，不等式可由函数 f_i^t 的凸性得到。根据 Cauchy-Schwarz 不等式，有

$$\nabla f_i^t(\boldsymbol{x}_i(t))^{\mathrm{T}}(\bar{\boldsymbol{x}}(t)-\boldsymbol{x}_i(t)) \geqslant -L_i \|\bar{\boldsymbol{x}}(t)-\boldsymbol{x}_i(t)\| \tag{5-38}$$

此外，式(5-37)中的项 $f_i^t(\boldsymbol{x}_i(t))-f_i^t(\boldsymbol{u})$可重写为

$$f_i^t(\boldsymbol{x}_i(t))-f_i^t(\boldsymbol{u})=f_i^t(\boldsymbol{x}_i(t))-f_i^t(\bar{\boldsymbol{x}}(t))+f_i^t(\bar{\boldsymbol{x}}(t))-f_i^t(\boldsymbol{u}) \tag{5-39}$$

因为函数 f_i^t 是凸的，其次梯度是一致有界的，故有

$$\begin{aligned} f_i^t(\boldsymbol{x}_i(t))-f_i^t(\boldsymbol{u}) &\geqslant \nabla f_i^t(\bar{\boldsymbol{x}}(t))^{\mathrm{T}}(\boldsymbol{x}_i(t)-\bar{\boldsymbol{x}}(t))+f_i^t(\bar{\boldsymbol{x}}(t))-f_i^t(\boldsymbol{u}) \\ &\geqslant -L_i\|\boldsymbol{x}_i(t)-\bar{\boldsymbol{x}}(t)\|+f_i^t(\bar{\boldsymbol{x}}(t))-f_i^t(\boldsymbol{u}) \end{aligned} \tag{5-40}$$

由式(5-37)、式(5-38)和式(5-40)，可得

$$\begin{aligned} \nabla f_i^t(\boldsymbol{x}_i(t))^{\mathrm{T}}(\bar{\boldsymbol{x}}(t)-\boldsymbol{u}) \geqslant\ & f_i^t(\bar{\boldsymbol{x}}(t))-f_i^t(\boldsymbol{u})-2L_i\|\boldsymbol{x}_i(t)-\bar{\boldsymbol{x}}(t)\|+ \\ & \frac{p_t(\boldsymbol{u},\boldsymbol{x}_i(t))}{2}\|\boldsymbol{x}_i(t)-\boldsymbol{u}\|^2 \end{aligned} \tag{5-41}$$

将式(5-41)代入式(5-36)，有

$$\begin{aligned} & \mathbb{E}[\|\bar{\boldsymbol{x}}(t+1)-\boldsymbol{u}\|^2 \mid \mathcal{F}_t] \\ \leqslant\ & \|\bar{\boldsymbol{x}}(t)-\boldsymbol{u}\|^2-\frac{2\alpha(t)}{n}\sum_{i=1}^{n}(f_i^t(\bar{\boldsymbol{x}}(t))-f_i^t(\boldsymbol{u}))- \\ & \frac{2\alpha(t)}{n}\sum_{i=1}^{n}\frac{p_t(\boldsymbol{u},\boldsymbol{x}_i(t))}{2}\|\boldsymbol{x}_i(t)-\boldsymbol{u}\|^2+ \\ & \frac{4\alpha(t)}{n}\sum_{i=1}^{n}L_i\|\boldsymbol{x}_i(t)-\bar{\boldsymbol{x}}(t)\|+\frac{\alpha^2(t)}{n}\sum_{i=1}^{n}(L_i+\nu_i)^2 \end{aligned} \tag{5-42}$$

因为 $f^t(\boldsymbol{x})=\sum_{i=1}^{n}f_i^t(\boldsymbol{x})$，再由式(5-42)可知，引理 5.3 得证。

引理 5.4 如果假设 5.1～假设 5.3 成立。假设$\{f_1^t,f_2^t,\cdots,f_n^t\}_{t=1}^{T}$ 是凸函数，且最优解集是非空的。令估计值序列$\{\boldsymbol{x}_i(t)\}$由算法式(5-6)产生。则以概率 1 有

$$\begin{aligned} & \mathbb{E}\left[\sum_{t=1}^{T}(f^t(\boldsymbol{x}_i(t))-f^t(\boldsymbol{x}^*))\right] \\ \leqslant\ & \frac{n}{\alpha(1)}\|\bar{\boldsymbol{x}}(1)-\boldsymbol{x}^*\|^2- \\ & \sum_{t=1}^{T}\sum_{i=1}^{n}p_t(\boldsymbol{x}^*,\boldsymbol{x}_i(t))\|\boldsymbol{x}_i(t)-\boldsymbol{x}^*\|^2+ \\ & \sum_{t=2}^{T}\left[\frac{1}{\alpha(t)}-\frac{1}{\alpha(t-1)}-\frac{\gamma_t}{2}\right]\|\bar{\boldsymbol{x}}(t)-\boldsymbol{x}^*\|^2+ \\ & 4\sum_{t=1}^{T}\sum_{i=1}^{n}L_i\|\boldsymbol{x}_i(t)-\bar{\boldsymbol{x}}(t)\|+L\sum_{t=1}^{T}\|\boldsymbol{x}_i(t)-\bar{\boldsymbol{x}}(t)\|+ \\ & \sum_{t=1}^{T}\alpha(t)\sum_{i=1}^{n}(L_i+\nu_i)^2 \end{aligned} \tag{5-43}$$

式中，$\gamma_t=\sum_{i=1}^{n} p_t(\boldsymbol{x}^*,\boldsymbol{x}_i(t))$。

引理 5.4 证明：根据式(5-32)并令 $\boldsymbol{u}=\boldsymbol{x}^*$，可得

$$\begin{aligned}
&\mathbb{E}[\|\bar{\boldsymbol{x}}(t+1)-\boldsymbol{x}^*\|^2 \mid \mathcal{F}_t] \\
&\leqslant \|\bar{\boldsymbol{x}}(t)-\boldsymbol{x}^*\|^2-\frac{2\alpha(t)}{n}(f^t(\bar{\boldsymbol{x}}(t))-f^t(\boldsymbol{x}^*))- \\
&\quad \frac{2\alpha(t)}{n}\sum_{i=1}^{n}\frac{p_t(\boldsymbol{x}^*,\boldsymbol{x}_i(t))}{2}\|\boldsymbol{x}_i(t)-\boldsymbol{x}^*\|^2+ \\
&\quad \frac{4\alpha(t)}{n}\sum_{i=1}^{n}L_i\|\boldsymbol{x}_i(t)-\bar{\boldsymbol{x}}(t)\|+\frac{\alpha^2(t)}{n}\sum_{i=1}^{n}(L_i+\nu_i)^2
\end{aligned} \tag{5-44}$$

此外，根据函数 f^t 的凸性且$\nabla F(\boldsymbol{x}^*)=0$，有

$$\sum_{t=1}^{T} f^t(\bar{\boldsymbol{x}}(t))-F(\boldsymbol{x}^*)\geqslant \frac{1}{2}\sum_{t=1}^{T}\left(\sum_{i=1}^{n}p_t(\boldsymbol{x}^*,\boldsymbol{x}_i(t))\right)\|\bar{\boldsymbol{x}}(t)-\boldsymbol{x}^*\|^2 \tag{5-45}$$

同时有

$$\begin{aligned}
&\sum_{t=1}^{T} f^t(\bar{\boldsymbol{x}}(t))-F(\boldsymbol{x}^*) \\
&\geqslant \sum_{t=1}^{T} f^t(\boldsymbol{x}_i(t))-F(\boldsymbol{x}^*)-L\sum_{t=1}^{T}\|\boldsymbol{x}_i(t)-\bar{\boldsymbol{x}}(t)\|
\end{aligned} \tag{5-46}$$

式中，$L=\sum_{i=1}^{n}L_i$。结合式(5-45)和式(5-46)，可得

$$\begin{aligned}
&2\left(\sum_{t=1}^{T} f^t(\bar{\boldsymbol{x}}(t))-F(\boldsymbol{x}^*)\right) \\
&\geqslant \sum_{t=1}^{T} f^t(\boldsymbol{x}_i(t))-F(\boldsymbol{x}^*)-L\sum_{t=1}^{T}\|\boldsymbol{x}_i(t)-\bar{\boldsymbol{x}}(t)\|+ \\
&\quad \frac{1}{2}\sum_{t=1}^{T}\left(\sum_{i=1}^{n}p_t(\boldsymbol{x}^*,\boldsymbol{x}_i(t))\right)\|\bar{\boldsymbol{x}}(t)-\boldsymbol{x}^*\|^2
\end{aligned} \tag{5-47}$$

将式(5-47)代入式(5-44)，有

$$\begin{aligned}
&\mathbb{E}\left[\sum_{t=1}^{T} f(\boldsymbol{x}_i(t))-F(\boldsymbol{x}^*)\right] \\
&\leqslant \sum_{t=1}^{T}\frac{n}{\alpha(t)}\|\bar{\boldsymbol{x}}(t)-\boldsymbol{x}^*\|^2- \\
&\quad \sum_{t=1}^{T}\sum_{i=1}^{n}p_t(\boldsymbol{x}^*,\boldsymbol{x}_i(t))\|\boldsymbol{x}_i(t)-\boldsymbol{x}^*\|^2- \\
&\quad \frac{1}{2}\sum_{t=1}^{T}(\sum_{i=1}^{n}p_t(\boldsymbol{x}^*,\boldsymbol{x}_i(t)))\|\bar{\boldsymbol{x}}(t)-\boldsymbol{x}^*\|^2+
\end{aligned}$$

$$4\sum_{t=1}^{T}\sum_{i=1}^{n}L_i\|\boldsymbol{x}_i(t)-\bar{\boldsymbol{x}}(t)\|+L\sum_{t=1}^{T}\|\boldsymbol{x}_i(t)-\bar{\boldsymbol{x}}(t)\|+$$
$$\sum_{t=1}^{T}\alpha(t)\sum_{i=1}^{n}(L_i+\nu_i)^2-$$
$$\sum_{t=1}^{T}\frac{n}{\alpha(t)}\mathbb{E}[\|\bar{\boldsymbol{x}}(t+1)-\boldsymbol{x}^*\|^2\mid\mathcal{F}_t]\tag{5-48}$$

因此,对式(5-48)进行一些代数运算,引理5.4得证。

下面估计式(5-43)中的项 $\sum_{t=1}^{T}\sum_{i=1}^{n}L_i\mathbb{E}[\boldsymbol{x}_i(t)-\bar{\boldsymbol{x}}(t)]$。

引理5.5　如果假设5.1～假设5.3成立。序列$\{\boldsymbol{x}_i(t)\}$由算法式(5-6)产生,则以概率1有

$$\mathbb{E}\left[\sum_{t=1}^{T}\sum_{i=1}^{n}L_i\|\boldsymbol{x}_i(t)-\bar{\boldsymbol{x}}(t)\|\right]$$
$$\leqslant\frac{LC\lambda}{1-\lambda}\sum_{j=1}^{n}\|\boldsymbol{x}_j(0)\|_1+LC\sqrt{d}\sum_{i=1}^{n}(L_i+\nu_i)\sum_{t=1}^{T}\sum_{s=0}^{t-1}\alpha(s)\lambda^{t-s-1}\tag{5-49}$$

引理5.5证明:由推论5.1可知

$$\sum_{t=1}^{T}\sum_{i=1}^{n}L_i\|\boldsymbol{x}_i(t)-\bar{\boldsymbol{x}}(t)\|$$
$$\leqslant\sum_{t=1}^{T}\sum_{i=1}^{n}L_iC\left(\lambda^t\sum_{j=1}^{n}\|\boldsymbol{x}_j(0)\|_1+\sum_{s=0}^{t-1}\alpha(s)\lambda^{t-s-1}\sum_{j=1}^{n}\|\boldsymbol{g}_j(s)\|_1\right)\tag{5-50}$$

因为$\lambda\in(0,1)$,则有 $\sum_{t=1}^{T}\lambda^t\leqslant\lambda/(1-\lambda)$。因此,式(5-50)右边的第一项可估计为

$$\sum_{t=1}^{T}\lambda^t\sum_{j=1}^{n}\|\boldsymbol{x}_j(0)\|_1\leqslant\frac{\lambda}{1-\lambda}\sum_{j=1}^{n}\|\boldsymbol{x}_j(0)\|_1\tag{5-51}$$

由于$\mathbb{E}[\|\boldsymbol{g}_i(t)\|]\leqslant\sqrt{d}\,\mathbb{E}[\|\boldsymbol{g}_i(t)\|]\leqslant\sqrt{d}(L_i+\nu_i)$,可得

$$\mathbb{E}\left[\sum_{t=1}^{T}\sum_{s=0}^{t-1}\alpha(s)\lambda^{t-s-1}\sum_{j=1}^{n}\|\boldsymbol{g}_j(s)\|_1\right]\leqslant\sqrt{d}\sum_{i=1}^{n}(L_i+\nu_i)\sum_{t=1}^{T}\sum_{s=0}^{t-1}\alpha(s)\lambda^{t-s-1}\tag{5-52}$$

将式(5-51)和式(5-52)代入式(5-50),经过一些运算,则引理5.5得证。

引理5.6　如果假设5.1～假设5.3成立。$\{f_1^t,f_2^t,\cdots,f_n^t\}_{t=1}^T$为凸函数序列。假设最优解集是非空的。序列$\{\boldsymbol{x}_i(t)\}$由式(5-6)产生,则有

$$\mathbb{E}\left[\sum_{t=1}^{T}(f^t(\boldsymbol{x}_i(t))-f^t(\boldsymbol{x}^*))\right]$$
$$\leqslant\frac{n}{\alpha(1)}\|\bar{\boldsymbol{x}}(1)-\boldsymbol{x}^*\|^2+$$

$$\sum_{t=2}^{T}\left[\frac{1}{\alpha(t)}-\frac{1}{\alpha(t-1)}-\frac{\gamma_t}{2}\right]\|\bar{\boldsymbol{x}}(t)-\boldsymbol{x}^*\|^2+$$

$$\frac{5LC\lambda}{1-\lambda}\sum_{j=1}^{n}\|\boldsymbol{x}_j(0)\|_1+\sum_{t=1}^{T}\alpha(t)\sum_{i=1}^{n}(L_i+\nu_i)^2+$$

$$5LC\sqrt{d}\sum_{i=1}^{n}(L_i+\nu_i)\sum_{t=1}^{T}\sum_{s=0}^{t-1}\alpha(s)\lambda^{t-s-1} \tag{5-53}$$

引理 5.6 证明：根据式(5-51)、式(5-52)和推论 5.1，可得

$$\mathbb{E}\left[\sum_{t=1}^{T}\|\boldsymbol{x}_i(t)-\bar{\boldsymbol{x}}(t)\|\right]$$

$$\leqslant C\times\sum_{t=1}^{T}\left(\lambda^t\sum_{j=1}^{n}\|\boldsymbol{x}_j(0)\|_1+\sum_{s=0}^{t-1}\alpha(s)\lambda^{t-s-1}\sum_{j=1}^{n}\|\boldsymbol{g}_j(s)\|_1\right)$$

$$\leqslant\frac{\lambda C}{1-\lambda}\sum_{j=1}^{n}\|\boldsymbol{x}_j(0)\|_1+C\sqrt{d}\sum_{i=1}^{n}(L_i+\nu_i)\sum_{t=1}^{T}\sum_{s=0}^{t-1}\alpha(s)\lambda^{t-s-1} \tag{5-54}$$

因此，由式(5-43)、式(5-49)和式(5-54)，有

$$\mathbb{E}\left[\sum_{t=1}^{T}(f^t(\boldsymbol{x}_i(t))-f^t(\boldsymbol{x}^*))\right]$$

$$\leqslant\frac{n}{\alpha(1)}\|\bar{\boldsymbol{x}}(1)-\boldsymbol{x}^*\|^2-\sum_{t=1}^{T}\sum_{i=1}^{n}p_t(\boldsymbol{x}^*,\boldsymbol{x}_i(t))\|\boldsymbol{x}_i(t)-\boldsymbol{x}^*\|^2+$$

$$\sum_{t=2}^{T}\left[\frac{1}{\alpha(t)}-\frac{1}{\alpha(t-1)}-\frac{\gamma_t}{2}\right]\|\bar{\boldsymbol{x}}(t)-\boldsymbol{x}^*\|^2+$$

$$\frac{5LC\lambda}{1-\lambda}\sum_{j=1}^{n}\|\boldsymbol{x}_j(0)\|_1+\sum_{t=1}^{T}\alpha(t)\sum_{i=1}^{n}(L_i+\nu_i)^2+$$

$$5LC\sqrt{d}\sum_{i=1}^{n}(L_i+\nu_i)\sum_{t=1}^{T}\sum_{s=0}^{t-1}\alpha(s)\lambda^{t-s-1} \tag{5-55}$$

因为 $\sum_{t=1}^{T}\sum_{i=1}^{n}p_t(\boldsymbol{x}^*,\boldsymbol{x}_i(t))\|\boldsymbol{x}_i(t)-\boldsymbol{x}^*\|^2$ 项非负，因此引理 5.6 得证。

接下来，本章将建立每个节点的 Regret 与网络 Regret 之间的关系。

引理 5.7 如果假设 5.1～假设 5.3 成立。$\{f_1^t,f_2^t,\cdots,f_n^t\}_{t=1}^{T}$ 为凸函数序列。假设最优解集是非空的。序列$\{\boldsymbol{x}_i(t)\}$由算法式(5-6)产生，则以概率 1 有

$$\bar{\mathcal{R}}_j(T)\leqslant\bar{\mathcal{R}}(T)+\frac{2LC\lambda}{1-\lambda}\sum_{j=1}^{n}\|\boldsymbol{x}_j(0)\|_1+$$

$$2LC\sqrt{d}\sum_{i=1}^{n}(L_i+\nu_i)\sum_{t=1}^{T}\sum_{s=0}^{t-1}\alpha(s)\lambda^{t-s-1} \tag{5-56}$$

引理 5.7 证明：由$\bar{\mathcal{R}}_j(T)$和$\bar{\mathcal{R}}(T)$定义可知

$$\begin{aligned}\bar{\mathcal{R}}_j(T)-\bar{\mathcal{R}}(T) &= \sum_{t=1}^{T}\sum_{i=1}^{n}\mathbb{E}[f_i^t(\boldsymbol{x}_j(t))-f_i^t(\boldsymbol{x}_i(t))] \\ &\leqslant \sum_{t=1}^{T}\sum_{i=1}^{n}\nabla f_i^t(\boldsymbol{x}_j(t))^{\mathrm{T}}\mathbb{E}[\boldsymbol{x}_j(t)-\boldsymbol{x}_i(t)]\end{aligned} \tag{5-57}$$

式中，不等式可由代价函数 f_i^t 的凸性得到。根据 Cauchy-Schwarz 不等式以及次梯度的有界性，有

$$\nabla f_i^t(\boldsymbol{x}_j(t))^{\mathrm{T}}(\boldsymbol{x}_j(t)-\boldsymbol{x}_i(t)) \leqslant L_i\|\boldsymbol{x}_j(t)-\boldsymbol{x}_i(t)\| \tag{5-58}$$

因此，结合式(5-57)和式(5-58)，可得

$$\bar{\mathcal{R}}_j(T)-\bar{\mathcal{R}}(T) \leqslant \sum_{t=1}^{T}\sum_{i=1}^{n}L_i\mathbb{E}[\|\boldsymbol{x}_j(t)-\boldsymbol{x}_i(t)\|] \tag{5-59}$$

下面估计式(5-59)中的项 $\sum_{t=1}^{T}\sum_{i=1}^{n}L_i\mathbb{E}[\|\boldsymbol{x}_j(t)-\boldsymbol{x}_i(t)\|]$。首先有

$$\begin{aligned}&\|\boldsymbol{x}_j(t)-\boldsymbol{x}_i(t)\|^2 \\ &=\|\boldsymbol{x}_j(t)-\bar{\boldsymbol{x}}(t)+\bar{\boldsymbol{x}}(t)-\boldsymbol{x}_i(t)\|^2 \\ &=\|\boldsymbol{x}_j(t)-\bar{\boldsymbol{x}}(t)\|^2+\|\boldsymbol{x}_i(t)-\bar{\boldsymbol{x}}(t)\|^2- \\ &\quad 2(\boldsymbol{x}_j(t)-\bar{\boldsymbol{x}}(t))^{\mathrm{T}}(\boldsymbol{x}_i(t)-\bar{\boldsymbol{x}}(t)) \\ &\leqslant \|\boldsymbol{x}_j(t)-\bar{\boldsymbol{x}}(t)\|^2+\|\boldsymbol{x}_i(t)-\bar{\boldsymbol{x}}(t)\|^2+ \\ &\quad 2\|\boldsymbol{x}_j(t)-\bar{\boldsymbol{x}}(t)\|\ \|\boldsymbol{x}_i(t)-\bar{\boldsymbol{x}}(t)\|\end{aligned} \tag{5-60}$$

式中，不等式由 Cauchy-Schwarz 不等式得到。因此，由推论 5.1 和式(5-60)，可得

$$\|\boldsymbol{x}_j(t)-\boldsymbol{x}_i(t)\|^2 \leqslant 4C^2\left(\lambda^t\sum_{j=1}^{n}\|\boldsymbol{x}_j(0)\|_1+\sum_{s=0}^{t-1}\alpha(s)\lambda^{t-s-1}\sum_{j=1}^{n}\|\boldsymbol{g}_j(s)\|_1\right)^2 \tag{5-61}$$

所以，由式(5-51)、式(5-52)和式(5-61)，可得

$$\begin{aligned}&\sum_{t=1}^{T}\sum_{i=1}^{n}L_i\mathbb{E}[\|\boldsymbol{x}_j(t)-\boldsymbol{x}_i(t)\|] \\ &\leqslant \frac{2LC\lambda}{1-\lambda}\sum_{j=1}^{n}\|\boldsymbol{x}_j(0)\|_1+2LC\sqrt{d}\sum_{i=1}^{n}(L_i+\nu_i)\sum_{t=1}^{T}\sum_{s=0}^{t-1}\alpha(s)\lambda^{t-s-1}\end{aligned} \tag{5-62}$$

因此，结合式(5-59)和式(5-62)，引理 5.7 得证。

定理 5.1 证明：因为每个函数 f_i^t 是强凸的，则令 $p_t(\boldsymbol{x}^*,\boldsymbol{x}_i(t))=p_i>0$。此外，令 $p=\sum_{i=1}^{n}p_i/2$。根据 $\alpha(t)$的定义，即 $\alpha(t)=\dfrac{1}{\tilde{p}(t+1)}$，有

$$\frac{1}{\alpha(t)}-\frac{1}{\alpha(t-1)}-\frac{\gamma_t}{2}=\tilde{p}(t+1)-\tilde{p}t-p=\tilde{p}-p\leqslant 0 \tag{5-63}$$

因为 $\lambda \in (0,1)$，故有

$$\sum_{t=1}^{T}\sum_{s=0}^{t-1}\alpha(s)\lambda^{t-s-1} \leqslant \frac{1}{\tilde{p}(1-\lambda)}\sum_{s=1}^{T}\frac{1}{s} \leqslant \frac{1}{\tilde{p}(1-\lambda)}(1+\log T) \tag{5-64}$$

式中，最后一个不等式可由以下不等式得到，

$$\sum_{s=1}^{T}\frac{1}{s} = 1 + \sum_{s=2}^{T}\frac{1}{s} \leqslant 1 + \int_{1}^{T}\frac{1}{s}\mathrm{d}s = 1 + \log T \tag{5-65}$$

此外，还有

$$\sum_{t=1}^{T}\alpha(t) = \frac{1}{\tilde{p}}\sum_{t=1}^{T}\frac{1}{t+1} \leqslant \frac{1}{\tilde{p}}(1+\log T) \tag{5-66}$$

因此，将式(5-63)、式(5-65)和式(5-66)代入式(5-53)，则可得到式(5-9)。同时，根据引理 5.7，可得到式(5-12)。所以，定理 5.1 得证。

定理 5.2 证明：首先利用双倍叠加的策略处理学习速率 $\alpha(t)$。对所有的 $t \in \{1,2,\cdots,T'\}$，令 $\alpha(t)=\mu$，有

$$\frac{1}{\alpha(t)} - \frac{1}{\alpha(t-1)} - \frac{\gamma_t}{2} = \frac{1}{\mu} - \frac{1}{\mu} = 0 \tag{5-67}$$

式中，利用了 $\gamma_t = 0$。由引理 5.6 可知

$$\begin{aligned}
&\mathbb{E}\left[\sum_{t=1}^{T'}(f^t(\boldsymbol{x}_i(t)) - f^t(\boldsymbol{x}^*))\right] \\
&\leqslant \frac{n}{\alpha(1)}\|\bar{\boldsymbol{x}}(1) - \boldsymbol{x}^*\|^2 + \frac{5LC\lambda}{1-\lambda}\sum_{j=1}^{n}\|\boldsymbol{x}_j(0)\|_1 + \\
&\quad \mu T'\sum_{i=1}^{n}(L_i+\nu_i)^2 + \mu T'\frac{5C\sqrt{d}}{1-\lambda}\sum_{i=1}^{n}(L_i+\nu_i)
\end{aligned} \tag{5-68}$$

令 $\mu = 1/\sqrt{T'}$。提出公因子 $\sqrt{T'}$ 以及利用 $\sqrt{T'} \geqslant 1$，$\bar{\mathcal{R}}(T)$ 的界具有形式 $\eta'\sqrt{T'}$。根据双倍叠加的策略方法[22]，对 $k=0,1,\cdots,\lceil \log_2 T \rceil$，算法执行时间为 $t=2^k,\cdots,2^{k+1}-1$，且周期为 $T'=2^k$。因此，在每个周期内，Regret 界至多为 $\eta\sqrt{2^k}$，η 的定义见式(5-16)。

故网络的 Regret 上界为

$$\begin{aligned}
\sum_{k=1}^{\lceil \log_2 T \rceil}\eta\sqrt{2^k} &= \eta\sum_{k=1}^{\lceil \log_2 T \rceil}(\sqrt{2})^k = \eta\frac{1-\sqrt{2}^{\lceil \log_2 T \rceil + 1}}{1-\sqrt{2}} \\
&\leqslant \eta\frac{1-\sqrt{2T}}{1-\sqrt{2}} \leqslant \frac{\sqrt{2}}{\sqrt{2}-1}\eta\sqrt{T}
\end{aligned} \tag{5-69}$$

因此，得到式(5-15)。由引理 5.7 可得到式(5-17)。所以，定理 5.2 得证。

下面证明定理 5.3。首先证明 $\bar{\boldsymbol{x}}(t)$ 是一致有界的。

引理 5.8 如果假设 5.1～假设 5.3 成立。假设序列 $\{f_1^t, f_2^t, \cdots, f_n^t\}_{t=1}^T$ 是凸函数，且 $f_i^t: \mathbb{R}^d \mapsto \mathbb{R}$。此外，假设最优解集是非空的。同时，令 $\bigcup_{t=1}^{T}\bigcup_{i=1}^{n} \operatorname{argmin} f_i^t \subseteq$

$\bar{\mathcal{B}}(0,C_{\mathcal{X}})$，其中，$C_{\mathcal{X}}$ 为正实数且与 T 无关。假设 $\{f_1^t, f_2^t, \cdots, f_n^t\}_{t=1}^T$ 在集合 $\mathbb{R}^d \setminus \bar{\mathcal{B}}(0,C_{\mathcal{X}})$ 上是 β-中心的。估计值序列 $\{\boldsymbol{x}_i(t)\}$ 由式(5-6)生成。则对任意正的学习速率序列 $\{\alpha(t)\}_{t=1}^T$，以概率1有

$$\|\bar{\boldsymbol{x}}(t)\| \leqslant r_\beta + \frac{\sum_{i=1}^n (L_i + \nu_i)}{n} \max_{s\geqslant 1} \alpha(s) \tag{5-70}$$

其中，对于一些 $\delta \in (0,\beta)$，有

$$r_\beta = \max\left\{\frac{C_{\mathcal{X}} + C_{\mathcal{Y}}}{\beta\sqrt{1-\delta^2} - \delta\sqrt{1-\beta^2}}, \frac{\sum_{i=1}^n (L_i + \nu_i)}{2n\delta} \max_{s\geqslant 1} \alpha(s)\right\} \tag{5-71}$$

引理 5.8 证明：如果 $\bar{\boldsymbol{x}}(t) \in \bar{\mathcal{B}}(0,r_\beta)$，由式(5-31)，以概率1有

$$\begin{aligned}\|\bar{\boldsymbol{x}}(t+1)\| &= \left\|\bar{\boldsymbol{x}}(t) - \frac{\alpha(t)}{n}\sum_{i=1}^n \boldsymbol{g}_i(t)\right\| \\ &\leqslant \|\bar{\boldsymbol{x}}(t)\| + \sum_{i=1}^n \|\boldsymbol{g}_{i_i}(t)\| \max_{s\geqslant 1} \frac{\alpha(s)}{n} \\ &\leqslant r_\beta + \frac{\sum_{i=1}^n (L_i + \nu_i)}{n} \max_{s\geqslant 1} \alpha(s)\end{aligned} \tag{5-72}$$

因此，可得

$$\bar{\boldsymbol{x}}(t+1) \in \left(0, r_\beta + \frac{\sum_{i=1}^n (L_i + \nu_i)}{n} \max_{s\geqslant 1} \alpha(s)\right)$$

假如 $\bar{\boldsymbol{x}}(t) \in \mathbb{R}^d \setminus \bar{\mathcal{B}}(0,r_\beta)$，则由文献[18]中的引理 5.7，可得 $\|\bar{\boldsymbol{x}}(t+1)\| \leqslant \|\bar{\boldsymbol{x}}(t)\|$。因此，引理 5.8 得证。

下面证明 $\boldsymbol{x}_i(t)$ 是一致有界的。

引理 5.9 如果假设 5.1～假设 5.3 成立。假设序列 $\{f_1^t, f_2^t, \cdots, f_n^t\}_{t=1}^T$ 是凸函数，且 $f_i^t: \mathbb{R}^d \mapsto \mathbb{R}$。此外，假设最优解集是非空的。同时，令

$$\bigcup_{t=1}^T \bigcup_{i=1}^n \operatorname{argmin} f_i^t \subseteq \bar{\mathcal{B}}(0,C_{\mathcal{X}})$$

式中，$C_{\mathcal{X}}$ 为正实数且与 T 无关。假设 $\{f_1^t, f_2^t, \cdots, f_n^t\}_{t=1}^T$ 在 $\mathbb{R}^d \setminus \bar{\mathcal{B}}(0,C_{\mathcal{X}})$ 上是 β-中心的。估计值序列 $\{\boldsymbol{x}_i(t)\}$ 由式(5-6)生成。则对任意正的学习速率序列 $\{\alpha(t)\}_{t=1}^T$，$\boldsymbol{x}_i(t)$ 是一致有界的，即：

$$\|\boldsymbol{x}_i(t)\| \leqslant K(\beta) \tag{5-73}$$

式中，

$$K(\beta) = r_\beta + \frac{\sum_{i=1}^n (L_i + \nu_i)}{n} \max_{s\geqslant 1} \alpha(s) + C_{\mathcal{Y}} \tag{5-74}$$

$$C_{\mathcal{Y}}=C\left(\lambda^{t}\sum_{j=1}^{n}\|\boldsymbol{x}_{j}(0)\|_{1}+\sqrt{d}\sum_{j=1}^{n}(L_{j}+\nu_{j})\sum_{s=0}^{t-1}\alpha(s)\lambda^{t-s-1}\right) \tag{5-75}$$

引理 5.9 证明：由推论 5.1 可知，对任意的 $i=1,2,\cdots,n$，有

$$\begin{aligned}\|\boldsymbol{x}_{i}(t)\| &\leqslant \|\bar{\boldsymbol{x}}(t)\|+\|\boldsymbol{x}_{i}(t)-\bar{\boldsymbol{x}}(t)\| \\ &\leqslant r_{\beta}+\frac{\sum_{i=1}^{n}(L_{i}+\nu_{i})}{n}\max_{s\geqslant 1}\alpha(s)+ \\ &\quad C\left(\lambda^{t}\sum_{j=1}^{n}\|\boldsymbol{x}_{j}(0)\|_{1}+\sqrt{d}\sum_{j=1}^{n}(L_{j}+\nu_{j})\sum_{s=0}^{t-1}\alpha(s)\lambda^{t-s-1}\right)\end{aligned} \tag{5-76}$$

因此，引理 5.9 得证。

定理 5.3 证明：由式(5-71)和式(5-74)可知，$C_{\mathcal{X}}<r_{\beta}<K\left(\frac{pC_{\mathcal{X}}}{2L}\right)$。因为每个函数在$\bar{\mathcal{B}}\left(0,K\left(\frac{pC_{\mathcal{X}}}{2L}\right)\right)$是 p-强凸函数，则在$\bar{\mathcal{B}}(0,C_{\mathcal{X}})$也是 p-强凸函数。利用文献[18]中的引理 5.9，可知对任意 $\beta'\leqslant\frac{pC_{\mathcal{X}}}{2L}$，每个函数 f_{i}^{t} 在$\mathbb{R}^{d}\setminus\bar{\mathcal{B}}(0,C_{\mathcal{X}})$上是 β'-中心的。因此，当 $\beta=\frac{pC_{\mathcal{X}}}{2L}$时，满足了引理 5.9 中的条件，所以对所有 $i\in\{1,2,\cdots,n\}$，估计值$\boldsymbol{x}_{i}(t)$被限制在区域$\bar{\mathcal{B}}\left(0,K\left(\frac{pC_{\mathcal{X}}}{2L}\right)\right)$之内。

5.5 仿真实验

本节考虑由 n 个传感器组成的传感器网络，目标是估计随机向量$\boldsymbol{\theta}\in\mathbb{R}^{d}$。在每轮时刻 $t\in\{1,2,\cdots,T\}$，第 i 个传感器可测量观察向量 $\boldsymbol{r}_{i,t}\in\mathbb{R}^{d_{i}}$。由于存在观察噪声，则观察向量 $\boldsymbol{r}_{i,t}$ 是时变和不确定的。假设每个传感器 i 具有一个线性模型，其形式如下：$q_{i}(\boldsymbol{\theta})=\boldsymbol{Q}_{i}\boldsymbol{\theta}$，其中 $\boldsymbol{Q}_{i}\in\mathbb{R}^{d_{i}\times d}$ 为观察矩阵。此外，$\boldsymbol{Q}_{i}\boldsymbol{\theta}=0$ 当且仅当 $\boldsymbol{\theta}=0$。目标是寻找 $\boldsymbol{\theta}$ 的最优估计 $\hat{\boldsymbol{\theta}}\in\mathbb{R}^{d}$。为此，最小化以下代价函数

$$f(\hat{\boldsymbol{\theta}})=\sum_{t=1}^{T}\sum_{i=1}^{n}\frac{1}{2}\|\boldsymbol{r}_{i,t}-\boldsymbol{Q}_{i}\hat{\boldsymbol{\theta}}\|^{2} \tag{5-77}$$

每个传感器 i 在 t 轮的观察向量 $\boldsymbol{r}_{i,t}$ 具有以下形式

$$\boldsymbol{r}_{i,t}=\boldsymbol{Q}_{i}\boldsymbol{\theta}+\xi_{i,t} \tag{5-78}$$

式中，$\xi_{i,t}$ 为观察噪声。假设此噪声为白噪声。在离线优化中，最优估计是 $f(\hat{\boldsymbol{\theta}})$的最小值$\boldsymbol{\theta}^{*}$，即

$$\boldsymbol{\theta}^{*}=\frac{1}{T}\sum_{t=1}^{T}\left(\sum_{i=1}^{n}\boldsymbol{Q}_{i}^{\mathrm{T}}\boldsymbol{Q}_{i}\right)^{-1}\left(\sum_{i=1}^{n}\boldsymbol{Q}_{i}^{\mathrm{T}}\boldsymbol{r}_{i,t}\right) \tag{5-79}$$

由于观察噪声以及不确定性，局部代价函数 $f_i^t(\hat{\boldsymbol{\theta}})=\frac{1}{2}\|\boldsymbol{r}_{i,t}-\boldsymbol{Q}_i\hat{\boldsymbol{\theta}}\|^2$ 随时间变化。因此，仅当得到估计$\hat{\boldsymbol{\theta}}(t)$时，每个传感器才知道自己的局部代价函数。为此，采用分布式在线优化算法估计参数$\boldsymbol{\theta}$ 。

在本节中，令 $d=1$，即只考虑标量情形。另外，随机有向图$\mathcal{G}(n,\bar{\omega},P)$按以下方式生成：在每轮 $t\in\{1,2,\cdots,T\}$，首先生成一个 $\bar{\omega}$ 正则有向图，其中 $\bar{\omega}$ 为偶数；再以概率 P 删除每条有向边。因此，通过随机地选择 $\bar{\omega}n$ 条边和 n 个节点组成一个随机有向图，其中，每对节点通过一条有向边连接。

在本实验中，传感器 i 在 t 轮的观察值具有以下形式：$r_{i,t}=q_{i,t}\theta+s_{i,t}$，其中随机选择 $q_{i,t}\in[q_{\min},q_{\max}]$，$s_{i,t}\in[s_{\min},s_{\max}]$。另外，局部代价函数为 $f_i^t(\hat{\boldsymbol{\theta}})=\frac{1}{2}(\boldsymbol{r}_{i,t}-\boldsymbol{Q}_i\hat{\theta})^2$。

在本实验中，$q_{i,t}\in[0,2]$，$s_{i,t}\in[-1/2,1/2]$。在$[0,2]$和$[-1/2,1/2]$上分别均匀地选择 $q_{i,t}$ 与 $s_{i,t}$。因此，对于任意 $i\in\{1,2,\cdots,n\}$，有 $\boldsymbol{Q}_i=\mathbb{E}[q_{i,t}]=1$。另外，设置 $n=100$，$P=0.5$ 以及 $\bar{\omega}=4$。根据所生成的随机有向图，执行本章所提出的分布式在线优化算法以求解参数估计问题。两个节点的最大平均 Regret 和最小平均 Regret 如图 5-1 所示。由图可知，所提算法可以达到次线性的 Regret 界。

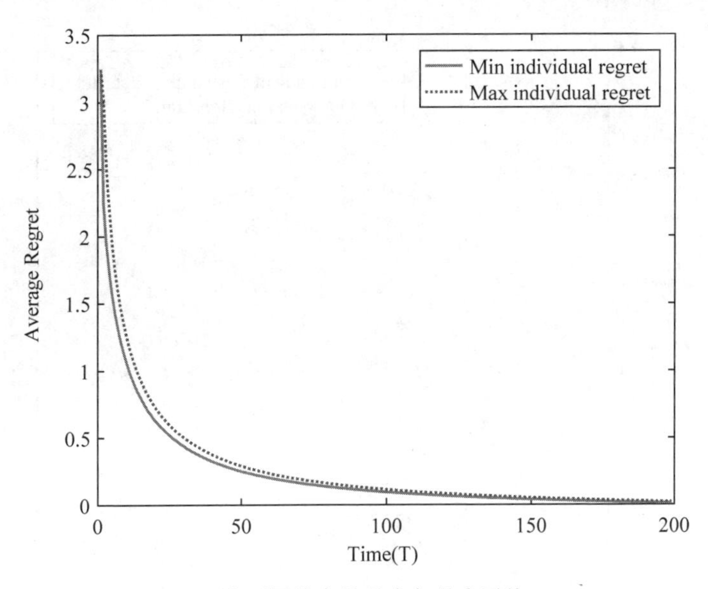

图 5-1 两个不同节点的最大与最小平均 Regret

节点之间有通信与没有通信时的平均 Regret 如图 5-2 所示。由图 5-2 可知，节点之间通信时的 Regret 比节点之间不通信时的 Regret 小。

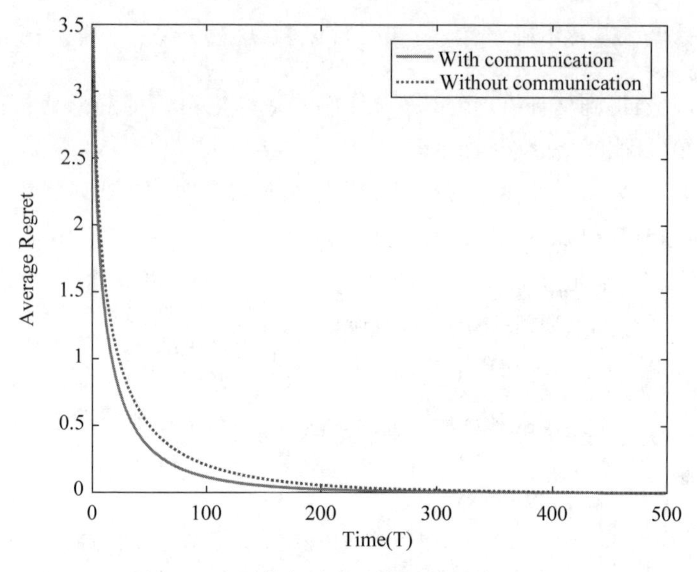

图 5-2　有通信与没有通信时的平均 Regret

所提算法与 Subgradient-Push 算法[21]的比较如图 5-3 所示。由图 5-3 可知，所提算法与 Subgradient-Push 算法拥有相同的 Regret 阶数。文献[21]使用的分析方法得到的 Regret 界较差。

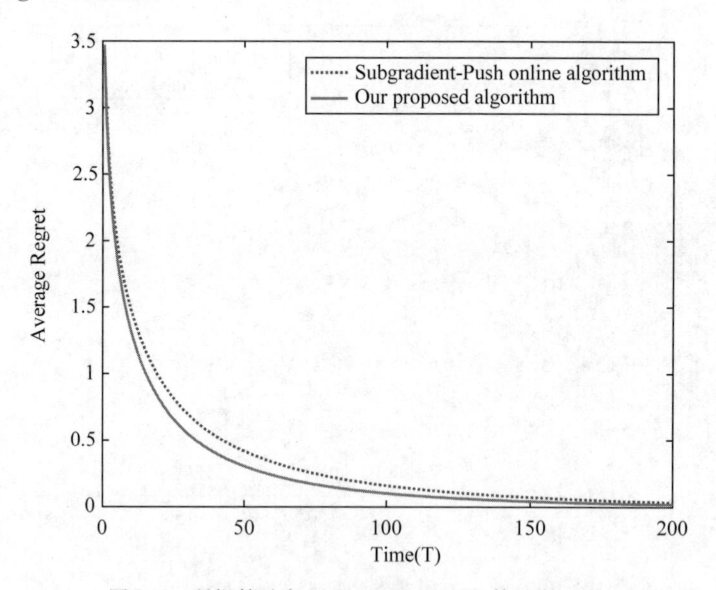

图 5-3　所提算法与 Subgradient-Push 算法的比较

5.6 本章小结

本章考虑了分布式在线优化问题，其全局代价函数为网络化多智能体系统中所有智能体的局部代价函数之和，而且局部代价函数是随时间动态变化的。每个智能体不能提前知道自己的代价函数。此外，智能体之间可交互信息，其网络拓扑是时变有向的。为求解此优化问题，本章使用权平衡技术以解决有向图带来的影响，提出了一种分布式随机次梯度在线优化算法。通过选择合适的学习速率，分析了所提算法的性能：当局部代价函数是强凸函数时，所提算法可达到对数的 Regret 界 $O(\log T)$；当局部代价函数是一般的凸函数时，所提算法可达到平方根的 Regret 界 $O(\sqrt{T})$，其中，T 为时间范围。

参考文献

[1] Lesser V, Tambe M, Ortiz C L. Distributed Sensor Networks: A Multiagent Perspective[M]. Norwell: Kluwer Academic Publishers, 2003.

[2] Rabbat M, Nowak R. Distributed optimization in sensor networks [C]. International Symposium on Information Processing in Sensor Networks, 2004: 20-27.

[3] Kar S, Moura J M F. Distributed consensus algorithms in sensor networks: Quantized data and random link failures [J]. IEEE Transactions on Signal Processing, 2010, 58 (3): 1383-1400.

[4] Kar S, Moura J M F, Ramanan K. Distributed parameter estimation in sensor networks: Nonlinear observation models and imperfect communication [J]. IEEE Transactions on Information Theory, 2012, 58(6): 3575-3605.

[5] Hastie T, Tibshirani R, Friedman J. The Elements of Statistical Learning: Data Mining, Inference, Prediction[M]. New York: Springer-Verlag, 2001.

[6] Bekkerman J L R, Bilenko M. Scaling Up Machine Learning: Parallel and Distributed Approaches[M]. Cambridge: Cambridge University Press, 2011.

[7] Cavalcante R, Yamada I, Mulgrew B. An adaptive projected subgradient approach to learning in diffusion networks[J]. IEEE Transactions on Signal Processing, 2009, 57(7): 2762-2774.

[8] Olfati-Saber R, Fax J A, Murray R M. Consensus and cooperation in networked multi-agent systems[J]. Proceedings of the IEEE, 2007, 95(1): 215-233.

[9] Beck A, Nedić A, Ozdaglar A. An $O(1/k)$ gradient method for network resource allocation problems[J]. IEEE Transactions on Control of Network Systems, 2014, 1(1): 64-73.

[10] Johansson B. On Distributed Optimization in Networked Systems[D]. Stockholm: Royal Institute of Technology, 2008.

[11] Nedić A, Ozdaglar A. Distributed subgradient methods for multi-agent optimization[J]. IEEE Transactions on Automatic Control, 2009, 54(1): 48-61.

[12] Lobel I, Ozdaglar A. Distributed subgradient methods for convex optimization over random

networks[J]. IEEE Transactions on Automatic Control, 2011, 56(6): 1291-1306.

[13] Nedić A, Ozdaglar A, Parrilo P A. Constrained consensus and optimization in multi-agent networks[J]. IEEE Transactions on Automatic Control, 2010, 55(4): 922-938.

[14] Duchi J C, Agarwal A, Wainwright M J. Dual averaging for distributed optimization: Convergence analysis and network scaling[J]. IEEE Transactions on Automatic Control, 2012, 57(3): 592-606.

[15] Raginsky M, Kiarashi N, Willett R. Decentralized online convex programming with local information[C]. IEEE American Control Conference, 2011: 5363-5369.

[16] Yan F, Sundaram S, Vishwanathan S V N, et al. Distributed autonomous online learning: Regrets and intrinsic privacy-preserving properties[J]. IEEE Transactions on Knowledge and Data Engineering, 2013, 25(11): 2483-2493.

[17] Hosseini S, Chapman A, Mesbahi M. Online distributed convex optimization on dynamic networks[J]. IEEE Transactions on Automatic Control, 2016, 61(11): 3545-3550.

[18] Mateos-Núñez D, Cortés J. Distributed online convex optimization over jointly connected digraphs[J]. IEEE Transactions on Network Science and Engineering, 2014, 1(1): 23-37.

[19] Nedić A, Lee S, Raginsky M. Decentralized online optimization with global objectives and local communication [C]. IEEE 2015 American Control Conference (ACC), 2015: 4497-4503.

[20] Hendrickx J M, Tsitsiklis J N. Fundamental limitations for anonymous distributed systems with broadcast communications[C]. The 53rd Allerton Conference on Communication, Control, and Computing, 2015: 9-16.

[21] Akbari M, Gharesifard B, Linder T. Distributed online convex optimization on time-varying directed graphs[J]. IEEE Transactions on Control of Network Systems, 2017, 4(3): 417-428.

[22] Shalev-Shwartz S. Online learning and online convex optimization[J]. Foundations and Trends in Machine Learning, 2012, 4(2): 107-194.

第6章

差分隐私的分布式在线优化算法

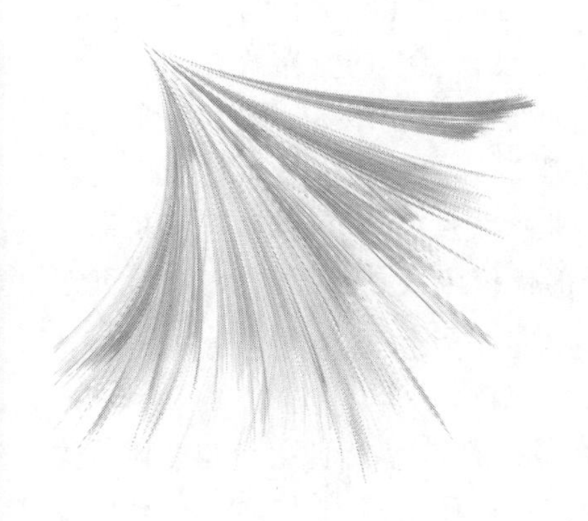

本章考虑带隐私的分布式在线优化问题，目标是最小化所有局部代价函数之和，但每个智能体的局部代价函数需保持差分隐私。每个智能体不能提前知道自己的局部代价函数，只有在做出决策之后才能获悉自己的局部代价函数。此外，每个智能体只知道自己的局部信息，而不知道其他智能体的信息，但智能体之间可交互信息。网络拓扑假设为时变有向图。为求解此优化问题，本章提出一种差分隐私的分布式随机次梯度在线优化算法。由于有向图可能导致权矩阵的非对称性，即权矩阵可能不是双随机矩阵，故本章仍采用权平衡技术解决此问题。此外，本章使用差分隐私机制来保持每个智能体的隐私，并证明了所提算法可实现差分隐私，同时分析了算法的性能：当局部代价函数是强凸函数时，算法可达到对数的 Regret 界 $O(\log T)$；当局部代价函数是一般凸函数时，算法可达到平方根的 Regret 界 $O(\sqrt{T})$，其中，T 为时间范围。最后，本章还分析了隐私水平与算法性能之间的权衡关系。

6.1　引言

分布式凸优化问题大量出现在信息科学与工程领域，例如：分布式优化可应用在资源分配[1-2]、大规模机器学习[3-5]等问题上。因此，需要设计全分布式优化算法，通过智能体之间的协作以最小化全局代价函数。协作意味着智能体之间能相互交换信息。本章考虑的全局代价函数为所有智能体的局部代价函数之和。智能体以协作和去中心化方式最小化此全局代价函数。每个智能体只能知道自己的局部信息而不知道其他智能体的信息。这类分布式优化问题近年来得到了广泛关注[6-15]。

在实际应用场景中，应考虑分布式优化的动态性，其中智能体的代价函数随时间变化。这类问题可归结为分布式在线优化问题，每个学习者 $i\in\{1,2,\cdots,n\}$ 在每一

轮 $t\in\{1,2,\cdots,T\}$ 中选择一个行动 $\boldsymbol{x}_i(t)$，此时环境获得一个代价函数 $f_i^t:\mathbb{R}^d\mapsto\mathbb{R}$，则学习者遭受到的损失为 $f_i^t(\boldsymbol{x}_i(t))$。由此可以看出，分布式在线优化与分布式优化有着本质上的不同。为求解分布式在线优化问题，需设计有效的分布式在线优化算法。由于每个学习者做出的决策可能不是最优决策，因此使用 Regret 函数度量在线算法的性能。Regret 函数的定义为通过执行算法所带来的总代价与执行最优决策所带来的代价之差。当某一在线算法的 Regret 界是次线性的，则可称该算法是优良的。一般情况下，在分布式在线优化问题中，当局部代价函数是普通凸函数时，可达到平方根 Regret 界 $O(\sqrt{T})$；当局部代价函数是强凸函数时，可达到对数 Regret 界 $O(\log T)$，T 为时间范围。

在很多实际应用中，由于数据中可能包含一些敏感的信息，因此每个智能体希望保持隐私。例如，视频推荐应用[16]。但是在信息交互过程中，智能体之间分享信息可能导致信息泄露。为了保持智能体的隐私，可采用差分隐私机制[17]。一般来说，差分隐私机制可使对手很难从单个智能体中推断出任何有意义的信息。近年来，研究者主要聚焦于代价函数非时变的分布式优化问题[7-10]。本章考虑隐私的分布式在线优化问题，其代价函数随时间动态变化，而且每个智能体只能在事后获知自己的局部代价函数信息。

另外，在很多实际应用中，网络拓扑是时变有向的。例如，在移动传感网中，由于传感节点移动或超出节点间的通信范围，通信链路随时间变化。此外，不同的智能体广播的功率水平以及噪声干扰模式不一样，可能导致单向通信，即：在不同方向链路上的通信能力可能不一样。根据 Herdrickx 和 Tsitsiklis 的结果[18]可知，如果每个智能体只知道它的入邻居，则在一个固定有向的网络中不能通过确定的分布式算法计算平均值。而计算平均值是优化问题的一个特例，不能去掉智能体知道自身出度信息这个假设条件。所以，本章假设每个智能体 i 在每一轮 t 都知道自身的出度信息。

为此，本章设计一种差分隐私的分布式随机次梯度在线算法以有效求解带隐私的分布式在线优化问题，其网络拓扑是时变有向的。每个智能体只需知道自己的出度信息，而不需要知道整个网络拓扑。此外，本章还分析了所提算法的性能，并得到了隐私水平与算法性能之间的权衡关系。

6.2 基本概念与定义

6.2.1 图论

本节介绍图论中的一些基本概念。一个时变有向图可用 $\mathcal{G}(t)=(\mathcal{V},\mathcal{E}(t))$ 表示，其中，$\mathcal{V}=\{1,2,\cdots,n\}$ 表示所有节点的集合，$\mathcal{E}(t)\subset\mathcal{V}\times\mathcal{V}$ 表示时刻 t 的有向边集合。$(i,j)\in\mathcal{E}(t)$ 表示在时刻 t 节点 i 可向节点 j 发送信息。节点 j 与节点 i 直接相连，

则称节点 j 为节点 i 的邻居节点，与节点 i 直接相连的节点集合称为节点 i 的邻居集合。用 $\mathcal{N}_i^{\text{out}}(t)=\{j\in\mathcal{V}\mid(i,j)\in\mathcal{E}(t)\}$ 表示节点 i 在时刻 t 的出节点集合，$\mathcal{N}_i^{\text{in}}(t)=\{j\in\mathcal{V}\mid(j,i)\in\mathcal{E}(t)\}$ 表示节点 i 在时刻 t 的入节点集合。$d_i^{\text{out}}(t)=|\mathcal{N}_i^{\text{out}}(t)|$ 表示节点 i 在时刻 t 的出度，$d_i^{\text{in}}(t)=|\mathcal{N}_i^{\text{in}}(t)|$ 表示节点 i 在时刻 t 的入度。

6.2.2　差分隐私

本节介绍差分隐私的基本定义，该定义最初由 Dwork 等[17] 提出，再由 Mcsherry[19] 进一步细化研究。为了定义差分隐私，首先定义邻近关系。

定义 6.1　对于两个数据集 $D=\{x_1,x_2,\cdots,x_n\}$ 和 $D'=\{x_1',x_2',\cdots,x_n'\}$，如果存在 $i,i\in\mathcal{V}$，使得 $x_i\neq x_i'$ 且对所有的 $j\neq i$，$x_j=x_j'$，则数据集 D 与 D' 是邻近的。

从定义 6.1 可以看出，当且仅当两个数据集中仅有一个参与成分不同而其他参与成分都相同时，数据集 D 与 D' 邻近。用 $\mathrm{Adj}(D,D')$ 表示两个数据集 D 与 D' 的邻近关系。因此，差分隐私可定义如下。

定义 6.2　给定 $\varepsilon\geqslant 0$，如果对所有的邻近数据集 D 与 D'，以及对任意的输出集 $\Upsilon\subseteq\mathrm{Range}(\mathcal{A})$，有

$$\Pr[\mathcal{A}(D)\in\Upsilon]\leqslant\Pr[\mathcal{A}(D')\in\Upsilon]\times\exp(\varepsilon\times|D\oplus D'|)\tag{6-1}$$

式中，符号 $\oplus$ 表示对称差分算子，$|D\oplus D'|$ 表示两个数据集 D 与 D' 中参与成分不同的总数量。则称随机算法 A 保持 6-差分隐私。

一般地说，差分隐私意味着对于两个近似相同的输入数据集，它们的输出也近似相同。因此，对手很难从任何单个用户那里推断重要信息。常数 $\mathcal{E}$ 度量随机算法 A 的隐私水平，即：较小的 $\mathcal{E}$ 意味着较高的隐私水平。因此，常数 $\mathcal{E}$ 可用来权衡算法的精确度与隐私水平。

为了设计一个差分隐私机制，需引入敏感度的定义，敏感度在差分隐私机制的设计中扮演一个关键角色。

定义 6.3　随机算法 $\mathcal{A}$ 在时刻 t 的敏感度为

$$\Delta(t)\triangleq\sup_{D_t,D_t':\,\mathrm{Adj}(D_t,D_t')}\|\mathcal{A}(D_t)-\mathcal{A}(D_t')\|_1\tag{6-2}$$

式中，D_t 和 D_t' 为在 t 轮的输入数据集。

一个随机算法 $\mathcal{A}$ 的敏感度可确定在最坏情形下单个数据能改变算法 $\mathcal{A}$ 的幅度。因此，算法 $\mathcal{A}$ 的敏感度给出了需要扰乱多少输出结果以保持隐私的上界。

6.3　问题描述及算法设计

6.3.1　问题描述

首先将网络化多智能体系统建模为一个图模型 $\mathcal{E}(t)$，其网络拓扑是时变有向的。

考虑下面的隐私优化问题：

$$\min_{x\in\mathbb{R}^d} F(\boldsymbol{x}) \triangleq \sum_{t=1}^{T}\sum_{i=1}^{n} f_i^t(\boldsymbol{x}) \tag{6-3}$$

式中，f_i^t：$\mathbb{R}^d \mapsto \mathbb{R}$ 为凸函数。每个节点需保持自己的隐私信息，不能获取其他节点的隐私信息。

由于任何节点不能提前知道自己的局部代价函数，只能在采取行动 $\boldsymbol{x}_i(t)$之后，知道节点 i 遭受的损失为 $f_i^t(\boldsymbol{x}_i(t))$。因此，每次采取的决策可能不是最优的决策。所以，采用 Regret 函数来度量算法的性能，其定义为

$$\mathcal{R}_j(T) \triangleq \sum_{t=1}^{T}\sum_{i=1}^{n} f_i^t(\boldsymbol{x}_j(t)) - \sum_{t=1}^{T}\sum_{i=1}^{n} f_i^t(\boldsymbol{x}^*) \tag{6-4}$$

式中，

$$\boldsymbol{x}^* \in \arg\min_{x\in\mathbb{R}^d} F(\boldsymbol{x})$$

由于节点只能获得自己的噪声次梯度，而噪声次梯度是随机变量。因此，序列 $\{f_1^t, f_2^t, \cdots, f_n^t\}_{t=1}^T$、$\{\boldsymbol{x}(t)\}_{t=1}^T$ 以及其他变量也是随机变量。因此，采用期望 Regret 函数来度量算法性能，其定义如下：

$$\bar{\mathcal{R}}(T) \triangleq \mathbb{E}\left[\sum_{t=1}^{T}\sum_{i=1}^{n} f_i^t(\boldsymbol{x}_i(t))\right] - \mathbb{E}\left[\sum_{t=1}^{T}\sum_{i=1}^{n} f_i^t(\boldsymbol{x}^*)\right] \tag{6-5}$$

与

$$\bar{\mathcal{R}}_j(T) \triangleq \mathbb{E}\left[\sum_{t=1}^{T}\sum_{i=1}^{n} f_i^t(\boldsymbol{x}_j(t))\right] - \mathbb{E}\left[\sum_{t=1}^{T}\sum_{i=1}^{n} f_i^t(\boldsymbol{x}^*)\right] \tag{6-6}$$

本章的目标是设计一种分布式随机次梯度在线算法以求解问题式(6-3)，且其 Regret 函数随着迭代次数 T 的增加而趋近于 0，即：$\lim\limits_{T\to\infty} \bar{\mathcal{R}}(T)/T = 0$ 和 $\lim\limits_{T\to\infty} \bar{\mathcal{R}}_j(T)/T = 0$。

6.3.2 算法设计

本章考虑的网络拓扑是时变有向的，但有向图可能导致权矩阵不是双随机矩阵。因此，使用权平衡技术解决此问题，权平衡的定义可参见定义 2.1。

为求解隐私的在线优化问题式(6-3)，基于权平衡技术提出一种差分隐私的分布式随机次梯度在线算法。令$\boldsymbol{x}_i(t)\in\mathbb{R}^d$ 为节点 i 在 t 轮的估计值，则其更新规则如下：在每一轮 $t\in\{1,2,\cdots,T\}$，每个节点 $i\in\{1,2,\cdots,n\}$执行

$$\boldsymbol{y}_i(t) = \boldsymbol{x}_i(t) + \boldsymbol{\eta}_i(t) \tag{6-7}$$

$$\boldsymbol{z}_i(t+1) = (1 - w_i(t)d_i^{\text{out}}(t))\boldsymbol{y}_i(t) + \sum_{j\in\mathcal{N}_i^{in}(t)} w_j(t)\boldsymbol{y}_j(t) \tag{6-8}$$

$$\boldsymbol{x}_i(t+1) = \boldsymbol{z}_i(t+1) - \alpha(t)\boldsymbol{g}_i(t) \tag{6-9}$$

式中，$\eta_i(t)$为 Laplace 噪声，服从参数为 $\sigma(t)$的 Laplace 分布 Lap($\sigma(t)$)且相互独

立；$\alpha(t)$是正学习速率；用$\boldsymbol{g}_i(t)$缩略表示$\boldsymbol{g}_i^t(\boldsymbol{x}_i(t))$，为函数$f_i^t(\boldsymbol{x})$在$\boldsymbol{x}=\boldsymbol{x}_i(t)$处的噪声次梯度；$w_i(t)$表示节点$i\in\{1,2,\cdots,n\}$在$t$轮的一个标量权值，故在每一轮$t\in\{1,2,\cdots,T\}$，节点$i$的权值更新如下：

$$w_i(t+1)=\frac{1}{2}w_i(t)+\frac{1}{d_i^{\text{out}}(t)}\sum_{j\in\mathcal{N}_i^{\text{in}}(t)}\frac{1}{2}w_j(t) \tag{6-10}$$

式(6-7)、式(6-8)和式(6-9)可通过简单的广播协议执行：每个节点首先给其估计值添加一个Laplace噪声，再将加噪后的噪声估计值广播到其出邻居；每个节点简单计算接收到的噪声估计值与本身的噪声估计值的权平均，然后沿着其噪声次梯度的负方向进行迭代。

为分析差分隐私的分布式在线优化算法的性能，需做以下标准假设。首先假设噪声次梯度$\boldsymbol{g}_i^t(\boldsymbol{x}_i(t))$满足

$$\boldsymbol{g}_i^t(\boldsymbol{x}_i(t))=\nabla f_i^t(\boldsymbol{x}_i(t))+\boldsymbol{\epsilon}_i(t) \tag{6-11}$$

式中，$\nabla f_i^t(\boldsymbol{x}_i(t))$表示函数$f_i^t(\boldsymbol{x})$在$\boldsymbol{x}=\boldsymbol{x}_i(t)$处的次梯度；$\boldsymbol{\epsilon}_i(t)\in\mathbb{R}^d$为在计算次梯度时产生的随机误差。此外，对局部代价函数做以下假设。

假设 6.1　$\{f_1^t,f_2^t,\cdots,f_n^t\}_{t=1}^T$为局部代价函数序列。假设对所有的$\boldsymbol{x}\in\mathbb{R}^d$与$i\in\mathcal{V}$，函数$f_i^t(\boldsymbol{x})$的次梯度$\nabla f_i^t(\boldsymbol{x})$是$L_i$有界的，即：对所有的$i\in\mathcal{V}$与$\boldsymbol{x}\in\mathbb{R}^d$，$\|\nabla f_i^t(\boldsymbol{x})\|\leqslant L_i$。

当每个函数f_i^t是多面体函数时，则假设6.1成立。

令$\mathcal{F}_t$表示式(6-7)、式(6-8)和式(6-9)所产生的全部历史信息。因此，关于随机次梯度误差的假设如下：

假设 6.2　对任意的节点$i=1,2,\cdots,n$，假设随机次梯度误差$\epsilon_i(t)$是一个随机变量，其均值为0，即：$\mathbb{E}[\boldsymbol{\epsilon}_i(t)\mid\mathcal{F}_{t-1}]=\boldsymbol{0}$，且$\boldsymbol{\epsilon}_i(t)$相互独立。假设噪声范数$\|\boldsymbol{\epsilon}_i(t)\|$是一致有界的，即：$\mathbb{E}[\|\boldsymbol{\epsilon}_i(t)\|\mid\mathcal{F}_{t-1}]\leqslant\nu_i$，其中，$\nu_i$是正常数。

下面是关于时变有向图$\mathcal{G}(t)$的假设。

假设 6.3　假设时变有向图序列$\{\mathcal{G}(t)\}_{t=1}^T$是强连接的，即：对所有的$i,j\in\mathcal{V}$，每一轮$t$都存在一条节点$i$到$j$之间的通路。

假设6.3确保了节点之间能充分交互信息。

6.4　主要结果

用$\boldsymbol{x}^*$和$\mathcal{X}^*$分别表示最优解与最优解集合。假设最优解集合$\mathcal{X}^*$是非空的。下面给出关于保持差分隐私的结果。

定理 6.1　如果假设6.1～假设6.3成立。假设随机噪声向量序列$\{\boldsymbol{\eta}_i(t)\}_{i=1}^n$独立且服从参数为$\sigma(t)$的Laplace分布，对所有的$t\in\{1,2,\cdots,T\}$、$\varepsilon>0$，参数$\sigma(t)$

满足 $\sigma(t)=\Delta(t)/\varepsilon$。则本章所提算法保持 ε-差分隐私。

下面给出 Regret 函数的上界。令 $\mu=\frac{1}{2}\sum_{i=1}^{n}\mu_i$、$L_{\max}=\max_{i\in\{1,2,\cdots,n\}} L_i$、$L=\sum_{i=1}^{n}L_i$。如果局部代价函数是强凸函数时，有以下定理。

定理 6.2 如果假设 6.1～假设 6.3 成立。对所有的 $i\in\{1,2,\cdots,n\}$、$t\in\{1,2,\cdots,T\}$，局部代价函数 f_i^t 是参数为 μ_i 的强凸函数。估计值序列 $\{\boldsymbol{x}_i(t)\}$ 由式(6-7)、式(6-8)和式(6-9)产生，且学习速率 $\alpha(t)$ 对任意 $\tilde{\mu}\in(0,\mu]$ 有 $\alpha(t)=\frac{1}{\tilde{\mu}(t+1)}$。则节点 $j\in\{1,2,\cdots,n\}$ 的 Regret 上界以概率 1 有

$$\bar{\mathcal{R}}_j(T)+\sum_{j=1}^{n}\mu_j\mathbb{E}[\|\hat{\boldsymbol{x}}_j(T)-\boldsymbol{x}^*\|^2]\leqslant C_1+C_2(1+\log T) \tag{6-12}$$

式中，$\hat{\boldsymbol{x}}_j(T)$ 的定义为

$$\hat{\boldsymbol{x}}_j(T)=\frac{\sum_{s=1}^{T}s\boldsymbol{x}_j(s)}{t(t+1)/2} \tag{6-13}$$

以及

$$C_1=2n\tilde{\mu}\|\bar{\boldsymbol{x}}(1)-\boldsymbol{x}^*\|^2+\frac{\lambda C(5L+2nL_{\max})\sum_{j=1}^{n}\|\boldsymbol{x}_j(0)\|_1}{1-\lambda} \tag{6-14}$$

$$\begin{aligned}C_2=&(5L+2nL_{\max})\frac{2\sqrt{2}n\lambda dL_{\max}C}{\tilde{\mu}\varepsilon(1-\lambda)}+\\&\frac{8ndL_{\max}^2}{\tilde{\mu}\varepsilon^2}+\frac{nCL_{\max}(L+4n+2nL_{\max})}{\tilde{\mu}(1-\lambda)}+\\&\frac{1}{\tilde{\mu}}\sum_{j=1}^{n}(L_j+\nu_j)^2+2L_{\max}(L+4n+2nL_{\max})\frac{1}{\tilde{\mu}}\end{aligned} \tag{6-15}$$

当局部代价函数是一般的凸函数时，有以下定理。

定理 6.3 如果假设 6.1～假设 6.3 成立。对所有的 $i\in\{1,2,\cdots,n\}$ 与 $t\in\{1,2,\cdots,T\}$，估计值序列 $\{\boldsymbol{x}_i(t)\}$ 由式(6-7)、式(6-8)和式(6-9)产生。学习速率可通过双倍叠加的策略进行选择，即：在每轮 $t=2^m,\cdots,2^{m+1}-1$，周期为 2^m，$m=0,1,2,\cdots,\lceil\log_2 T\rceil$，取 $\alpha(t)=1/\sqrt{2^m}$。则对所有的 $j\in\{1,2,\cdots,n\}$，节点 j 的期望 Regret 上界以概率 1 为

$$\bar{\mathcal{R}}_j(T)\leqslant\frac{\sqrt{2}}{\sqrt{2}-1}\beta\sqrt{T} \tag{6-16}$$

式中

$$\beta = n \| \bar{x}(1) - x^* \|^2 + 2L_{\max}(L + 2n + 2nL_{\max}) + \sum_{j=1}^{n}(L_j + \nu_j)^2 + \frac{2\sqrt{2}ndL_{\max}C(5L + 2nL_{\max})}{\varepsilon(1-\lambda)} + \frac{8ndL_{\max}^2}{\varepsilon^2} + (L + 4n + 2nL_{\max})\frac{nCL_{\max}}{1-\lambda} + (5L + 2nL_{\max})\frac{\lambda C}{1-\lambda}\sum_{j=1}^{n}\| x_j(0) \|_1 \tag{6-17}$$

从以上定理可以看出，当局部代价函数为强凸函数时，所提算法可达到对数的 Regret 界 $O(\log T)$；当局部代价函数是一般凸函数时，所提算法可达到平方根的 Regret 界 $O(\sqrt{T})$。而且，此上界与网络规模 n、向量的维数 d 有关。此外，估计值中添加 Laplace 噪声不影响 Regret 函数的上界。固定迭代次数 T，期望 Regret 界为 $O(1/\varepsilon^2)$，即：当 6 趋近于 0 时，期望 Regret 函数的上界趋近于无穷大。

6.5 差分隐私与性能分析

本节对主要结果进行证明。首先分析所提算法能否保持隐私，接着分析所提算法的性能。

6.5.1 差分隐私分析

本节证明式(6-7)、式(6-8)和式(6-9)是 6-差分隐私的。在信息交互过程中，用户的隐私信息可能被泄露。因此，采用差分隐私保证用户的隐私，通过在估计值上添加一个 Laplace 噪声实现差分隐私。在差分隐私机制中，一个关键的量是每轮需要确定添加多少噪声以实现差分隐私，即为算法的敏感度。因此，可通过限制敏感度来确定随机噪声的添加量以保证 ε-差分隐私。下面的引理给出了算法的敏感度的上界。

引理 6.1 *如果假设 6.1 和假设 6.2 成立。式(6-7)、式(6-8)和式(6-9)的敏感度满足*

$$\Delta(t) \leqslant 2L_{\max}\sqrt{d}\alpha(t) \tag{6-18}$$

式中，$L_{\max} = \max_{i \in \{1,2,\cdots,n\}} L_i$；$d$ 为向量的维数。

引理 6.1 证明：在所考虑的在线优化问题中，邻近关系可定义为：存在一个 $i \in \{1,2,\cdots,n\}$，当 $j \neq i$，使 $f_i^t \neq f_i^{t'}$、$f_j^t = f_j^{t'}$，且其局部代价函数集相同。令 $x_i(t)$、$x_i'(t)$分别为$\mathcal{A}(D_t)$、$\mathcal{A}(D_t')$的执行结果。因此，根据定义 6.3 以及式(6-7)、式(6-8)和式(6-9)，有

$$\begin{aligned}\| \mathcal{A}(D_t) - \mathcal{A}(D_t') \|_1 &= \| x_i(t+1) - x_i'(t+1) \|_1 \\ &= \alpha(t) \| g_i(t) - g_i'(t) \|_1\end{aligned}$$

$$\begin{aligned}&\leqslant \sqrt{d}\,\alpha(t)\,\|\boldsymbol{g}_i(t)-\boldsymbol{g}'_i(t)\|\\&\leqslant \sqrt{d}\,\alpha(t)(\|\boldsymbol{g}_i(t)\|+\|\boldsymbol{g}'_i(t)\|)\end{aligned} \tag{6-19}$$

式中,第一个不等式可由范数不等式得到;最后一个不等式可由三角不等式得到。此外,由假设6.1与假设6.2,可得

$$\mathbb{E}[\|\boldsymbol{g}_i(t)\| \mid \mathcal{F}_{t-1}] \leqslant L_i \leqslant L_{\max} \tag{6-20}$$

因为邻近数据集 D、D' 可任意地选择,则根据定义6.3,有

$$\begin{aligned}\Delta(t)&\leqslant \mathbb{E}[\|\boldsymbol{x}_i(t+1)-\boldsymbol{x}'_i(t+1)\|_1 \mid \mathcal{F}_{t-1}]\\&\leqslant 2L_{\max}\sqrt{d}\,\alpha(t)\end{aligned} \tag{6-21}$$

因此,引理6.1得证。

从引理6.1可以看出,算法的敏感度与学习速率 $\alpha(t)$、向量维数 d、次梯度的上界和隐私水平 $\mathcal{E}$ 有关。

定理6.1证明:首先定义以下向量:

$$\boldsymbol{x}(t) \triangleq [\boldsymbol{x}_1(t)^{\mathrm{T}},\boldsymbol{x}_2(t)^{\mathrm{T}},\cdots,\boldsymbol{x}_n(t)^{\mathrm{T}}]^{\mathrm{T}}$$

$$\boldsymbol{x}'(t) \triangleq [\boldsymbol{x}'_1(t)^{\mathrm{T}},\boldsymbol{x}'_2(t)^{\mathrm{T}},\cdots,\boldsymbol{x}'_n(t)^{\mathrm{T}}]^{\mathrm{T}}$$

相似地,可定义向量 $\boldsymbol{y}(t)$ 和 $\boldsymbol{z}(t)$。根据定义6.3,有

$$\|\boldsymbol{x}(t)-\boldsymbol{x}'(t)\|_1 \leqslant \Delta(t)$$

向量 $\boldsymbol{x}(t)$、$\boldsymbol{x}'(t)\in\mathbb{R}^{nd}$。由1范数的定义可知

$$\sum_{i=1}^{n}\sum_{k=1}^{d}|x_i^k(t)-x_i'^k(t)| = \|x(t)-x'(t)\|_1 \leqslant \Delta(t) \tag{6-22}$$

式中,$x_i^k(t)$、$x_i'^k(t)$ 分别为向量 $x_i(t)$、$x'_i(t)$ 的第 k 个元素。

因此,根据Laplace分布的性质,有

$$\begin{aligned}&\prod_{i=1}^{n}\prod_{k=1}^{d}\frac{\Pr[y_i^k(t)-x_i^k(t)]}{\Pr[y_i'^k(t)-x_i'^k(t)]}\\&=\prod_{i=1}^{n}\prod_{k=1}^{d}\exp\left(\frac{|y_i'^k(t)-x_i'^k(t)|-|y_i^k(t)-x_i^k(t)|}{\sigma(t)}\right)\\&\leqslant\prod_{i=1}^{n}\prod_{k=1}^{d}\exp\left(\frac{|y_i'^k(t)-x_i'^k(t)-y_i^k(t)+x_i^k(t)|}{\sigma(t)}\right)\\&=\prod_{i=1}^{n}\prod_{k=1}^{d}\exp\left(\frac{|x_i^k(t)-x_i'^k(t)|}{\sigma(t)}\right)\\&=\exp\left(\sum_{i=1}^{n}\sum_{k=1}^{d}\frac{|x_i^k(t)-x_i'^k(t)|}{\sigma(t)}\right)\\&=\exp\left(\frac{\|x_i^k(t)-x_i'^k(t)\|_1}{\sigma(t)}\right)\\&\leqslant\exp\left(\frac{\Delta(t)}{\sigma(t)}\right)\end{aligned} \tag{6-23}$$

式中,第一个不等式可由三角不等式得到;根据式(6-22)可得到最后一个不等式。

此外,由定义 6.2 可知

$$\Pr[\mathcal{A}(D) \in \Upsilon] = \prod_{t=1}^{T} \Pr[\mathcal{A}(D_t) \in \Upsilon] \tag{6-24}$$

式中,$\mathcal{A}(D_t)$表示数据集 D 在 t 轮的输出。根据式(6-23)和文献[19],可得

$$\begin{aligned}\prod_{t=1}^{T} \Pr[\mathcal{A}(D_t) \in \Upsilon] &\leqslant \prod_{t=1}^{T} \Pr[\mathcal{A}(D'_t) \in \Upsilon] \times \prod_{t=1}^{T} \exp\left(\frac{\Delta(t)}{\sigma(t)} \times |D_t \oplus D'_t|\right) \\ &= \prod_{t=1}^{T} \Pr[\mathcal{A}(D'_t) \in \Upsilon] \times \exp\left(\frac{\Delta(t)}{\sigma(t)} \times |D \oplus D'|\right)\end{aligned} \tag{6-25}$$

如果参数 $\sigma(t)$满足以下关系:$\Delta(t)/\sigma(t)=\varepsilon$,则根据式(6-24)和式(6-25),有

$$\Pr[\mathcal{A}(D) \in \Upsilon] \leqslant \exp(\varepsilon \times |D \oplus D'|) \times \Pr[\mathcal{A}(D') \in \Upsilon] \tag{6-26}$$

因此,根据差分隐私的定义,即定义 6.2,定理 6.1 成立。

从定理 6.1 可以看出,由于算法的敏感度与学习速率 $\alpha(t)$有关,因此对于一个固定隐私水平$\mathcal{E}$,所提算法的敏感度随着算法的运行而降低。

6.5.2 性能分析

本节分析所提算法的期望 Regret 界,并给出定理 6.2 与定理 6.3 的证明。为了方便分析,权矩阵的定义如下:对任意的 i 与 $j \in \mathcal{N}_i^{\text{in}}(t)$,$[\boldsymbol{W}(t)]_{ij}=w_j(t)$,以及$[\boldsymbol{W}(t)]_{ii}=1-w_i(t)d_i^{\text{out}}(t)$。此外,矩阵$\boldsymbol{\Phi}(t:s)$的定义为:对所有的 s、t 且 $t \geqslant s$,$\boldsymbol{\Phi}(t:s) \triangleq \boldsymbol{W}(t)\boldsymbol{W}(t-1)\cdots\boldsymbol{W}(s)$。

在算法性能分析中,矩阵 $\boldsymbol{W}(t)$和$\boldsymbol{\Phi}(t:s)$起到非常重要的作用。因此,首先给出这些矩阵的一些性质。

引理 6.2 如果假设 6.3 成立。则对任意 $t \geqslant 0$,矩阵 $\boldsymbol{W}(t)$是列随机矩阵。此外,对所有的 i、$j \in \mathcal{V}$,存在正常数 C 和 $\lambda \in (0,1)$,矩阵$\boldsymbol{\Phi}(t:s)$满足

$$\left|[\boldsymbol{\Phi}(t:s)]_{ij} - \frac{1}{n}\right| \leqslant C\lambda^{t-s+1} \tag{6-27}$$

式中,$t \geqslant s$。

为分析所提算法的性能,需定义以下辅助变量:

$$\bar{\boldsymbol{x}}(t) \triangleq \frac{1}{n}\sum_{i=1}^{n} \boldsymbol{x}_i(t) \tag{6-28}$$

此外,定义向量 $\boldsymbol{x}^{\ell}(t) \in \mathbb{R}^n$,$i=1,2,\cdots,n$、$\ell=1,2,\cdots,d$,使其满足$[\boldsymbol{x}^{\ell}(t)]_i = [\boldsymbol{x}_i(t)]_{\ell}$。以同样的方式定义向量 $\boldsymbol{g}^{\ell}(t)$和$\boldsymbol{\eta}^{\ell}(t)$。因为矩阵 $\boldsymbol{W}(t)$是列随机矩阵,且根据式(6-7)、式(6-8)和式(6-9),对所有的 $\ell=1,2,\cdots,d$,有

$$\frac{1}{n}\sum_{i=1}^{n}[\boldsymbol{x}^{\ell}(t+1)]_i = \frac{1}{n}\sum_{i=1}^{n}([\boldsymbol{x}^{\ell}(t)]_i + [\boldsymbol{\eta}^{\ell}(t)]_i) - \frac{\alpha(t)}{n}\sum_{i=1}^{n}[\boldsymbol{g}^{\ell}(t)]_i \tag{6-29}$$

此外,由向量 $\boldsymbol{x}^{\ell}(t)$的结构及 $\bar{\boldsymbol{x}}(t)$的定义,可知

$$\bar{\boldsymbol{x}}(t+1)=\bar{\boldsymbol{x}}(t)+\frac{1}{n}\sum_{i=1}^{n}\boldsymbol{\eta}_i(t)-\frac{\alpha(t)}{n}\sum_{i=1}^{n}\boldsymbol{g}_i(t) \tag{6-30}$$

引理 6.3 给出了$\mathbb{E}[\|\boldsymbol{x}_i(t)-\bar{\boldsymbol{x}}(t)\|]$的上界，具体如下。

引理 6.3 如果假设 6.1～假设 6.3 成立。对所有的 $i=1,2,\cdots,n$ 与 $t\geqslant 2$，估计值序列$\{\boldsymbol{x}_i(t)\}$由式(6-7)、式(6-8)和式(6-9)生成，其学习速率为 $\alpha(t)$，则以概率 1 有

$$\begin{aligned}&\mathbb{E}[\|\boldsymbol{x}_i(t)-\bar{\boldsymbol{x}}(t)\|\mid\mathcal{F}_{t-1}]\\&\leqslant C\lambda^t\sum_{j=1}^{n}\|\boldsymbol{x}_j(0)\|_1+2L_{\max}\alpha(t-1)+\\&C\sum_{s=0}^{t-1}\sum_{j=1}^{n}\lambda^{t-s}\mathbb{E}[\|\boldsymbol{\eta}_j(s)\|]+CnL_{\max}\sum_{s=0}^{t-2}\lambda^{t-s-1}\alpha(s)\end{aligned} \tag{6-31}$$

式中，$\boldsymbol{\eta}_i(t)$服从均值为 0，方差为$\mathbb{E}[\|\boldsymbol{\eta}_i(t)\|^2]=2\sigma^2(t)$的 Laplace 分布。

引理 6.3 证明：首先分析 $\|\boldsymbol{x}_i(t+1)-\bar{\boldsymbol{x}}(t+1)\|$ 的上界。为此，定义以下向量：

$$\boldsymbol{r}_i(t)=\boldsymbol{x}_i(t+1)-\boldsymbol{z}_i(t+1) \tag{6-32}$$

根据式(6-9)，可得

$$\|\boldsymbol{r}_i(t)\|=\|-\alpha(t)\boldsymbol{g}_i(t)\|\leqslant\alpha(t)\|\boldsymbol{g}_i(t)\| \tag{6-33}$$

因此，由假设 6.1、假设 6.2 和式(6-20)，有

$$\mathbb{E}[\|\boldsymbol{r}_i(t)\|\mid\mathcal{F}_{t-1}]\leqslant\alpha(t)L_{\max} \tag{6-34}$$

此外，根据式(6-30)，可得

$$\bar{\boldsymbol{x}}(t+1)=\bar{\boldsymbol{x}}(0)+\frac{1}{n}\sum_{s=0}^{t}\sum_{j=1}^{n}\boldsymbol{\eta}_j(s)+\frac{1}{n}\sum_{s=0}^{t}\sum_{j=1}^{n}\boldsymbol{r}_j(s) \tag{6-35}$$

由式(6-32)及矩阵$\boldsymbol{\Phi}(t:s)$的定义，有

$$\begin{aligned}\boldsymbol{x}_i(t+1)=&\boldsymbol{\Phi}(t:0)\boldsymbol{x}_i(0)+\boldsymbol{r}_i(t)+\sum_{s=0}^{t-1}\left(\sum_{j=1}^{n}[\boldsymbol{\Phi}(t:s+1)]_{ij}\boldsymbol{r}_j(s)\right)+\\&\sum_{s=0}^{t}\left(\sum_{j=1}^{n}[\boldsymbol{\Phi}(t:s)]_{ij}\boldsymbol{\eta}_j(s)\right)\end{aligned} \tag{6-36}$$

根据式(6-35)、式(6-36)及三角不等式，可得

$$\begin{aligned}&\|\boldsymbol{x}_i(t+1)-\bar{\boldsymbol{x}}(t+1)\|\\&\leqslant\|\boldsymbol{\Phi}(t:0)\boldsymbol{x}_i(0)-\bar{\boldsymbol{x}}(0)\|+\\&\sum_{s=0}^{t}\sum_{j=1}^{n}\left|[\boldsymbol{\Phi}(t:s)]_{ij}-\frac{1}{n}\right|\|\boldsymbol{\eta}_j(s)\|+\|\boldsymbol{r}_i(t)\|+\\&\sum_{s=0}^{t-1}\sum_{j=1}^{n}\left|[\boldsymbol{\Phi}(t:s+1)]_{ij}-\frac{1}{n}\right|\|\boldsymbol{r}_j(s)\|+\frac{1}{n}\sum_{j=1}^{n}\|\boldsymbol{r}_i(t)\|\end{aligned} \tag{6-37}$$

根据假设 6.1 与假设 6.2，再由式(6-27)和式(6-34)，有

$$\mathbb{E}[\|\boldsymbol{x}_i(t+1)-\bar{\boldsymbol{x}}(t+1)\| \mid \mathcal{F}_t]$$
$$\leqslant C\lambda^{t+1}\sum_{j=1}^{n}\|\boldsymbol{x}_j(0)\|_1+2L_{\max}\alpha(t)+$$
$$C\sum_{s=0}^{t}\sum_{j=1}^{n}\lambda^{t-s+1}\mathbb{E}[\|\boldsymbol{\eta}_j(s)\|]+CnL_{\max}\sum_{s=0}^{t-1}\lambda^{t-s}\alpha(s) \tag{6-38}$$

因此，根据式(6-38)，引理 6.3 得证。

下面建立关于 $\|\bar{\boldsymbol{x}}(t+1)-\boldsymbol{v}\|$ 的递归关系，这在算法的性能分析中起重要作用。

引理 6.4 如果假设 6.1～假设 6.3 成立。序列 $\{\boldsymbol{x}_i(t)\}$ 由式(6-7)、式(6-8)和式(6-9)产生。此外，随机变量 $\eta_i(t)$ 服从参数 $\sigma(t)$ 的 Laplace 分布，其均值为 0，方差 $\mathbb{E}[\|\eta_i(t)\|^2]=2\sigma^2(t)$。则对任意的 $\boldsymbol{v}\in\mathbb{R}^d$，以概率 1 有

$$\mathbb{E}[\|\bar{\boldsymbol{x}}(t+1)-\boldsymbol{v}\|^2 \mid \mathcal{F}_t]$$
$$\leqslant \|\bar{\boldsymbol{x}}(t)-\boldsymbol{v}\|^2-\frac{2\alpha(t)}{n}(f^t(\bar{\boldsymbol{x}}(t))-f^t(\boldsymbol{v}))+$$
$$\frac{1}{n}\sum_{i=1}^{n}\mathbb{E}[\|\eta_i(t)\|^2]-\frac{\alpha(t)}{n}\sum_{i=1}^{n}\kappa_t(\boldsymbol{v},\boldsymbol{x}_i(t))\|\boldsymbol{x}_i(t)-\boldsymbol{v}\|^2+$$
$$\frac{4\alpha(t)}{n}\sum_{i=1}^{n}L_i\|\boldsymbol{x}_i(t)-\bar{\boldsymbol{x}}(t)\|+\frac{\alpha^2(t)}{n}\sum_{i=1}^{n}(L_i+\nu_i)^2 \tag{6-39}$$

引理 6.4 证明： 令 $v\in\mathbb{R}^d$ 为任意向量。根据式(6-30)和式(6-32)，可得

$$\|\bar{\boldsymbol{x}}(t+1)-\boldsymbol{v}\|^2=\|\bar{\boldsymbol{x}}(t)-\boldsymbol{v}\|^2+\left\|\frac{1}{n}\sum_{i=1}^{n}(\boldsymbol{\eta}_i(t)+\boldsymbol{r}_i(t))\right\|^2+$$
$$2\left\langle\frac{1}{n}\sum_{i=1}^{n}(\boldsymbol{\eta}_i(t)+\boldsymbol{r}_i(t)),\bar{\boldsymbol{x}}(t)-\boldsymbol{v}\right\rangle \tag{6-40}$$

为了得到式(6-40)的上界，$2\left\langle\frac{1}{n}\sum_{i=1}^{n}(\eta_i(t)+\boldsymbol{r}_i(t)),\bar{\boldsymbol{x}}(t)-\boldsymbol{v}\right\rangle$ 可重写为

$$2\left\langle\frac{1}{n}\sum_{i=1}^{n}(\boldsymbol{\eta}_i(t)+\boldsymbol{r}_i(t)),\bar{\boldsymbol{x}}(t)-\boldsymbol{v}\right\rangle$$
$$=\frac{2}{n}\sum_{i=1}^{n}\langle\boldsymbol{r}_i(t),\bar{\boldsymbol{x}}(t)-\boldsymbol{v}\rangle+\frac{2}{n}\sum_{i=1}^{n}\langle\boldsymbol{\eta}_i(t),\bar{\boldsymbol{x}}(t)-\boldsymbol{v}\rangle \tag{6-41}$$

因此，需估算 $(2/n)\sum_{i=1}^{n}\langle\boldsymbol{r}_i(t),\bar{\boldsymbol{x}}(t)-\boldsymbol{v}\rangle$。为此，首先有

$$\mathbb{E}[\langle\boldsymbol{r}_i(t),\bar{\boldsymbol{x}}(t)-\boldsymbol{v}\rangle]=-\alpha(t)\langle\nabla f_i^t(\boldsymbol{x}_i(t)),\bar{\boldsymbol{x}}(t)-\boldsymbol{v}\rangle \tag{6-42}$$

下面估算 $\langle\nabla f_i^t(\boldsymbol{x}_i(t)),\bar{\boldsymbol{x}}(t)-\boldsymbol{v}\rangle$：

$$
\begin{aligned}
&\langle \nabla f_i^t(\boldsymbol{x}_i(t)), \bar{\boldsymbol{x}}(t)-\boldsymbol{v}\rangle \\
&=\langle \nabla f_i^t(\boldsymbol{x}_i(t)), \bar{\boldsymbol{x}}(t)-\boldsymbol{x}_i(t)\rangle+\langle \nabla f_i^t(\boldsymbol{x}_i(t)), \boldsymbol{x}_i(t)-\boldsymbol{v}\rangle \\
&\geqslant \langle \nabla f_i^t(\boldsymbol{x}_i(t)), \bar{\boldsymbol{x}}(t)-\boldsymbol{x}_i(t)\rangle+f_i^t(\boldsymbol{x}_i(t))-f_i^t(\boldsymbol{v})+ \\
&\quad \frac{\kappa_t(\boldsymbol{v}, \boldsymbol{x}_i(t))}{2}\|\boldsymbol{x}_i(t)-\boldsymbol{v}\|^2
\end{aligned} \tag{6-43}
$$

式中，不等式依据函数 f_i^t 是 κ_t-强凸函数得出。此外，还有

$$
\begin{aligned}
\langle \nabla f_i^t(\boldsymbol{x}_i(t)), \bar{\boldsymbol{x}}(t)-\boldsymbol{x}_i(t)\rangle &\geqslant -\|\nabla f_i^t(\boldsymbol{x}_i(t))\|\,\|\bar{\boldsymbol{x}}(t)-\boldsymbol{x}_i(t)\| \\
&\geqslant -L_i\|\bar{\boldsymbol{x}}(t)-\boldsymbol{x}_i(t)\|
\end{aligned} \tag{6-44}
$$

式中，第一个不等式依据 Cauchy-Schwarz 不等式得出；最后一个不等式由假设 6.1 获得。另外，$f_i^t(\boldsymbol{x}_i(t))-f_i^t(\boldsymbol{v})$可写为

$$
f_i^t(\boldsymbol{x}_i(t))-f_i^t(\boldsymbol{v})=f_i^t(\boldsymbol{x}_i(t))-f_i^t(\bar{\boldsymbol{x}}(t))+f_i^t(\bar{\boldsymbol{x}}(t))-f_i^t(\boldsymbol{v}) \tag{6-45}
$$

由假设 6.1，有

$$
\begin{aligned}
f_i^t(\boldsymbol{x}_i(t))-f_i^t(\boldsymbol{v}) &\geqslant \langle \nabla f_i^t(\bar{\boldsymbol{x}}(t)), \boldsymbol{x}_i(t)-\bar{\boldsymbol{x}}(t)\rangle+f_i^t(\bar{\boldsymbol{x}}(t))-f_i^t(\boldsymbol{v}) \\
&\geqslant -L_i\|\boldsymbol{x}_i(t)-\bar{\boldsymbol{x}}(t)\|+f_i^t(\bar{\boldsymbol{x}}(t))-f_i^t(\boldsymbol{v})
\end{aligned} \tag{6-46}
$$

结合式(6-43)、式(6-44)和式(6-46)，可得

$$
\begin{aligned}
\langle \nabla f_i^t(\boldsymbol{x}_i(t)), \bar{\boldsymbol{x}}(t)-\boldsymbol{v}\rangle \geqslant{}& f_i^t(\bar{\boldsymbol{x}}(t))-f_i^t(\boldsymbol{v})+\frac{\kappa_t(\boldsymbol{v}, \boldsymbol{x}_i(t))}{2}\|\boldsymbol{x}_i(t)-\boldsymbol{v}\|^2- \\
& 2L_i\|\boldsymbol{x}_i(t)-\bar{\boldsymbol{x}}(t)\|
\end{aligned} \tag{6-47}
$$

因为 $\eta_i(t)$服从 Laplace 分布，且其均值为 0，即$\mathbb{E}[\boldsymbol{\eta}_i(t)]=0$，因此有

$$
\mathbb{E}[\langle \boldsymbol{\eta}_i(t), \bar{\boldsymbol{x}}(t)-\boldsymbol{v}\rangle]=0
$$

再根据式(6-41)和式(6-47)，有

$$
\begin{aligned}
&\mathbb{E}\left[2\left\langle \frac{1}{n}\sum_{i=1}^{n}(\boldsymbol{\eta}_i(t)+\boldsymbol{r}_i(t)), \bar{\boldsymbol{x}}(t)-\boldsymbol{v}\right\rangle\right] \\
&\leqslant -\frac{2\alpha(t)}{n}(f^t(\bar{\boldsymbol{x}}(t))-f^t(\boldsymbol{v}))- \\
&\quad \frac{\alpha(t)}{n}\sum_{i=1}^{n}\kappa_t(\boldsymbol{v}, \boldsymbol{x}_i(t))\|\boldsymbol{x}_i(t)-\boldsymbol{v}\|^2+ \\
&\quad \frac{4\alpha(t)}{n}\sum_{i=1}^{n}L_i\|\boldsymbol{x}_i(t)-\bar{\boldsymbol{x}}(t)\|
\end{aligned} \tag{6-48}
$$

此外，还需计算 $\mathbb{E}\left[\left\|\frac{1}{n}\sum_{i=1}^{n}(\boldsymbol{\eta}_i(t)+\boldsymbol{r}_i(t))\right\|^2\right]$。

首先有

$$
\left\|\frac{1}{n}\sum_{i=1}^{n}(\boldsymbol{\eta}_i(t)+\boldsymbol{r}_i(t))\right\|^2 \leqslant \frac{1}{n}\sum_{i=1}^{n}(\|\boldsymbol{\eta}_i(t)\|^2+\|\boldsymbol{r}_i(t)\|^2) \tag{6-49}
$$

式中,不等式可由不等式 $\left(\sum_{j=1}^{n} a_j\right)^2 \leqslant n\sum_{j=1}^{n} a_j^2$ 与三角不等式得到。由假设 6.1 与假设 6.2,以概率 1 有

$$\mathbb{E}[\|\boldsymbol{r}_i(t)\|^2]=\alpha^2(t)\,\mathbb{E}[\|\boldsymbol{g}_i(t)\|^2]\leqslant\alpha^2(t)(L_i+\nu_i)^2 \tag{6-50}$$

因此,由式(6-49)和式(6-50),有

$$\begin{aligned}&\mathbb{E}\left[\left\|\frac{\sum_{i=1}^{n}(\boldsymbol{\eta}_i(t)+\boldsymbol{r}_i(t))}{n}\right\|^2\right]\\ \leqslant&\frac{\sum_{i=1}^{n}\mathbb{E}[\|\boldsymbol{\eta}_i(t)\|^2]}{n}+\frac{\alpha^2(t)}{n}\sum_{i=1}^{n}(L_i+\nu_i)^2\end{aligned} \tag{6-51}$$

结合式(6-40)、式(6-48)和式(6-51),引理 6.4 得证。

引理 6.5 如果假设 6.1～假设 6.3 成立。序列 $\{\boldsymbol{x}_i(t)\}$ 由式(6-7)、式(6-8)和式(6-9)产生。此外,随机变量 $\eta_i(t)$ 服从参数 $\sigma(t)$ 的 Laplace 分布,其均值为 0,方差 $\mathbb{E}[\|\boldsymbol{\eta}_i(t)\|^2]=2\sigma^2(t)$。则对 $T\geqslant 2$ 以及任意的 $i\in\{1,2,\cdots,n\}$,以概率 1 有

$$\begin{aligned}&\bar{\mathcal{R}}(T)+\mathbb{E}\left[\sum_{t=1}^{T}\sum_{i=1}^{n}\kappa_t(\boldsymbol{v},\boldsymbol{x}_i(t))\|\boldsymbol{x}_i(t)-\boldsymbol{x}^*\|^2\right]\\ \leqslant&\frac{n}{\alpha(1)}\|\bar{\boldsymbol{x}}(1)-\boldsymbol{x}^*\|^2+\frac{5\lambda LC}{1-\lambda}\sum_{j=1}^{n}\|\boldsymbol{x}_j(0)\|_1+\\ &\sum_{t=2}^{T}\|\bar{\boldsymbol{x}}(t)-\boldsymbol{x}^*\|^2\left(\frac{1}{\alpha(t)}-\frac{1}{\alpha(t-1)}-\frac{1}{2}\left(\sum_{i=1}^{n}\kappa_t(\boldsymbol{x}^*,\boldsymbol{x}_i(t))\right)\right)+\\ &2L_{\max}(L+2n)\sum_{t=1}^{T}\alpha(t-1)+\frac{10\sqrt{2}n^2dL_{\max}LC}{\varepsilon}\sum_{t=1}^{T}\sum_{s=0}^{t-1}\lambda^{t-s}\alpha(s)+\\ &nCL_{\max}(L+4n)\sum_{t=1}^{T}\sum_{s=0}^{t-2}\lambda^{t-s-1}\alpha(s)+\\ &\left(\frac{8ndL_{\max}^2}{\varepsilon^2}+\sum_{i=1}^{n}(L_i+\nu_i)^2\right)\sum_{t=1}^{T}\alpha(t)\end{aligned} \tag{6-52}$$

引理 6.5 证明:在引理 6.4 中令 $\boldsymbol{v}=\boldsymbol{x}^*$,再由式(6-39),可得

$$\begin{aligned}&\mathbb{E}[\|\bar{\boldsymbol{x}}(t+1)-\boldsymbol{x}^*\|^2\mid\mathcal{F}_t]\\ \leqslant&\|\bar{\boldsymbol{x}}(t)-\boldsymbol{x}^*\|^2-\frac{2\alpha(t)}{n}(f^t(\bar{\boldsymbol{x}}(t))-f^t(\boldsymbol{x}^*))\\ &\frac{4\alpha(t)}{n}\sum_{i=1}^{n}L_i\|\boldsymbol{x}_i(t)-\bar{\boldsymbol{x}}(t)\|+\frac{\alpha^2(t)}{n}\sum_{i=1}^{n}(L_i+\nu_i)^2+\\ &\frac{1}{n}\sum_{i=1}^{n}\mathbb{E}[\|\eta_i(t)\|^2]-\frac{\alpha(t)}{n}\sum_{i=1}^{n}\kappa_t(\boldsymbol{x}^*,\boldsymbol{x}_i(t))\|\boldsymbol{x}_i(t)-\boldsymbol{x}^*\|^2\end{aligned} \tag{6-53}$$

对式(6-53)关于 t 从 1 到 T 求和,并经过一些代数运算,有

$$\begin{aligned}
&2\mathbb{E}\left[\sum_{t=1}^{T} f^{t}(\bar{\boldsymbol{x}}(t))-f(\boldsymbol{x}^{*})\right]\\
&\leqslant \frac{n}{\alpha(1)}\|\bar{\boldsymbol{x}}(1)-\boldsymbol{x}^{*}\|^{2}+\sum_{t=1}^{T}\frac{1}{\alpha(t)}\sum_{i=1}^{n}\mathbb{E}[\|\boldsymbol{\eta}_{i}(t)\|^{2}]+\\
&\quad\sum_{t=2}^{T}\|\bar{\boldsymbol{x}}(t)-\boldsymbol{x}^{*}\|^{2}\left(\frac{1}{\alpha(t)}-\frac{1}{\alpha(t-1)}\right)-\\
&\quad\sum_{t=1}^{T}\sum_{i=1}^{n}\kappa_{t}(\boldsymbol{x}^{*},\boldsymbol{x}_{i}(t))\|\boldsymbol{x}_{i}(t)-\boldsymbol{x}^{*}\|^{2}+\\
&\quad 4\sum_{t=1}^{T}\sum_{i=1}^{n}L_{i}\|\boldsymbol{x}_{i}(t)-\bar{\boldsymbol{x}}(t)\|+\sum_{t=1}^{T}\alpha(t)\sum_{i=1}^{n}(L_{i}+\nu_{i})^{2}
\end{aligned}\tag{6-54}$$

此外,需估算式(6-54)中的项 $\sum_{t=1}^{T} f^{t}(\bar{\boldsymbol{x}}(t))-f(\boldsymbol{x}^{*})$。因为函数 f_{i}^{t} 是凸的,故函数 F 也是凸的,而且$\nabla F(\boldsymbol{x}^{*})=0$,因此有

$$\sum_{t=1}^{T} f^{t}(\bar{\boldsymbol{x}}(t))-f(\boldsymbol{x}^{*})\geqslant\frac{1}{2}\sum_{t=1}^{T}\sum_{i=1}^{n}\kappa_{t}(\boldsymbol{x}^{*},\boldsymbol{x}_{i}(t))\|\bar{\boldsymbol{x}}(t)-\boldsymbol{x}^{*}\|^{2}\tag{6-55}$$

由假设 6.1 与假设 6.2,可知

$$\begin{aligned}
&\sum_{t=1}^{T} f^{t}(\bar{\boldsymbol{x}}(t))-f(\boldsymbol{x}^{*})\\
&\geqslant -L\sum_{t=1}^{T}\|\boldsymbol{x}_{i}(t)-\bar{\boldsymbol{x}}(t)\|+\sum_{t=1}^{T} f^{t}(\boldsymbol{x}_{i}(t))-f(\boldsymbol{x}^{*})
\end{aligned}\tag{6-56}$$

式中,$L=\sum_{i=1}^{n}L_{i}$。因此,根据式(6-55)和式(6-56),有

$$\begin{aligned}
2\left(\sum_{t=1}^{T} f^{t}(\bar{\boldsymbol{x}}(t))-f(\boldsymbol{x}^{*})\right)\geqslant{}&\frac{1}{2}\sum_{t=1}^{T}\sum_{i=1}^{n}\kappa_{t}(\boldsymbol{x}^{*},\boldsymbol{x}_{i}(t))\|\bar{\boldsymbol{x}}(t)-\boldsymbol{x}^{*}\|^{2}-\\
&L\sum_{t=1}^{T}\|\boldsymbol{x}_{i}(t)-\bar{\boldsymbol{x}}(t)\|+\sum_{t=1}^{T} f^{t}(\boldsymbol{x}_{i}(t))-f(\boldsymbol{x}^{*})
\end{aligned}\tag{6-57}$$

将式(6-57)代入式(6-54),通过一些基本的代数运算,可得

$$\begin{aligned}
\bar{\mathcal{R}}(T)\leqslant{}&\frac{n}{\alpha(1)}\|\bar{\boldsymbol{x}}(1)-\boldsymbol{x}^{*}\|^{2}+\sum_{t=1}^{T}\alpha(t)\sum_{i=1}^{n}(L_{i}+\nu_{i})^{2}-\\
&\sum_{t=1}^{T}\sum_{i=1}^{n}\kappa_{t}(\boldsymbol{x}^{*},\boldsymbol{x}_{i}(t))\|\boldsymbol{x}_{i}(t)-\boldsymbol{x}^{*}\|^{2}+\sum_{t=1}^{T}\frac{1}{\alpha(t)}\sum_{i=1}^{n}\mathbb{E}[\|\boldsymbol{\eta}_{i}(t)\|^{2}]+\\
&\sum_{t=2}^{T}\|\bar{\boldsymbol{x}}(t)-\boldsymbol{x}^{*}\|^{2}\left(\frac{1}{\alpha(t)}-\frac{1}{\alpha(t-1)}-\frac{1}{2}\left(\sum_{i=1}^{n}\kappa_{t}(\boldsymbol{x}^{*},\boldsymbol{x}_{i}(t))\right)\right)+\\
&4\sum_{t=1}^{T}\sum_{i=1}^{n}L_{i}\|\boldsymbol{x}_{i}(t)-\bar{\boldsymbol{x}}(t)\|+L\sum_{t=1}^{T}\|\boldsymbol{x}_{i}(t)-\bar{\boldsymbol{x}}(t)\|
\end{aligned}\tag{6-58}$$

此外，由引理 6.3 可知

$$\mathbb{E}\left[\sum_{t=1}^{T}\sum_{i=1}^{n}L_i\|\boldsymbol{x}_i(t)-\bar{\boldsymbol{x}}(t)\|\right]$$

$$\leqslant 2L_{\max}\sum_{t=1}^{T}\sum_{i=1}^{n}\alpha(t-1)+C\sum_{t=1}^{T}\sum_{i=1}^{n}L_i\lambda^t\sum_{j=1}^{n}\|\boldsymbol{x}_j(0)\|_1+$$

$$C\sum_{t=1}^{T}\sum_{i=1}^{n}L_i\sum_{s=0}^{t-1}\sum_{j=1}^{n}\lambda^{t-s}\mathbb{E}[\|\boldsymbol{\eta}_j(s)\|]+CnL_{\max}\sum_{t=1}^{T}\sum_{i=1}^{n}\sum_{s=0}^{t-2}\lambda^{t-s-1}\alpha(s) \tag{6-59}$$

因为 $\lambda\in(0,1)$，则有 $\sum_{t=1}^{T}\lambda^t\leqslant\lambda/(1-\lambda)$。因此，有

$$\sum_{t=1}^{T}\sum_{i=1}^{n}L_i\lambda^t\sum_{j=1}^{n}\|\boldsymbol{x}_j(0)\|_1\leqslant\frac{\lambda L}{1-\lambda}\sum_{j=1}^{n}\|\boldsymbol{x}_j(0)\|_1 \tag{6-60}$$

因为 $\eta_i(t)\sim\mathrm{Lap}(\sigma(t))$，可知 $\mathbb{E}[\|\boldsymbol{\eta}_i(t)\|^2]=2\sigma^2(t)$。另外，随机向量 $\eta_i(t)\in\mathbb{R}^d$ 中的每个元素相互独立，则有

$$\sum_{i=1}^{n}\|\boldsymbol{\eta}_i(t)\|=n\sum_{t=1}^{T}\|\boldsymbol{\eta}_i(t)\|=n\sqrt{d}\sqrt{|\boldsymbol{\eta}_i^k(t)|^2} \tag{6-61}$$

式中，$\eta_i^k(t)$为向量 $\eta_i(t)\in\mathbb{R}^d$ 的第 k 个元素。因为每个元素 $\eta_i^k(t)$服从参数为 $\sigma(t)$ 的 Laplace 分布，则有$\mathbb{E}[|\eta_i^k(t)|^2]=2\sigma^2(t)$。由于 $\Delta(t)/\sigma(t)=\varepsilon$，则 $\sigma(t)=\Delta(t)/\varepsilon$，因此有

$$\mathbb{E}\left[\sum_{i=1}^{n}\|\boldsymbol{\eta}_i(t)\|\right]=\mathbb{E}[n\sqrt{d}\sqrt{|\eta_i^k(t)|^2}]=n\sqrt{2d}\,\sigma(t)$$

$$=\frac{n\sqrt{2d}\,\Delta(t)}{\varepsilon}\leqslant\frac{2\sqrt{2}\,ndL_{\max}\alpha(t)}{\varepsilon} \tag{6-62}$$

式中，由引理 6.1 可得到最后一个不等式。另外，根据式(6-18)，可得

$$\mathbb{E}\left[\sum_{i=1}^{n}\|\boldsymbol{\eta}_i(t)\|^2\right]=\sum_{i=1}^{n}\mathbb{E}[\|\boldsymbol{\eta}_i(t)\|^2]=2n\sigma^2(t)$$

$$=\frac{2n\Delta^2(t)}{\varepsilon^2}\leqslant\frac{8ndL_{\max}^2\alpha^2(t)}{\varepsilon^2} \tag{6-63}$$

因此，由式(6-59)、式(6-60)和式(6-62)，可得

$$\mathbb{E}\left[\sum_{t=1}^{T}\sum_{i=1}^{n}L_i\|\boldsymbol{x}_i(t)-\bar{\boldsymbol{x}}(t)\|\right]$$

$$\leqslant\frac{\lambda LC}{1-\lambda}\sum_{j=1}^{n}\|\boldsymbol{x}_j(0)\|_1+\frac{2\sqrt{2}\,ndL_{\max}LC}{\varepsilon}\sum_{t=1}^{T}\sum_{s=0}^{t-1}\lambda^{t-s}\alpha(s)+$$

$$Cn^2L_{\max}\sum_{t=1}^{T}\sum_{s=0}^{t-2}\lambda^{t-s-1}\alpha(s)+2nL_{\max}\sum_{t=1}^{T}\alpha(t-1) \tag{6-64}$$

同时，根据引理 6.3、式(6-31)和式(6-32)，有

$$\mathbb{E}\left[\sum_{t=1}^{T}\|\boldsymbol{x}_i(t)-\bar{\boldsymbol{x}}(t)\|\right] \leqslant \frac{\lambda C}{1-\lambda}\sum_{j=1}^{n}\|\boldsymbol{x}_j(0)\|_1 + 2L_{\max}\sum_{t=1}^{T}\alpha(t-1) + \frac{2\sqrt{2}ndL_{\max}C}{\varepsilon}\sum_{t=1}^{T}\sum_{s=0}^{t-1}\lambda^{t-s}\alpha(s) + CnL_{\max}\sum_{t=1}^{T}\sum_{s=0}^{t-2}\lambda^{t-s-1}\alpha(s) \tag{6-65}$$

因此，结合式(6-58)、式(6-63)、式(6-64)和式(6-65)，则引理 6.5 得证。

另外，本节还建立了单个节点的 Regret 与网络 Regret 之间的关系，即：

引理 6.6 如果假设 6.1～假设 6.3 成立。序列$\{\boldsymbol{x}_i(t)\}$由式(6-7)、式(6-8)和式(6-9)产生。此外，随机变量$\eta_i(t)$服从参数$\sigma(t)$的 Laplace 分布，其均值为 0，方差$\mathbb{E}[\|\boldsymbol{\eta}_i(t)\|^2]=2\sigma^2(t)$。则对任意的$j\in\{1,2,\cdots,n\}$，以概率 1 有

$$\bar{\mathcal{R}}_j(T) \leqslant \bar{\mathcal{R}}(T) + \frac{2Cn\lambda L_{\max}}{1-\lambda}\sum_{j=1}^{n}\|\boldsymbol{x}_j(0)\|_1 + \frac{4\sqrt{2}Cn^2dL_{\max}^2}{\varepsilon}\sum_{t=1}^{T}\sum_{s=0}^{t-1}\lambda^{t-s}\alpha(s) + 2Cn^2L_{\max}^2\sum_{t=1}^{T}\sum_{s=0}^{t-2}\lambda^{t-s-1}\alpha(s) + 4nL_{\max}^2\sum_{t=1}^{T}\alpha(t-1) \tag{6-66}$$

引理 6.6 证明：首先计算$\sum_{t=1}^{T}\sum_{i=1}^{n}f_i^t(\boldsymbol{x}_j(t))-\sum_{t=1}^{T}\sum_{i=1}^{n}f_i^t(\boldsymbol{x}_i(t))$。因此，有

$$\begin{aligned}
&\sum_{t=1}^{T}\sum_{i=1}^{n}f_i^t(\boldsymbol{x}_j(t))-\sum_{t=1}^{T}\sum_{i=1}^{n}f_i^t(\boldsymbol{x}_i(t)) \\
&=\sum_{t=1}^{T}\sum_{i=1}^{n}(f_i^t(\boldsymbol{x}_j(t))-f_i^t(\boldsymbol{x}_i(t))) \\
&\leqslant \sum_{t=1}^{T}\sum_{i=1}^{n}\nabla f_i^t(\boldsymbol{x}_j(t))^{\mathrm{T}}(\boldsymbol{x}_j(t)-\boldsymbol{x}_i(t)) \\
&\leqslant \sum_{t=1}^{T}\sum_{i=1}^{n}\|\nabla f_i^t(\boldsymbol{x}_j(t))\|\,\|\boldsymbol{x}_j(t)-\boldsymbol{x}_i(t)\| \\
&\leqslant \sum_{t=1}^{T}\sum_{i=1}^{n}L_j\|\boldsymbol{x}_j(t)-\boldsymbol{x}_i(t)\|
\end{aligned} \tag{6-67}$$

式中，第一个不等式根据局部代价函数的凸性得到；第二个不等式由 Cauchy-Schwarz 不等式可得；最后一个不等式由次梯度的有界性得到。另外，为了计算

$\mathbb{E}[\|\boldsymbol{x}_j(t)-\boldsymbol{x}_i(t)\|]$,需计算$\|\boldsymbol{x}_j(t)-\boldsymbol{x}_i(t)\|^2$。因此,有

$$\begin{aligned}\|\boldsymbol{x}_j(t)-\boldsymbol{x}_i(t)\|^2 &= \|\boldsymbol{x}_j(t)-\bar{\boldsymbol{x}}(t)+\bar{\boldsymbol{x}}(t)-\boldsymbol{x}_i(t)\|^2 \\ &= \|\boldsymbol{x}_j(t)-\bar{\boldsymbol{x}}(t)\|^2+\|\boldsymbol{x}_i(t)-\bar{\boldsymbol{x}}(t)\|^2- \\ &\quad 2(\boldsymbol{x}_j(t)-\bar{\boldsymbol{x}}(t))^{\mathrm{T}}(\boldsymbol{x}_i(t)-\bar{\boldsymbol{x}}(t)) \\ &\leqslant \|\boldsymbol{x}_j(t)-\bar{\boldsymbol{x}}(t)\|^2+\|\boldsymbol{x}_i(t)-\bar{\boldsymbol{x}}(t)\|^2+ \\ &\quad 2(\boldsymbol{x}_j(t)-\bar{\boldsymbol{x}}(t))^{\mathrm{T}}(\boldsymbol{x}_i(t)-\bar{\boldsymbol{x}}(t))\end{aligned} \tag{6-68}$$

由引理6.3,可得

$$\begin{aligned}\|\boldsymbol{x}_j(t)-\boldsymbol{x}_i(t)\|^2 \leqslant 4\Big(& C\lambda^t\sum_{j=1}^{n}\|\boldsymbol{x}_j(0)\|_1+C\sum_{s=0}^{t-1}\sum_{j=1}^{n}\lambda^{t-s}\|\eta_j(s)\|+ \\ & CnL_{\max}\sum_{s=0}^{t-2}\lambda^{t-s-1}\alpha(s)+2L_{\max}\alpha(t-1)\Big)^2\end{aligned} \tag{6-69}$$

对式(6-69)两边同时取期望,可得

$$\begin{aligned}\mathbb{E}[\|\boldsymbol{x}_j(t)-\boldsymbol{x}_i(t)\|] \leqslant 2\Big(& C\lambda^t\sum_{j=1}^{n}\|\boldsymbol{x}_j(0)\|_1+C\sum_{s=0}^{t-1}\sum_{j=1}^{n}\lambda^{t-s}\mathbb{E}[\|\boldsymbol{\eta}_j(s)\|]+ \\ & CnL_{\max}\sum_{s=0}^{t-2}\lambda^{t-s-1}\alpha(s)+2L_{\max}\alpha(t-1)\Big)\end{aligned} \tag{6-70}$$

根据式(6-70),有

$$\begin{aligned}&\mathbb{E}\left[\sum_{t=1}^{T}\sum_{i=1}^{n}L_j\|\boldsymbol{x}_j(t)-\boldsymbol{x}_i(t)\|\right] \\ &\leqslant 2\Big(\sum_{t=1}^{T}\sum_{i=1}^{n}L_jC\lambda^t\sum_{j=1}^{n}\|\boldsymbol{x}_j(0)\|_1+2L_{\max}\sum_{t=1}^{T}\sum_{i=1}^{n}L_j\alpha(t-1)+ \\ &\quad C\sum_{t=1}^{T}\sum_{i=1}^{n}L_j\sum_{s=0}^{t-1}\sum_{j=1}^{n}\lambda^{t-s}\mathbb{E}[\|\boldsymbol{\eta}_j(s)\|]+CnL_{\max}\sum_{t=1}^{T}\sum_{i=1}^{n}L_j\sum_{s=0}^{t-2}\lambda^{t-s-1}\alpha(s)\Big)\end{aligned} \tag{6-71}$$

由于对所有的$j\in\{1,2,\cdots,n\}$,$L_j\leqslant L_{\max}$,则可得

$$\begin{aligned}&\mathbb{E}\left[\sum_{t=1}^{T}\sum_{i=1}^{n}L_j\|\boldsymbol{x}_j(t)-\boldsymbol{x}_i(t)\|\right] \\ &\leqslant 2\Big(CnL_{\max}\sum_{t=1}^{T}\lambda^t\sum_{j=1}^{n}\|\boldsymbol{x}_j(0)\|_1+2nL_{\max}^2\sum_{t=1}^{T}\alpha(t-1)+ \\ &\quad CnL_{\max}\sum_{t=1}^{T}\sum_{s=0}^{t-1}\sum_{j=1}^{n}\lambda^{t-s}\mathbb{E}[\|\boldsymbol{\eta}_j(s)\|]+Cn^2L_{\max}^2\sum_{t=1}^{T}\sum_{s=0}^{t-2}\lambda^{t-s-1}\alpha(s)\Big)\end{aligned} \tag{6-72}$$

因此,根据$\bar{\mathcal{R}}_j(T)$与$\bar{\mathcal{R}}(T)$的定义,引理6.6得证。

定理6.2证明:对所有的$i\in\{1,2,\cdots,n\}$以及$t\in\{1,2,\cdots,T\}$,令$\kappa_t(\boldsymbol{x}^*,$

$\boldsymbol{x}_i(t))=\mu_i$。因此，函数 f_i^t 为参数 μ_i 的强凸函数。设定 $\mu=\frac{1}{2}\sum_{i=1}^{n}\mu_i$。由 $\alpha(t)=\frac{1}{\tilde{\mu}(t+1)}$，可知

$$\begin{aligned}&\frac{1}{\alpha(t)}-\frac{1}{\alpha(t-1)}-\frac{1}{2}\sum_{i=1}^{n}\kappa_t(\boldsymbol{x}^*,\boldsymbol{x}_i(t))\\&=\tilde{\mu}(t+1)-\tilde{\mu}t-\mu=\tilde{\mu}-\mu\leqslant 0\end{aligned} \tag{6-73}$$

此外，还可知

$$\begin{aligned}\sum_{t=1}^{T}\sum_{s=0}^{t-1}\lambda^{t-s}\alpha(s)&=\frac{\lambda}{\tilde{\mu}}\sum_{t=1}^{T}\sum_{s=1}^{t}\frac{\lambda^{t-s}}{s}=\frac{\lambda}{\tilde{\mu}}\sum_{s=1}^{T}\frac{1}{s}\sum_{t=s}^{T}\lambda^{t-s}\\&\leqslant\frac{\lambda}{\tilde{\mu}(1-\lambda)}\sum_{s=1}^{T}\frac{1}{s}\leqslant\frac{\lambda}{\tilde{\mu}(1-\lambda)}(1+\log T)\end{aligned} \tag{6-74}$$

式中使用了以下不等式

$$\sum_{s=1}^{T}\frac{1}{s}=1+\sum_{s=2}^{T}\frac{1}{s}\leqslant 1+\int_1^T\frac{1}{s}\mathrm{d}s=1+\log T \tag{6-75}$$

此外，有

$$\begin{aligned}\sum_{t=1}^{T}\sum_{s=0}^{t-2}\lambda^{t-s-1}\alpha(s)&=\frac{1}{\tilde{\mu}}\sum_{t=1}^{T}\sum_{s=0}^{t-2}\lambda^{t-s-1}\frac{1}{s+1}=\frac{1}{\tilde{\mu}}\sum_{t=1}^{T}\sum_{s=1}^{t-1}\frac{\lambda^{t-s}}{s}\\&\leqslant\frac{1}{\tilde{\mu}}\sum_{t=1}^{T}\sum_{s=1}^{t}\frac{\lambda^{t-s}}{s}\leqslant\frac{1}{\tilde{\mu}(1-\lambda)}(1+\log T)\end{aligned} \tag{6-76}$$

式中，最后一个不等式可由式(6-74)得到。另外，还有

$$\sum_{t=1}^{T}\alpha(t-1)=\frac{1}{\tilde{\mu}}\sum_{t=1}^{T}\frac{1}{t}\leqslant\frac{1}{\tilde{\mu}}(1+\log T) \tag{6-77}$$

式中，根据式(6-75)可知最后一个不等式成立。而且还有

$$\sum_{t=1}^{T}\alpha(t)\leqslant\sum_{t=1}^{T}\alpha(t-1)\leqslant\frac{1}{\tilde{\mu}}(1+\log T) \tag{6-78}$$

式中，第一个不等式可由式 $\alpha(t-1)\leqslant\alpha(t)$ 得到；由式(6-77)可知最后一个不等式成立。此外，引入变量 $\hat{\boldsymbol{x}}_i(t)$，其定义如下：

$$\hat{\boldsymbol{x}}_i(t)=\frac{\sum_{s=1}^{t}s\boldsymbol{x}_i(s)}{t(t+1)/2} \tag{6-79}$$

因此，令 $S(t)=t(t+1)/2$，对每个 $i=1,2,\cdots,n$，以概率 1 有

$$\begin{aligned}\sum_{t=1}^{T}\sum_{i=1}^{n}\mu_i\|\boldsymbol{x}_i(t)-\boldsymbol{x}^*\|^2&\geqslant\sum_{t=1}^{T}\frac{t}{S(t)}\sum_{i=1}^{n}\mu_i\|\boldsymbol{x}_i(t)-\boldsymbol{x}^*\|^2\\&\geqslant\sum_{i=1}^{n}\mu_i\|\hat{\boldsymbol{x}}_i(T)-\boldsymbol{x}^*\|^2\end{aligned} \tag{6-80}$$

结合式(6-52)、式(6-73)、式(6-74)、式(6-76)、式(6-77)、式(6-78)和式(6-80)，再

通过一些代数运算，可得

$$\bar{\mathcal{R}}(T)+\sum_{j=1}^{n}\mu_j\mathbb{E}[\|\hat{\boldsymbol{x}}_j(T)-\boldsymbol{x}^*\|^2]\leqslant C_3+C_4(1+\log T) \tag{6-81}$$

式中，

$$C_3=2n\tilde{\mu}\|\bar{\boldsymbol{x}}(t)-\boldsymbol{x}^*\|^2+\frac{5\lambda LC}{1-\lambda}\sum_{j=1}^{n}\|\boldsymbol{x}_j(0)\|_1 \tag{6-82}$$

$$\begin{aligned}C_4=&\frac{10\sqrt{2}n\lambda dL_{\max}LC}{\tilde{\mu}\varepsilon(1-\lambda)}+\frac{nCL_{\max}(L+4n)}{\tilde{\mu}(1-\lambda)}+\\&\frac{2L_{\max}(L+4n)}{\tilde{\mu}}+\frac{8ndL_{\max}^2}{\tilde{\mu}\varepsilon^2}+\frac{1}{\tilde{\mu}}\sum_{j=1}^{n}(L_j+\nu_j)^2\end{aligned} \tag{6-83}$$

根据引理6.6，可得到式(6-12)。因此，定理6.2得证。

定理6.3证明：因为学习速率 $\alpha(t)$ 与时间范围 T 有关，因此采用双倍叠加策略，该策略不需要知道时间范围。对所有的 $t\in\{1,2,\cdots,T'\}$，选择 $\alpha(t)=\gamma$，则有

$$\begin{aligned}&\mathbb{E}\left[\sum_{t=1}^{T'}\sum_{i=1}^{n}(f_i^t(\boldsymbol{x}_i(t))-f_i^t(\boldsymbol{x}^*))\right]\\ \leqslant&\frac{n}{\alpha(1)}\|\bar{\boldsymbol{x}}(1)-\boldsymbol{x}^*\|^2+\frac{5\lambda LC}{1-\lambda}\sum_{j=1}^{n}\|\boldsymbol{x}_j(0)\|_1+\\&\frac{10\sqrt{2}ndL_{\max}LC}{\varepsilon(1-\lambda)}T'\gamma+\frac{nCL_{\max}(L+4n)}{1-\lambda}T'\gamma+\\&2L_{\max}(L+2n)T'\gamma+\left(\frac{8ndL_{\max}^2}{\varepsilon^2}+q^2\right)T'\gamma\end{aligned} \tag{6-84}$$

式中，利用了以下不等式

$$\frac{1}{\gamma}-\frac{1}{\gamma}-\frac{1}{2}\sum_{i=1}^{n}\kappa_t(\boldsymbol{v},\boldsymbol{x}_i(t))\leqslant 0$$

因此，在式(6-84)中令 $\gamma=1/\sqrt{T'}$，提取公因式 $\sqrt{T'}$ 并利用 $\sqrt{T'}\geqslant 1$，可得

$$\begin{aligned}&\mathbb{E}\left[\sum_{t=1}^{T'}\sum_{i=1}^{n}(f_i^t(\boldsymbol{x}_i(t))-f_i^t(\boldsymbol{x}^*))\right]\\ \leqslant&(n\|\bar{\boldsymbol{x}}(1)-\boldsymbol{x}^*\|^2+\frac{5\lambda LC}{1-\lambda}\sum_{j=1}^{n}\|\boldsymbol{x}_j(0)\|_1+\\&\frac{nCL_{\max}(L+4n)}{1-\lambda}+\frac{10\sqrt{2}ndL_{\max}LC}{\varepsilon(1-\lambda)}+\\&2L_{\max}(L+2n)+\left(\frac{8ndL_{\max}^2}{\varepsilon^2}+\sum_{i=1}^{n}(L_i+\nu_i)^2\right)\sqrt{T'}\end{aligned} \tag{6-85}$$

因此，上界具有形式 $\alpha\sqrt{T'}$。根据双倍叠加的策略[20]，对 $m=0,1,\cdots,\lceil\log_2 T\rceil$，

所提算法在每轮 $t=2^m,\cdots,2^{m+1}-1$ 执行，且周期为 $T'=2^m$。此外，此上界在每个周期内至多为 $\alpha\sqrt{2^m}$，其中，α 为：

$$\alpha=n\|\bar{\boldsymbol{x}}(1)-\boldsymbol{x}^*\|^2+\frac{5\lambda LC}{1-\lambda}\sum_{j=1}^{n}\|\boldsymbol{x}_j(0)\|_1+\frac{10\sqrt{2}ndL_{\max}LC}{\varepsilon(1-\lambda)}+\frac{nCL_{\max}(L+4n)}{1-\lambda}+2L_{\max}(L+4n)+\frac{8ndL_{\max}^2}{\varepsilon^2}+\sum_{j=1}^{n}(L_j+\nu_j)^2 \tag{6-86}$$

因此，总的上界为

$$\sum_{m=1}^{\lceil\log_2 T\rceil}\alpha\sqrt{2^m}=\alpha\sum_{m=1}^{\lceil\log_2 T\rceil}(\sqrt{2})^m=\alpha\frac{1-\sqrt{2}^{\lceil\log_2 T\rceil+1}}{1-\sqrt{2}}\leqslant\alpha\frac{1-\sqrt{2T}}{1-\sqrt{2}}\leqslant\frac{\sqrt{2}}{\sqrt{2}-1}\alpha\sqrt{T} \tag{6-87}$$

根据引理 6.6 与式(6-87)，可知式(6-16)成立。因此，定理 6.3 得证。

6.6 本章小结

本章考虑带隐私的分布式在线优化问题，其全局代价函数为各个智能体的局部代价函数之和。每个智能体只知道自己的局部信息，而不知道其他智能体的信息，然而智能体之间可在时变有向的网络化多智能体系统中交互信息，但是每个智能体希望能保持各自的隐私。为求解此类优化问题，本章提出了差分隐私的分布式随机次梯度在线优化算法，证明了所提算法能保证每个智能体的隐私，分析了所提算法的性能：固定隐私水平 ε 并选择合适的学习速率，则当局部代价函数是强凸函数时，所提算法可达到对数 Regret 界 $O(\log T)$；当局部代价函数是一般凸函数时，所提算法可达到平方根 Regret 界 $O(\sqrt{T})$，T 为时间范围。此外，固定其他参数，期望 Regret 界的上界为 $O(1/\varepsilon^2)$。因此，通过选择 ε 可权衡算法的性能与隐私水平。

参考文献

[1] Beck A, Nedić A, Ozdaglar A. An $O(1/k)$ gradient method for network resource allocation problems[J]. IEEE Transactions on Control of Network Systems, 2014, 1(1): 64-73.

[2] Johansson B. On Distributed Optimization in Networked Systems[D]. Stockholm: Royal Institute of Technology, 2008.

[3] Hastie T, Tibshirani R, Friedman J. The Elements of Statistical Learning: Data Mining, Inference, Prediction[M]. New York: Springer-Verlag, 2001.

[4] Bekkerman J L R, Bilenko M. Scaling Up Machine Learning: Parallel and Distributed

Approaches[M]. Cambridge: Cambridge University Press,2011.

[5] Cavalcante R,Yamada I,Mulgrew B. An adaptive projected subgradient approach to learning in diffusion networks[J]. IEEE Transactions on Signal Processing,2009,57(7): 2762-2774.

[6] Tsitsiklis J N, Bertsekas D P, Athans M. Distributed asynchronous deterministic and stochastic gradient optimization algorithms[J]. IEEE Transactions on Automatic Control, 1986,AC-31(9): 803-812.

[7] Nedić A,Ozdaglar A. Distributed subgradient methods for multi-agent optimization[J]. IEEE Transactions on Automatic Control,2009,54(1): 48-61.

[8] Lobel I,Ozdaglar A. Distributed subgradient methods for convex optimization over random networks[J]. IEEE Transactions on Automatic Control,2011,56(6): 1291-1306.

[9] Nedić A, Ozdaglar A, Parrilo P A. Constrained consensus and optimization in multi-agent networks[J]. IEEE Transactions on Automatic Control,2010,55(4): 922-938.

[10] Duchi J C, Agarwal A, Wainwright M J. Dual averaging for distributed optimization: Convergence analysis and network scaling[J]. IEEE Transactions on Automatic Control, 2012,57(3): 592-606.

[11] Ram S S,Nedić A,Veeravalli V V. Distributed stochastic subgradient projection algorithms for convex optimization[J]. Journal of Optimization Theory and Application,2010,147(3): 516-545.

[12] Nedić A,Olshevsky A. Distributed optimization over time-varying directed graphs[J]. IEEE Transactions on Automatic Control,2015,60(3): 601-615.

[13] Nedić A, Olshevsky A. Stochastic gradient-push for strongly convex functions on time-varying directed graphs[J]. IEEE Transactions on Automatic Control, 2016, 61(12): 3936-3947.

[14] Makhdoumi A, Ozdaglar A. Graph balancing for distributed subgradient methods over directed graphs[C]. IEEE 55th Conference on Decision and Control (CDC), 2015: 1364-1371.

[15] Lorenzo P D,Scutari G. NEXT: In-network nonconvex optimization[J]. IEEE Transactions on Signal and Information Processing over Networks,2016,2(2): 120-136.

[16] Zhou P, Zhou Y, Wu D, et al. Differentially private online learning for cloud-based video recommendation with multimedia big data in social networks[J]. IEEE Transactions on Multimedia,2016,18(6): 1217-1229.

[17] Dwork C,Mcsherry F,Nissim K. Calibrating noise to sensitivity in private data analysis[C]. The 3rd Conference on Theory of Cryptography,2006: 265-284.

[18] Hendrickx J M,Tsitsiklis J N. Fundamental limitations for anonymous distributed systems with broadcast communications[C]. The 53rd Allerton Conference on Communication, Control,and Computing,2015: 9-16.

[19] Mcsherry F D. Privacy integrated queries: An extensible platform for privacy-preserving data analysis[C]. The 2009 ACM SIGMOD International Conference on Management of Data, 2009: 19-30.

[20] Shalev-Shwartz S. Online learning and online convex optimization[J]. Foundations and Trends in Machine Learning,2012,4(2): 107-194.

第7章

分布式条件梯度在线学习算法

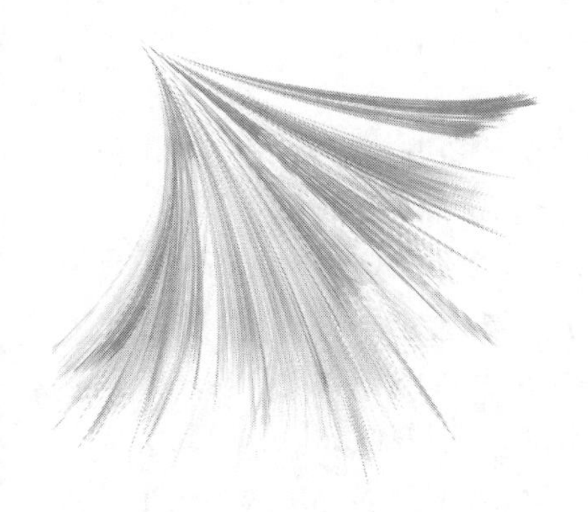

如何解决多智能体网络中的分布式优化问题是一个非常有挑战性的工作，尤其是智能设备广泛应用下的高维约束优化问题。目前的研究大多聚焦在集中式在线优化、非时变代价函数的分布式优化等方面，且常采用分布投影梯度下降算法解决此类问题。然而，在许多动态变化环境中，需要时变的局部代价函数，并且在高维约束优化中投影算子的效率很低。因此，本章针对多智能体网络中时变局部代价函数的分布式在线约束优化问题，提出了一种基于条件梯度的分布式在线学习算法，使用Frank-Wolfe步骤代替投影算子，避免了昂贵的投影计算。本章证明了当局部代价函数为强凸时，所提算法达到的Regret界为$O(\sqrt{T})$，其中，T是一个时间范围；当局部代价函数为潜在非凸时，所提算法以速率$O(\sqrt{T})$收敛于一些平稳点。此外，本章还通过仿真实验验证了所提算法的性能与理论证明的结论。

7.1 引言

近年来，学术界和工业界对分布式优化产生了浓厚的兴趣[1-3]。网络中的许多经典问题本质上都是分布式优化问题。例如，数据管理问题[4-5]、分布式学习问题[6-7]、资源分配问题[8-10]、网络系统的多智能体协作问题[11-12]、车载网络传输控制问题[13-14]等。在这些应用中，数据总量规模庞大，分散在不同的数据中心；节点计算能力有限，分散在不同的物理位置。为了提高这些系统的工作效率，均离不开分布式优化算法[15-18]。

当前，多数分布式优化算法的局部代价函数是非时变的。然而，在许多动态变化环境中，需要时变的局部代价函数。例如，传感器网络中的估计问题，由于受干扰和噪声影响，每个传感器的观察结果随时间变化。因此，动态变化环境的分布式优化必须考虑局部代价函数的时变性,即分布式在线优化。分布式在线优化中,智能体仅在每一轮动作结束之后才能获得其局部代价函数值,即智能体无法获取其未来的代价函数。从这个意义上说,分布式在线优化本质上不同于分布式优化。

近十年来,机器学习领域主要关注集中式在线优化问题[19],因此定义了一个衡量在线优化算法性能的标准指标"Regret 界",即算法代价与事后最佳行为代价之差[20]。受分布式优化问题的启发,一些学者开始研究分布式在线优化算法[21-27]。文献[21]提出了一种面向图的分布式在线优化算法,所有智能体的交互拓扑构成一个链。当代价函数为凸函数时,Regret 界为 $O(\sqrt{T})$,T 表示时间范围。Yan 等提出了一种分布式在线优化算法,证明了当代价函数为强凸函数时,Regret 界为 $O(\log T)$[22]。文献[23]和文献[24]采用对偶平均分布式在线优化算法,得到了代价函数为凸函数时的 Regret 界 $O(\sqrt{T})$。在文献[25]中,Mateos-Núñez 等提出了一种网络拓扑时变的分布式在线算法,并分别给出了代价函数为强凸函数时的对数 Regret 界和凸函数时的平方根 Regret 界。文献[26]研究了时变有向图上的分布式在线凸优化问题,得到了代价函数为强凸时的 Regret 界 $O((\log T)^2)$。文献[27]提出了一种时变有向网络上的分布式在线学习算法,并分别得到了凸函数和强凸函数的 Regret 界 $O(\sqrt{T})$和 $O(\log T)$。这些算法基本都在相应的条件下得到了 Regret 界 $O(\sqrt{T})$。

随着各类智能设备的广泛使用,许多应用中出现了大数据集,为了避免在线优化算法投影算子造成的大数据计算瓶颈,就需要考虑高维约束优化问题[28]。为此,针对高维约束优化的无投影算法应运而生,即 Frank-Wolfe 算法[29]。在 Frank-Wolfe 算法中,使用了一个线性优化步骤替代投影步骤。近年来,Frank-Wolfe 算法在许多领域备受关注。文献[30]分析了 Frank-Wolfe 算法的原对偶收敛速度。文献[31]分析了 Frank-Wolfe 算法的稀疏性。此外,多种 Frank-Wolfe 算法的变体[32-36]也先后被提出以解决各种类似问题。但是这些算法都是针对集中式场景,难以适应分布式应用。文献[37]提出了一种分布式 Frank-Wolfe 算法,但其局部代价函数是非时变的。文献[38]提出了一种无投影分布式在线算法,可以达到强凸局部代价函数的 Regret 界 $O(T^{3/4})$,但是这个 Regret 界劣于分布式在线优化算法领域公认的 Regret 界 $O(\sqrt{T})$。

因此,进一步优化分布式在线学习算法的 Regret 界仍然是一个亟待解决的问题。本章针对多智能体网络中的高维约束优化问题提出了一种分布式条件梯度在线学习算法,证明了当局部代价函数为强凸时该算法的 Regret 界为 $O(\sqrt{T})$,局部代价函数为非凸时该算法以速率 $O(\sqrt{T})$收敛于平稳点。本章的主要贡献如下:

(1) 提出了一种分布式 Frank-Wolfe 在线学习算法,其中每个智能体仅利用自己及从邻居接收的信息,使用 Frank-Wolfe 步骤避免了昂贵的投影算子。

(2) 分析了所提算法的性能。当局部代价函数为强凸时,证明了所提算法的

Regret 界为 $O(\sqrt{T})$；当局部代价函数为非凸时，通过对偶间隙分析得出所提算法以速率 $O(\sqrt{T})$ 收敛于平稳点。

(3) 通过仿真实验验证了所提算法的性能。

7.2 准备工作

为了方便描述，本节介绍一些符号约定和数学基础。在本章中，所有向量都是列向量，符号$\mathbb{R}$ 和$\mathbb{R}^d$ 分别表示实数集和 d 维实欧几里得空间；符号$\mathbb{R}^+$ 和$\mathbb{Z}^+$ 分别表示正实数集和正整数集；黑体表示$\mathbb{R}^d$ 中的向量，普通字体表示不同维度的标量或向量。例如，符号 $\boldsymbol{x}_i(t)$表示$\mathbb{R}^d$ 在智能体 i 中的一个向量，$y_i(t)$表示在$\mathbb{R}$ 中的一个标量。符号$\langle\cdot,\cdot\rangle$表示实欧几里得空间中的内积；符号 $\|\cdot\|_2$ 表示标准欧几里得范数。设 $\mathbf{1}$ 和 I 分别表示所有为 1 的列向量和单位矩阵；$(\cdot)^{\mathrm{T}}$ 表示向量或矩阵的转置；D 表示约束集$\mathcal{X}$相对于标准欧几里得范数 $\|\cdot\|_2$ 的直径，例如 $D:=\sup_{\boldsymbol{x},\boldsymbol{x}'\in\mathcal{X}}\|\boldsymbol{x}-\boldsymbol{x}'\|_2$。符号$\mathbb{E}[X]$表示随机变量 X 的期望值。设凸紧集$\mathcal{X}$是$\mathbb{R}^d$ 的一个子集。此外，与函数 f 相关的一些定义表述如下。

定义 7.1 对于任意 $\boldsymbol{x},\boldsymbol{y}\in\mathcal{X}$, $\alpha\in[0,1]$，若 $f(\alpha\boldsymbol{x}+(1-\alpha)\boldsymbol{y})\leqslant\alpha f(\boldsymbol{x})+(1-\alpha)f(\boldsymbol{y})$ 成立，则函数 $f:\mathcal{X}\mapsto\mathbb{R}$ 是凸的。

定义 7.2 对于任意的 $\boldsymbol{x},\boldsymbol{y}\in\mathcal{X}$，若有

$$f(\boldsymbol{y})\geqslant f(\boldsymbol{x})+\langle\nabla f(\boldsymbol{x}),\boldsymbol{y}-\boldsymbol{x}\rangle+\frac{\mu}{2}\|\boldsymbol{y}-\boldsymbol{x}\|_2^2 \tag{7-1}$$

则函数 $f:\mathcal{X}\mapsto\mathbb{R}$ 为 μ-强凸，其中，μ 是一个非负常数。

定义 7.3 对于任意的 $\boldsymbol{x},\boldsymbol{y}\in\mathcal{X}$，若有

$$f(\boldsymbol{y})\leqslant f(\boldsymbol{x})+\langle\nabla f(\boldsymbol{x}),\boldsymbol{y}-\boldsymbol{x}\rangle+\frac{\beta}{2}\|\boldsymbol{y}-\boldsymbol{x}\|_2^2 \tag{7-2}$$

则称函数 $f:\mathcal{X}\mapsto\mathbb{R}$ 为 β-平滑，其中，β 是一个正常数。

定义 7.4 对于任意的 $\boldsymbol{x},\boldsymbol{y}\in\mathcal{X}$，若有

$$|f(\boldsymbol{x})-f(\boldsymbol{y})|\leqslant L\|\boldsymbol{x}-\boldsymbol{y}\|_2 \tag{7-3}$$

则称函数 $f:\mathcal{X}\mapsto\mathbb{R}$ 为 L-Lipchitz，其中，L 是一个正常数。注意，式(7-2)相当于以下关系式

$$\|\nabla f(\boldsymbol{x})-\nabla f(\boldsymbol{y})\|_2\leqslant\beta\|\boldsymbol{x}-\boldsymbol{y}\|_2,\quad\forall\boldsymbol{x},\boldsymbol{y}\in\mathcal{X} \tag{7-4}$$

另外，如果函数 f 是强凸的并且 $\boldsymbol{x}^*=\arg\min\limits_{\boldsymbol{x}\in\mathcal{X}}f(\boldsymbol{x})$，则有

$$f(\boldsymbol{x})-f(\boldsymbol{x}^*)\geqslant\mu\|\boldsymbol{x}-\boldsymbol{x}^*\|_2^2 \tag{7-5}$$

此外，若式(7-1)中的 $\mu=0$，则称函数 f 为凸函数。

7.3 问题形式化与算法

本章考虑一个由 N 个智能体组成的网络，表示为图$\mathcal{G}(\mathcal{V},\mathcal{E})$，其中$\mathcal{V}=\{1,2,\cdots,N\}$表示智能体的集合，$\mathcal{E}\subseteq\mathcal{V}\times\mathcal{V}$表示边的集合，且假设图是固定无向图。符号$(i,j)\in\mathcal{E}$表示对于所有的 $i,j\in\mathcal{V}$，智能体 j 可以直接向智能体 i 发送信息。若两个智能体可以直接交换信息，则它们是邻居。$\mathcal{N}_j$ 表示包括智能体 j 的邻居集合，其中包括智能体 j 本身。此外，使用一个 N-by-N 邻接矩阵 $\boldsymbol{A}$ 表示通信模式，并假设邻接矩阵 $\boldsymbol{A}$ 为双随机的，定义为 $\boldsymbol{A}=[a_{ij}]$，$i,j=1,2,\cdots,N$。

本章主要研究分布式在线优化问题，即每个智能体的局部代价函数随时间而变化。在每轮时隙 $t=1,2,\cdots,T$ 中，学习因子 $i\in\{1,2,\cdots,N\}$必须从凸紧集$\mathcal{X}\subset\mathbb{R}^d$中选择一个点 $\boldsymbol{x}_i(t)$。此时环境生成一个代价函数 $f_t^i:\mathcal{X}\mapsto\mathbb{R}$ 作为回报，并且学习因子 i 产生了代价 $f_t^i(\boldsymbol{x}_i(t))$。这样，就转化为在一个时间范围 T 内的协作优化全局代价函数。

$$\min_{x\in\mathcal{X}} f(\boldsymbol{x}) := \frac{1}{N}\sum_{t=1}^{T}\sum_{i=1}^{N} f_t^i(\boldsymbol{x}) \tag{7-6}$$

式中，代价函数 $f_t^i:\mathcal{X}\mapsto\mathbb{R}$ 是凸的或是潜在非凸的，并对于任意的智能体 $i\in\mathcal{V}$在 $t\in\{1,2,\cdots,N\}$轮中选择动作$\boldsymbol{x}_i(t)$后依然是有效的。由于每个智能体只利用其本地信息并与邻居交换信息，因此需要设计分布式在线学习算法解决在线优化问题式(7-6)。

Regret 是衡量在线算法性能的重要指标，定义为

$$\mathcal{R}(T) := \frac{1}{N}\sum_{t=1}^{T}\sum_{i=1}^{N} f_t^i(\bar{\boldsymbol{x}}(t)) - \min_{x\in\mathcal{X}} f(\boldsymbol{x}) \tag{7-7}$$

这样目标转化为设计一个能够解决问题式(7-6)的分布式在线算法，可以在 T 时间达到次线性 Regret 界，例如 $\limsup\limits_{T\to\infty}\mathcal{R}(T)/T=0$。

在一些实际应用中，分布式(子)梯度下降算法离不开投影算子[22]。然而，在许多情况下投影算子的计算成本很高，尤其在高维数据应用场景中，因此投影算子将成为计算的瓶颈。为了解决这个问题，经典的 Frank-Wolfe 优化算法是一种有效的解决方法，它使用线性优化代替投影步骤[29]。本章借鉴集中式 Frank-Wolfe 在线学习算法[32]，提出了分布式无投影在线学习算法。在该算法中，每一个智能体 $t\in\{1,2,\cdots,N\}$线性地组合它自己的估计值并从它的邻居接收估计值，然后计算一个能够替代局部梯度的聚合梯度。最后，每个智能体 i 执行一个 Frank-Wolfe 步骤更新它的估计值。此外，在该算法中，每个智能体只知道自己的局部信息，并只采取局部计算和局部交流。相关的更新过程见式(7-8)～式(7-12)。具体算法描述如算法 7-1 所示。

算法 7-1：分布式 Frank-Wolfe 网络在线学习

输入：起始点 $\boldsymbol{x}_i(1), i=1,2,\cdots,N$；最大时间范围 T；双随机矩阵 $\boldsymbol{A}=[a_{ij}]\in\mathbb{R}^{N\times N}$；智能体个数 N。

1：**for** $t=1,2,\cdots,T$ **do**

2：**for** 每个智能体 $i=1,2,\cdots,N$ **do**

3：　　一致性步骤：$\boldsymbol{x}_i(t)$与邻居节点交互，即执行式(7-8)。

4：　　聚合步骤：计算聚合梯度代替平均梯度，即执行式(7-9)和式(7-10)。

5：　　Frank-Wolfe 步骤：计算式(7-11)并根据式(7-12)更新估计值 $\boldsymbol{x}_i(t)$。

6：　**end for**

7：**end for**

输出：对于所有 $i\in\mathcal{V}$，$\{\boldsymbol{x}_i(t):1\leqslant t\leqslant T\}$。

一致性步骤：

$$\boldsymbol{z}_i(t)=\sum_{j\in\mathcal{N}_i}a_{ij}\boldsymbol{x}_j(t) \tag{7-8}$$

聚合步骤：

$$\boldsymbol{s}_t^i(t)=\sum_{j\in\mathcal{N}_i}a_{ij}\boldsymbol{s}_t^j(t-1)+\nabla f_t^i(\boldsymbol{z}_i(t))-\nabla f_t^i(\boldsymbol{z}_i(t-1)) \tag{7-9}$$

$$\boldsymbol{S}_t^i(t)=\frac{1}{t}\sum_{\tau=1}^{t}\sum_{j=1}^{N}a_{ij}\boldsymbol{s}_\tau^j(t) \tag{7-10}$$

Frank-Wolfe 步骤：

$$\boldsymbol{v}_i(t):=\underset{v\in\mathcal{X}}{\operatorname{argmin}}\langle\boldsymbol{v},\boldsymbol{S}_t^i(t)\rangle \tag{7-11}$$

$$\boldsymbol{x}_i(t+1):=(1-\gamma(t))\boldsymbol{z}_i(t)+\gamma(t)\boldsymbol{v}_i(t) \tag{7-12}$$

式中，$\gamma(t)\in(0,1)$是学习速率。

7.4 假设和主要结果

本节首先给出一些算法的标准假设，然后叙述主要结果。首先，假设邻接矩阵 $\boldsymbol{A}=[a_{ij}]\in\mathbb{R}^{N\times N}$ 满足以下假设。

假设 7.1 图$\mathcal{G}$是强连通图，对于任何的 $i,j\in\{1,2,\cdots,N\}$，$a_{ij}>0$，如果$(i,j)\in\mathcal{E}$，则 $a_{ij}>0$；否则，$a_{ij}=0$。并假设矩阵 $\boldsymbol{A}$ 为双随机矩阵，即对于所有的 $i,j\in\mathcal{V}$，$\sum_{j=1}^{N}a_{ij}=1$ 且 $\sum_{i=1}^{N}a_{ij}=1$。

其中，$\rho\left(\boldsymbol{A}-\left(\frac{1}{N}\right)\boldsymbol{1}\boldsymbol{1}^{\mathrm{T}}\right)<1$，$\rho(\cdot)$是一个矩阵的光谱半径。因此，$\exists\lambda\in(0,1)$，对于任意 $x\in\mathbb{R}^{N\times 1}$，有

$$\|Ax-\boldsymbol{1}\bar{x}\|_2=\left\|\left(A-\frac{1}{N}\boldsymbol{1}\boldsymbol{1}^{\mathrm{T}}\right)(x-\boldsymbol{1}\bar{x})\right\|_2\leqslant\lambda\|x-\boldsymbol{1}\bar{x}\|_2 \tag{7-13}$$

式中，$\bar{x}=(1/N)1^{\mathrm{T}}x$。当$\exists t_0\in\mathbb{Z}^+$且$\kappa\in(0,1]$时，$\lambda$的上界为

$$\lambda\leqslant\frac{t_0^{\kappa}}{1+t_0^{\kappa}}\left(\frac{t_0}{1+t_0}\right)^{\kappa} \tag{7-14}$$

从式(7-14)可以看出，

$$t_0\geqslant\left[\frac{1}{\lambda^{-1/(1+\kappa)}-1}\right] \tag{7-15}$$

假设 7.2 约束集$\mathcal{X}$是紧凸凑的，最优集$\mathcal{X}^*$是非空的。$\boldsymbol{x}^*\in\mathcal{X}^*$是函数$f$的极小值，其中$\boldsymbol{x}^*$是$\mathcal{X}$的内部点，即$\eta:=\inf\limits_{x\in\partial\mathcal{X}}\|\boldsymbol{x}-\boldsymbol{x}^*\|_2>0$，其中，$\partial\mathcal{X}$表示约束集$\mathcal{X}$的边界集。

假设 7.3 对于所有的$i\in\{1,2,\cdots,N\}$和$t\in\{1,2,\cdots,T\}$，局部代价函数f_t^i是β-光滑和L-Lipschitz 的。

定义$\Delta(t):=F_t(\bar{\boldsymbol{x}}(t))-F_t(\boldsymbol{x}^*(t))$，其中，$F_t=(1/t)\sum\limits_{\tau=1}^{t}f_\tau$，$f_t=(1/N)\sum\limits_{i=1}^{N}f_t^i$，$\boldsymbol{x}^*(t)\in\arg\min\limits_{x\in\mathcal{X}}F_t(\boldsymbol{x})$。这样，可以首先建立$\Delta(t)$的上界，用于获得 Regret 界。

定理 7.1 基于假设 7.1～假设 7.3，令步长$\gamma(t)=2/(t+2)$。假设每个代价函数f_t^i是一个μ-强凸函数，其中，$i\in\{1,2,\cdots,N\}$且$t\in\{1,2,\cdots,T\}$。则$\exists t_0\in\mathbb{Z}^+$，且对所有的$t\geqslant t^*$，其中，$t^*$的定义如式(7-50)，则有

$$\Delta(t)\leqslant\max\left\{\frac{9}{2}(\beta D^2+2DC_2+2D\beta C_1),\right.$$
$$\left.\frac{\dfrac{2\eta^2\mu}{\theta^2}-\dfrac{4C'}{9}+\sqrt{\left(\dfrac{2\eta^2\mu}{\theta^2}\right)^2-\dfrac{16}{9}\cdot\dfrac{\eta^2\mu}{\theta^2}C'}}{8/81}\right\}\frac{1}{t+1} \tag{7-16}$$

式中，$C_2=\sqrt{N}\left[\left(\delta+\dfrac{\beta(D+2C_1)}{1-\kappa}\right)+2\beta(D+2C_1)\right]t_0^{\kappa}$，$\kappa\in(0,1)$，$C_1=\sqrt{N}Dt_0^{\kappa}$，$\delta\in\mathbb{R}^+$；$C'=2\beta D^2+4D\beta C_1+4DC_2\theta>1$。

定理 7.1 的证明见 7.5 节。由定理 7.1，可以得到算法 7-1 任意时刻的界，然后建立算法 7-1 的 Regret 界。

定理 7.2 基于假设 7.1 和假设 7.2，假设对于所有的$i\in\{1,2,\cdots,N\}$且$t\in\{1,2,\cdots,T\}$，每个代价函数f_t^i是L-Lipchitz 函数和强凸的，并且f_t^i可能是不平滑的，则对于任意$\boldsymbol{x}^*\in\mathcal{X}$，可以得到

$$\mathcal{R}(T)\leqslant 6\sqrt{\rho LD}\sqrt{T+1} \tag{7-17}$$

式中，$\rho=\max\{B_1,B_2\}$，$B_1=9(LD+2DC_2+2LC_1)$，

$$B_2=\frac{81}{8}\cdot\left(\frac{2\eta^2L}{D\theta^2}-\frac{4C''}{9}+\sqrt{\left(\frac{2\eta^2L}{D\theta^2}\right)^2-\frac{16}{9}\cdot\frac{\eta^2L}{D\theta^2}C''}\right),$$

$$C_2'=\sqrt{N}\left[\left(\delta+\frac{L(D+2C_1)}{D(1-\kappa)}\right)+2\frac{L(D+2C_1)}{D}\right]t_0^{\kappa},$$

$$C''=2LD+4LC_1+4DC_2。$$

定理7.2的证明见7.5节。根据定理7.2,可得到强凸条件下的平方根Regret界,即算法7-1可以实现的Regret界为$O(\sqrt{T})$,其中,T是一个时间范围。此外,可以看到Regret界由约束集$\mathcal{X}$的直径D和局部代价函数梯度的上界L决定。此外,Regret界也受通信网络连通性的影响。

当代价函数可能是非凸时,为了分析算法7-1的收敛性,引入对偶间隙$\psi(t)$,其定义为

$$\begin{aligned}\psi(t):&=\max_{v\in\mathcal{X}}\langle\nabla F_t(\bar{\boldsymbol{x}}(t)),\bar{\boldsymbol{x}}(t)-\boldsymbol{v}\rangle\\&=\langle\nabla F_t(\bar{\boldsymbol{x}}(t)),\bar{\boldsymbol{x}}(t)-\hat{\boldsymbol{v}}(t)\rangle\end{aligned}\tag{7-18}$$

式中,$\hat{\boldsymbol{v}}(t)\in\arg\min\limits_{v\in\mathcal{X}}\langle\nabla F_t(\bar{\boldsymbol{x}}(t)),\boldsymbol{v}\rangle$,如果$\psi(t)=0$,可以看到估计值$\bar{\boldsymbol{x}}(t)$是$\min\limits_{x\in\mathcal{X}}F_t(x)$的固定点,非凸函数的收敛结果如下。

定理7.3 基于假设7.1~假设7.3,令步长$\gamma(t)=1/t^{\kappa}$,其中,$\kappa\in(0,1)$。假设每个代价函数f_t^i是非凸的,并且时间范围T是均等的,则$\exists t_0\in\mathbb{Z}^+$,对于所有的$t\geqslant t_0$且$T\geqslant13$,当$\kappa\in[1/2,1)$,可以得到

$$\begin{aligned}\min_{t\in[T/2+1,T]}\psi(t)\leqslant&\frac{1-\kappa}{T^{1-\kappa}}(1-(2/3)^{1-\kappa})^{-1}\cdot\\&\left(4LD+(\beta D^2/2+2DC_2)\log2+2\beta DC_1\cdot\frac{2^{\kappa}-1}{\kappa}\right)\end{aligned}\tag{7-19}$$

对于所有的$T\geqslant6$,当$\kappa\in(0,1/2)$,可以得到

$$\begin{aligned}\min_{t\in[T/2+1,T]}\psi(t)\leqslant&\frac{1-\kappa}{T^{\kappa}}(1-(2/3)^{1-\kappa})^{-1}\cdot\\&\left(4LD+\frac{\beta D^2}{2}\frac{1-(1/2)^{1-2\kappa}}{1-2\kappa}+\frac{2^{\kappa}-1}{\kappa}(2DC_2+2\beta DC_1)\right)\end{aligned}\tag{7-20}$$

式中,$C_2=\sqrt{N}\left[\left(\delta+\frac{\beta(D+2C_1)}{1-\kappa}\right)+2\beta(D+2C_1)\right]t_0^{\kappa}$, $C_1=\sqrt{N}Dt_0^{\kappa}$, $\delta\in\mathbb{R}^+$。

定理7.3的证明见7.5节。根据定理7.3可以得出,如果$\kappa\in[1/2,1)$,所提算法可以在每轮$t\in[T/2+1,T]$达到收敛速度$O(1/T^{1-\kappa})$;如果当$\kappa\in(0,1/2)$,所提算法可以得到收敛速度$O(1/T^{\kappa})$。此外,当设置$\kappa=1/2$时,算法可以得到最快的收敛速度$O(1/\sqrt{T})$。可以看出,收敛速度取决于梯度的上界L和约束集的直径D。在定理7.3中,使用了类似文献[30,35]的方法分析对偶间隙。

7.5 性能分析

本节分析当代价函数为凸函数或可能为非凸函数时所提算法的性能，并给出主要结果的详细证明。为了分析所提算法的性能，引入下面3个辅助向量，并给出几个引理。

$$\bar{\boldsymbol{x}}(t):=\frac{1}{N}\sum_{i=1}^{N}\boldsymbol{x}_i(t) \tag{7-21}$$

$$\bar{s}_t(t):=\frac{1}{t}\cdot\frac{1}{N}\sum_{\tau=1}^{t}\sum_{i=1}^{N}\boldsymbol{s}_\tau^i(t) \tag{7-22}$$

$$\boldsymbol{g}_t(t):=\frac{1}{t}\cdot\frac{1}{N}\sum_{\tau=1}^{t}\sum_{i=1}^{N}\nabla f_\tau^i(\boldsymbol{z}_i(t)) \tag{7-23}$$

引理 7.1 对于所有的 $t=1,2,\cdots,T$，有以下关系：

(a) $\bar{\boldsymbol{s}}_{t+1}(t+1)=\boldsymbol{g}_{t+1}(t+1)$；

(b) $\bar{\boldsymbol{x}}(t+1)=(1-\gamma(t))\bar{\boldsymbol{x}}(t)+\gamma(t)\bar{\boldsymbol{v}}(t)$；

其中，$\bar{\boldsymbol{v}}(t):=(1/N)\sum_{i=1}^{N}\boldsymbol{v}_i(t)$。

引理7.1的证明见7.6节。

从引理7.1可以看出，更新关系由平均序列 $\bar{\boldsymbol{s}}_t(t)$ 和 $\bar{\boldsymbol{x}}(t)$ 决定。下面给出在证明中起重要作用的引理7.2和引理7.3。首先，给出 $\|\boldsymbol{z}_i(t)-\bar{\boldsymbol{x}}(t)\|_2$ 的有界性。

引理 7.2 基于假设7.1，对于某些 $\kappa\in(0,1]$ 使 $\gamma(t)=1/t^\kappa$，则对于所有的 $i=1,2,\cdots,N$ 和 $t\geqslant t_0$，有

$$\max_{i\in\{1,2,\cdots,N\}}\|\boldsymbol{z}_i(t)-\bar{\boldsymbol{x}}(t)\|_2\leqslant C_1t^{-\kappa} \tag{7-24}$$

式中，$C_1=\sqrt{N}Dt_0^\kappa$。

引理7.2的证明见7.6节。从引理7.2可以看出，当 t 趋于无穷大时，$\boldsymbol{z}_i(t)$ 和 $\bar{\boldsymbol{x}}(t)$ 的均方差趋近于零。接着，对于所有的 $i\in\{1,2,\cdots,N\}$，给出 $\|\boldsymbol{S}_t^i(t)-\boldsymbol{g}_t(t)\|_2$ 的有界性。

引理 7.3 基于假设7.1，对于某些 $\kappa\in(0,1)$，使 $\gamma(t)=1/t^\kappa$。则对于所有的 $i=1,2,\cdots,N$ 和 $t\geqslant t_0$，有

$$\max_{i\in\{1,2,\cdots,N\}}\|\boldsymbol{S}_t^i(t)-\boldsymbol{g}_t(t)\|_2\leqslant C_2t^{-\kappa} \tag{7-25}$$

式中，$C_2=\sqrt{N}\left[\left(\delta+\frac{\beta(D+2C_1)}{1-\kappa}\right)+2\beta(D+2C_1)\right]t_0^\kappa$，且对于所有的 $i=1,2,\cdots,N$ 和 $t\geqslant1$，δ 满足 $\delta\geqslant\|\boldsymbol{s}_{t+1}^i(1)-\psi_{t+1}(1)\|_2$。

引理7.3的证明见7.6节。从引理7.3可以看出，当 t 趋于无穷大时，$\boldsymbol{S}_t^i(t)$ 和

$\boldsymbol{g}_t(t)$的均方误差趋近于零。利用引理7.1、引理7.2和引理7.3,证明定理7.1。

定理7.1证明：为了描述方便,首先定义辅助变量 $f_t=(1/N)\sum_{i=1}^{N}f_t^i$ 和 $F_t=(1/t)\sum_{\tau=1}^{t}f_\tau$,并将常数 C 定义如下：

$$C=\max\left\{\frac{9}{2}(\beta D^2+2DC_2+2D\beta C_1),\right.$$
$$\left.\frac{\frac{2\eta^2\mu}{\theta^2}-\frac{4C'}{9}+\sqrt{\left(\frac{2\eta^2\mu}{\theta^2}\right)^2-\frac{16}{9}\cdot\frac{\eta^2\mu}{\theta^2}C'}}{8/81}\right\} \tag{7-26}$$

式中,$\theta>1$,$C'=2\beta D^2+4D\beta C_1+4DC_2$。显然,当 $t=t^*$ 时定理7.1成立。然后,假设对于某些 $t=t^*$,$\Delta(t)\leqslant C\cdot\frac{1}{t+1}$成立,其中,$t^*$ 的定义见式(7-50)。从假设7.2可知函数 F_t 是β-光滑的,因此,根据引理7.1(b),可以得出

$$\begin{aligned}F_t(\bar{\boldsymbol{x}}(t+1))&\leqslant F_t(\bar{\boldsymbol{x}}(t))+\langle\nabla F_t(\bar{\boldsymbol{x}}(t)),\bar{\boldsymbol{x}}(t+1)-\bar{\boldsymbol{x}}(t)\rangle+\\&\quad\frac{\beta}{2}\|\bar{\boldsymbol{x}}(t+1)-\bar{\boldsymbol{x}}(t)\|_2^2\\&\leqslant F_t(\bar{\boldsymbol{x}}(t))+\frac{\beta}{2}\gamma^2(t)\|\bar{\boldsymbol{v}}(t)-\bar{\boldsymbol{x}}(t)\|_2^2+\\&\quad\frac{\gamma(t)}{N}\sum_{i=1}^{N}\langle\nabla F_t(\bar{\boldsymbol{x}}(t)),\boldsymbol{v}_i(t)-\bar{\boldsymbol{x}}(t)\rangle\\&\leqslant F_t(\bar{\boldsymbol{x}}(t))+\frac{\beta}{2}\gamma^2(t)D^2+\\&\quad\frac{\gamma(t)}{N}\sum_{i=1}^{N}\langle\nabla F_t(\bar{\boldsymbol{x}}(t)),\boldsymbol{v}_i(t)-\bar{\boldsymbol{x}}(t)\rangle\end{aligned} \tag{7-27}$$

式中,第一个不等式可由 F_t 是β-光滑函数得出；第二个不等式依据引理7.1(b)得出；第三个不等式根据$\mathcal{X}$的有界性得到。此外,对于所有 $i=1,2,\cdots,N$ 和$\boldsymbol{v}\in\mathcal{X}$,可以得出

$$\begin{aligned}&\langle\nabla F_t(\bar{\boldsymbol{x}}(t)),\boldsymbol{v}_i(t)-\bar{\boldsymbol{x}}(t)\rangle\\&=\langle\boldsymbol{S}_t^i(t),\boldsymbol{v}_i(t)-\bar{\boldsymbol{x}}(t)\rangle+\langle\nabla F_t(\bar{\boldsymbol{x}}(t))-\boldsymbol{S}_t^i(t),\boldsymbol{v}_i(t)-\bar{\boldsymbol{x}}(t)\rangle\\&\leqslant\langle\boldsymbol{S}_t^i(t),\boldsymbol{v}-\bar{\boldsymbol{x}}(t)\rangle+D\cdot\|\boldsymbol{S}_t^i(t)-\nabla F_t(\bar{\boldsymbol{x}}(t))\|_2\\&\leqslant\langle\nabla F_t(\bar{\boldsymbol{x}}(t)),\boldsymbol{v}-\bar{\boldsymbol{x}}(t)\rangle+2D\cdot\|\boldsymbol{S}_t^i(t)-\nabla F_t(\bar{\boldsymbol{x}}(t))\|_2\end{aligned} \tag{7-28}$$

式中,第一个不等式通过在等式加上并减去 $\boldsymbol{S}_t^i(t)$,由 $\boldsymbol{v}_i(t)\in\arg\min_{v\in\mathcal{X}}\langle\boldsymbol{v},\boldsymbol{S}_t^i(t)\rangle$得到；最后一个不等式通过加上并减去$\nabla F_t(\bar{\boldsymbol{x}}(t))$得到。为了得到式(7-28)的有界性,需要限制项$\|\boldsymbol{S}_t^i(t)-\nabla F_t(\bar{\boldsymbol{x}}(t))\|_2$。根据 $\boldsymbol{g}_t(t)$的定义,可以得出

$$
\begin{aligned}
&\| \boldsymbol{S}_t^i(t) - \nabla F_t(\bar{\boldsymbol{x}}(t)) \|_2 \\
&\leqslant \| \boldsymbol{S}_t^i(t) - \boldsymbol{g}_t(t) \|_2 + \| \boldsymbol{g}_t(t) - \nabla F_t(\bar{\boldsymbol{x}}(t)) \|_2 \\
&\leqslant \frac{C_2}{t} + \frac{1}{Nt}\sum_{\tau=1}^{t}\sum_{i=1}^{N} \| \nabla f_\tau^i(\boldsymbol{z}_i(t)) - \nabla f_\tau^i(\bar{\boldsymbol{x}}(t)) \|_2 \\
&\leqslant \frac{C_2}{t} + \beta \cdot \frac{1}{Nt}\sum_{\tau=1}^{t}\sum_{i=1}^{N} \| \boldsymbol{z}_i(t) - \bar{\boldsymbol{x}}(t) \|_2 \\
&\leqslant \frac{C_2}{t} + \frac{\beta}{t}\sum_{\tau=1}^{t} \frac{C_1}{t} \leqslant \frac{C_2}{t} + \frac{\beta C_1}{t}
\end{aligned} \tag{7-29}
$$

式中,第一个不等式使用了三角不等式得出;第二个不等式由范数的凸性和引理7.3得出;第三个不等式利用函数$\{f_\tau^1, f_\tau^2, \cdots, f_\tau^N\}_{\tau=1}^T$是$\beta$-光滑的得到;第四个不等式依据引理7.2得出。将式(7-28)和式(7-29)代入式(7-27),对任意$\boldsymbol{v} \in \mathcal{X}$有

$$
\begin{aligned}
F_t(\bar{\boldsymbol{x}}(t+1)) \leqslant\ & F_t(\bar{\boldsymbol{x}}(t)) + \gamma(t)\langle \nabla F_t(\bar{\boldsymbol{x}}(t), \boldsymbol{v} - \bar{\boldsymbol{x}}(t))\rangle + \\
& \frac{\gamma(t)}{2}\beta D^2 + 2D\gamma(t)\frac{C_2 + \beta C_1}{t}
\end{aligned} \tag{7-30}
$$

同时,还可以得到

$$
\begin{aligned}
F_t(\bar{\boldsymbol{x}}(t+1)) - F_t(\boldsymbol{x}^*(t+1)) &\leqslant F_t(\bar{\boldsymbol{x}}(t+1)) - F_t(\boldsymbol{x}^*(t)) \\
&\leqslant F_t(\bar{\boldsymbol{x}}(t)) - F_t(\boldsymbol{x}^*(t)) + \frac{\gamma^2(t)}{2}\beta D^2 - \\
&\quad \gamma(t)\langle \nabla F_t(\bar{\boldsymbol{x}}(t)), \bar{\boldsymbol{x}}(t) - \hat{\boldsymbol{v}}(t)\rangle + \\
&\quad 2D\gamma(t)\frac{C_2 + \beta C_1}{t}
\end{aligned} \tag{7-31}
$$

式中,第一个不等式依据$\boldsymbol{x}^*(t) = \arg\min\limits_{x\in\mathcal{X}} F_t(\boldsymbol{x})$获得;最后一个不等式依据式(7-30)和$\hat{\boldsymbol{v}}(t) \in \arg\min\limits_{v\in\mathcal{X}}\langle \boldsymbol{v}, \nabla F_t(\bar{\boldsymbol{x}}(t))\rangle$得到。此外,通过定义一个辅助变量$\Delta(t) = F_t(\bar{\boldsymbol{x}}(t)) - F_t(\boldsymbol{x}^*(t))$,可以得出

$$
\begin{aligned}
\Delta(t+1) =\ & \frac{t}{1+t}(F_t(\bar{\boldsymbol{x}}(t+1)) - F_t(\boldsymbol{x}^*(t+1))) + \\
& \frac{1}{1+t}(f_{t+1}(\bar{\boldsymbol{x}}(t+1)) - f_{t+1}(\boldsymbol{x}^*(t+1))) \\
\leqslant\ & \frac{t}{1+t}(\Delta(t) - \gamma(t)\langle \nabla F_t(\bar{\boldsymbol{x}}(t)), \bar{\boldsymbol{x}}(t) - \hat{\boldsymbol{v}}(t)\rangle) + \\
& \frac{t}{1+t}\left(\frac{\gamma^2(t)}{2}\beta D^2 + 2D\gamma(t) \cdot \frac{C_2 + \beta C_1}{t}\right) + \\
& \frac{1}{1+t}(f_{t+1}(\bar{\boldsymbol{x}}(t+1)) - f_{t+1}(\boldsymbol{x}^*(t+1)))
\end{aligned} \tag{7-32}
$$

式中,不等式依据式(7-31)得出。

另外，假设 F_t 是μ-强凸的且 $\boldsymbol{x}^*(t)\in \mathrm{int}(\mathcal{X})$，其中，$\mathrm{int}(\mathcal{X})$表示$\mathcal{X}$的内点集。则对于某些 $\xi\in[0,1)$，$\boldsymbol{x}^*(t)$可以为

$$\boldsymbol{x}^*(t)=\bar{\boldsymbol{x}}(t)+\xi(\boldsymbol{w}(t)-\bar{\boldsymbol{x}}(t)) \tag{7-33}$$

式中，$\boldsymbol{w}(t)\in\partial\mathcal{X}$。由于 F_t 是μ-强凸的，可以得出

$$\begin{aligned}\frac{\mu}{2}\|\boldsymbol{x}^*(t)-\bar{\boldsymbol{x}}(t)\|_2^2 &\leqslant F_t(\boldsymbol{x}^*(t))-F_t(\bar{\boldsymbol{x}}(t))-\\ &\quad\langle\nabla F_t(\bar{\boldsymbol{x}}(t)),\boldsymbol{x}^*(t)-\bar{\boldsymbol{x}}(t)\rangle\\ &=-\Delta(t)+\xi\langle\nabla F_t(\bar{\boldsymbol{x}}(t)),\bar{\boldsymbol{x}}(t)-\boldsymbol{w}(t)\rangle\\ &\leqslant-\Delta(t)+\xi\langle\nabla F_t(\bar{\boldsymbol{x}}(t)),\bar{\boldsymbol{x}}(t)-\hat{\boldsymbol{v}}(t)\rangle\end{aligned} \tag{7-34}$$

式中，最后一个不等式依据 $\hat{\boldsymbol{v}}(t)\in\arg\min\limits_{v\in\mathcal{X}}\langle\nabla F_t(\bar{\boldsymbol{x}}(t)),\boldsymbol{v}\rangle$得出。此外，还可以得出

$$\begin{aligned}\frac{\mu}{2}\|\boldsymbol{x}^*(t)-\bar{\boldsymbol{x}}(t)\|_2^2&=\frac{\mu}{2}\xi^2\|\boldsymbol{w}(t)-\bar{\boldsymbol{x}}(t)\|_2^2\\ &\geqslant\frac{\mu}{2}\xi^2\|\boldsymbol{w}(t)-\boldsymbol{x}^*(t)\|_2^2\geqslant\frac{\mu}{2}\eta^2\xi^2\end{aligned} \tag{7-35}$$

式中，第一个不等式依据下式得出，

$$\|\boldsymbol{w}(t)-\bar{\boldsymbol{x}}(t)\|_2^2\geqslant(1-\xi)^2\|\boldsymbol{w}(t)-\bar{\boldsymbol{x}}(t)\|_2^2=\|\boldsymbol{w}(t)-\boldsymbol{x}^*(t)\|_2^2$$

最后一个不等式依据 η 的定义得出。根据式(7-34)和式(7-35)，可以得到

$$\begin{aligned}\Delta(t)&\leqslant\xi\langle\nabla F_t(\bar{\boldsymbol{x}}(t)),\bar{\boldsymbol{x}}(t)-\bar{\boldsymbol{v}}(t)\rangle-\frac{\mu}{2}\eta^2\xi^2\\ &\leqslant\frac{1}{2\mu\eta^2}(\langle\nabla F_t(\bar{\boldsymbol{x}}(t)),\bar{\boldsymbol{x}}(t)-\hat{\boldsymbol{v}}(t)\rangle)^2\end{aligned} \tag{7-36}$$

式中，最后一个不等式通过设置 $\xi=\langle\nabla F_t(\bar{\boldsymbol{x}}(t)),\bar{\boldsymbol{x}}(t)-\hat{\boldsymbol{v}}(t)\rangle/\mu\eta^2$ 获得。因此，根据式(7-36)，可以有

$$\langle\nabla F_t(\bar{\boldsymbol{x}}(t)),\bar{\boldsymbol{x}}(t)-\hat{\boldsymbol{v}}(t)\rangle\geqslant\sqrt{2\mu\eta^2\Delta(t)} \tag{7-37}$$

为了获得 $\Delta(t+1)$的上界，需要得出 $f_{t+1}(\bar{\boldsymbol{x}}(t+1))-f_{t+1}(\boldsymbol{x}^*(t+1))$的界。由于对于所有 $i\in\{1,2,\cdots,N\}$和 $t\in\{1,2,\cdots,T\}$，每个代价函数 f_t^i 都是 μ-强凸的，那么根据 F_t 的定义，函数 F_t 也是 μ-强凸的。类似地，假设 7.3 表明 F_t 是 β-光滑和 L-Lipschitz。由于 $\boldsymbol{x}^*(t)\in\arg\min\limits_{x\in\mathcal{X}}F_t(\boldsymbol{x})$，则根据 F_t 的强凸性，可以得出

$$\begin{aligned}\mu\|\bar{\boldsymbol{x}}(t)-\boldsymbol{x}^*(t)\|_2^2&\leqslant F_t(\bar{\boldsymbol{x}}(t))-F_t(\boldsymbol{x}^*(t))\\ &\leqslant\frac{C}{t+1}\end{aligned} \tag{7-38}$$

式中，最后一个不等式根据归纳假设得出。这样，依据式(7-38)，还可得出

$$\|\bar{\boldsymbol{x}}(t)-\boldsymbol{x}^*(t)\|_2\leqslant\sqrt{\frac{C/\mu}{t+1}} \tag{7-39}$$

根据 F_t 的定义，有

$$
\begin{aligned}
& F_{t+1}(\boldsymbol{x}^*(t)) - F_{t+1}(\boldsymbol{x}^*(t+1)) \\
&= \frac{t}{t+1}(F_t(\boldsymbol{x}^*(t)) - F_t(\boldsymbol{x}^*(t+1))) + \\
&\quad \frac{1}{t+1}(f_{t+1}(\boldsymbol{x}^*(t)) - f_{t+1}(\boldsymbol{x}^*(t+1))) \\
&\leqslant \frac{1}{t+1}(f_{t+1}(\boldsymbol{x}^*(t)) - f_{t+1}(\boldsymbol{x}^*(t+1))) \\
&\leqslant \frac{L}{t+1}\|\boldsymbol{x}^*(t) - \boldsymbol{x}^*(t+1)\|_2 \\
&\leqslant \frac{LD}{t+1}
\end{aligned} \tag{7-40}
$$

式中,第一个不等式由 $F_t(\boldsymbol{x}^*(t)) \leqslant F_t(\boldsymbol{x}^*(t+1))$ 得出;第二个不等式依据 F_t 是 L-Lipschitz 获得;最后一个不等式根据$\mathcal{X}$的有界性得到。依据式(7-40),得出

$$
\|\boldsymbol{x}^*(t) - \boldsymbol{x}^*(t+1)\|_2 \leqslant \sqrt{\frac{LD}{\mu(t+1)}} \leqslant \sqrt{\frac{C}{\mu(t+1)}} \tag{7-41}
$$

式中,最后一个不等式根据 $C \geqslant LD$ 得到。由于 $\|\bar{\boldsymbol{x}}(t) - \boldsymbol{x}^*(t+1)\|_2 \leqslant D$,可以得出

$$
\|\bar{\boldsymbol{x}}(t) - \boldsymbol{x}^*(t+1)\|_2 \leqslant \min\left\{\sqrt{\frac{4C}{\mu(t+1)}}, D\right\} \leqslant \frac{C}{9L}\sqrt{\frac{1}{t+1}} \tag{7-42}
$$

式中,$C \geqslant \max\{324L^2/\mu, 9LD\}$。进一步可以得到

$$
\begin{aligned}
\|\bar{\boldsymbol{x}}(t+1) - \bar{\boldsymbol{x}}(t)\|_2 &= \gamma(t)\|\bar{\boldsymbol{v}}(t) - \bar{\boldsymbol{x}}(t)\|_2 \\
&\leqslant D\gamma(t) \leqslant \frac{C}{9L}\sqrt{\frac{1}{t+1}}
\end{aligned} \tag{7-43}
$$

式中,最后一个不等式根据不等式 $2/(t+2) \leqslant \sqrt{1/(t+1)}$ 对所有的 $t \geqslant 2$ 都成立得出。因此,根据式(7-42)和式(7-43),得出

$$
\|\bar{\boldsymbol{x}}(t+1) - \boldsymbol{x}^*(t+1)\|_2 \leqslant \frac{2C}{9L}\sqrt{\frac{1}{t+1}} \tag{7-44}
$$

式中,不等式根据三角不等式得到。此外,由于 f_{t+1} 是 L-Lipschitz,可以得出

$$
f_{t+1}(\bar{\boldsymbol{x}}(t+1)) - f_{t+1}(\boldsymbol{x}^*(t+1)) \leqslant \frac{2C}{9}\sqrt{\frac{1}{t+1}} \tag{7-45}
$$

把式(7-37)和式(7-45)代入式(7-32),可以得到

$$
\begin{aligned}
\Delta(t+1) \leqslant & \sqrt{\Delta(t)}(\sqrt{\Delta(t)} - \gamma(t)\sqrt{2\mu\eta^2}) + \frac{2C}{9(t+1)^{3/2}} + \\
& \frac{\gamma^2(t)}{2}\beta D^2 + 2D\gamma(t)\frac{\beta C_1 + C_2}{t+1}
\end{aligned} \tag{7-46}
$$

当 $\Delta(t) - \gamma(t)\sqrt{2\mu\eta^2\Delta(t)} \leqslant 0$ 时,由式(7-46),可得

$$\begin{aligned}\Delta(t+1) &\leqslant \frac{2C}{9(t+1)^{3/2}}+\frac{2\beta D^2}{(t+1)^2}+4D\,\frac{\beta C_1+C_2}{(t+1)^2}\\ &\leqslant \left(2\beta D^2+4DC_2+\frac{2}{9}C+4D\beta C_1\right)\frac{1}{t+1}\\ &\leqslant \left(\frac{1}{3}C+3\beta D^2+6DC_2+6D\beta C_1\right)\frac{1}{t+2}\end{aligned}\tag{7-47}$$

式中，最后一个不等式依据 $n\geqslant 1$ 时不等式$\frac{1}{n+t-1}\leqslant\frac{n+1}{n}\cdot\frac{1}{n+t}$成立得出。根据 C 的定义，可得

$$C\geqslant\frac{9}{2}(\beta D^2+2DC_2+2D\beta C_1)\tag{7-48}$$

因此，得出

$$\Delta(t+1)\leqslant C\,\frac{1}{t+2}$$

当 $\Delta(t)-\gamma(t)\sqrt{2\mu\eta^2\Delta(t)}>0$ 时，根据式(7-46)，可得到

$$\begin{aligned}\Delta(t+1)-\frac{C}{t+2} &\leqslant C\left(\frac{1}{t+1}-\frac{1}{t+2}\right)-\frac{\eta\sqrt{2\mu C}}{(t+1)^{3/2}}+\\ &\quad\frac{2C}{9}\,\frac{1}{(t+1)^{3/2}}+\frac{4DC_2+2\beta D^2+4D\beta C_1}{(t+1)^2}\\ &\leqslant\frac{C}{(t+1)^2}-\frac{\eta\sqrt{2\mu C}}{(t+1)^{3/2}}+\frac{2C}{9}\,\frac{1}{(t+1)^{3/2}}+\\ &\quad\frac{4DC_2+2\beta D^2+4D\beta C_1}{(t+1)^2}\\ &\leqslant\frac{1}{(t+1)^{3/2}}\left(\frac{C}{\sqrt{t+1}}-\eta\sqrt{2\mu C}+\frac{2C}{9}+\right.\\ &\quad\left.(4DC_2+2\beta D^2+4D\beta C_1)\,\frac{1}{\sqrt{t+1}}\right)\\ &\leqslant\frac{1}{(t+1)^{3/2}}\left(\frac{C}{\sqrt{t+1}}+\frac{2C}{9}(1-\theta)+\right.\\ &\quad\left.(4DC_2+2\beta D^2+4D\beta C_1)(1-\theta)\right)\end{aligned}\tag{7-49}$$

式中，第二个不等式依据不等式 $1/(t+1)-1/(t+2)\leqslant 1/(t+1)^2$ 得出；最后一个不等式根据 C 的定义得到。由于函数 $1/\sqrt{t+1}$是一个单调递减函数，因此给出定义

$$t^* = \inf\left\{ t \geqslant 1: \frac{2C}{\sqrt{t+1}} + \frac{2C}{9}(1-\theta) + (4DC_2 + 2\beta D^2 + 4D\bar{\beta}C_1)(1-\theta) \leqslant 0 \right\} \tag{7-50}$$

由于 $\theta>1$，则 t^* 的值存在。因此，如果 $t>t^*$，则式(7-49)的右边非正，即

$$\Delta(t+1) \leqslant C\,\frac{1}{t+2}$$

至此，完成归纳证明，得到所提算法任意时刻的界。

定理 7.2 证明：引入一个如下的辅助函数：

$$\tilde{f}_t^i(\boldsymbol{x}) = \langle \nabla f_t^i(\bar{\boldsymbol{x}}(t)), \boldsymbol{x} \rangle + \frac{L}{D} \| \boldsymbol{x} - \bar{\boldsymbol{x}}(t) \|_2^2 \tag{7-51}$$

式中，$\nabla f_t^i(\bar{\boldsymbol{x}}(t))$ 表明 f_t^i 在 $\bar{\boldsymbol{x}}(t)$ 处的梯度或次梯度并满足 $\| \nabla f_t^i(\bar{\boldsymbol{x}}(t)) \|_2 \leqslant L$。因此，可得

$$\nabla \tilde{f}_t^i(\boldsymbol{x}) = \nabla f_t^i(\bar{\boldsymbol{x}}(t)) + \frac{2L}{D}(\boldsymbol{x} - \bar{\boldsymbol{x}}(t)) \tag{7-52}$$

由于 $\| \nabla f_t^i(\bar{\boldsymbol{x}}(t)) \|_2 \leqslant L$ 和 $\| \boldsymbol{x} - \bar{\boldsymbol{x}}(t) \|_2 \leqslant D$，则 $\| \nabla \tilde{f}_t^i(\boldsymbol{x}) \|_2 \leqslant 3L$。因此，对于所有 $i \in \{1,2,\cdots,N\}$ 和 $t \in \{1,2,\cdots,T\}$，函数 $\tilde{f}_t^i$ 是 $3L$-Lipschitz 的。根据 $\tilde{f}_t^i$ 的定义，可得

$$\begin{aligned}
\tilde{f}_t^i(\boldsymbol{x}+\boldsymbol{y}) - \tilde{f}_t^i(\boldsymbol{x}) &= \langle \nabla f_t^i(\bar{\boldsymbol{x}}(t)), \boldsymbol{y} \rangle + \frac{L}{D} \| \boldsymbol{y} \|_2^2 + \frac{2L}{D} \langle \boldsymbol{x} - \bar{\boldsymbol{x}}(t), \boldsymbol{y} \rangle \\
&= \langle \nabla \tilde{f}_t^i(\bar{\boldsymbol{x}}(t)), \boldsymbol{y} \rangle + \frac{L}{D} \| \boldsymbol{y} \|_2^2
\end{aligned} \tag{7-53}$$

因此，$\tilde{f}_t^i$ 是 (L/D)-强凸和 (L/D)-光滑的。根据定理 7.1，可得

$$\tilde{\Delta}(t) = \tilde{F}_t(\bar{\boldsymbol{x}}(t)) - \tilde{F}_t(\boldsymbol{x}^*(t)) \leqslant \rho\,\frac{1}{t+1} \tag{7-54}$$

式中，$\rho = \max\{B_1, B_2\}$，$B_1 = \frac{9}{2}(LD + 2DC_2' + 2LC_1)$，$B_2 = \left(\frac{2\eta^2 L}{D\theta^2} - \frac{4C''}{9} + \sqrt{\left(\frac{2\eta^2 L}{D\theta^2}\right)^2 - \frac{16}{9} \cdot \frac{\eta^2 L}{D\theta^2} C''} \right) \Big/ (8/81)$ 且 $C_2' = \sqrt{N} \left[\left(\delta + \frac{L(D+2C_1)}{D(1-\kappa)} \right) + 2\,\frac{L(D+2C_1)}{D} \right] \cdot t_0^{\kappa}$，$C'' = 2LD + 4LC_1 + 4DC_2'$，$\tilde{F}_t(\boldsymbol{x}) = \frac{1}{Nt} \sum_{\tau=1}^{t} \sum_{i=1}^{N} \tilde{f}_\tau^i(\boldsymbol{x})$，$\boldsymbol{x}^*(t) = \underset{\boldsymbol{x} \in \mathcal{X}}{\operatorname{argmin}} \tilde{F}_t(\boldsymbol{x})$。

因此，对任何 $\boldsymbol{x}^* \in \mathcal{X}$，可得

$$\sum_{t=1}^{T} \tilde{f}_t(\boldsymbol{x}^*(t)) \leqslant \sum_{t=1}^{T} \tilde{f}_t(\boldsymbol{x}^*) \tag{7-55}$$

式中，$\tilde{f}_t=(1/N)\sum_{i=1}^{N}\tilde{f}_t^i$。由于 $\widetilde{F}_t$ 是(L/D)-强凸，$\boldsymbol{x}^*(t)=\arg\min_{x\in\mathcal{X}}\widetilde{F}_t(\boldsymbol{x})$，可得

$$\widetilde{F}_t(\bar{\boldsymbol{x}}(t))-\widetilde{F}_t(\boldsymbol{x}^*(t))\geqslant\frac{L}{D}\|\bar{\boldsymbol{x}}(t)-\boldsymbol{x}^*(t)\|_2^2 \tag{7-56}$$

根据式(7-54)和式(7-56)，可得

$$\|\bar{\boldsymbol{x}}(t)-\boldsymbol{x}^*(t)\|_2\leqslant\sqrt{D\widetilde{\Delta}(t)/L}\leqslant\sqrt{\frac{\rho D}{L}}\cdot\sqrt{\frac{1}{t+1}} \tag{7-57}$$

因此，对于所有的 $t\geqslant t^*$，可以得出

$$\tilde{f}_t(\bar{\boldsymbol{x}}(t))\leqslant\tilde{f}_t(\boldsymbol{x}^*(t))+3\sqrt{\rho LD}\cdot\sqrt{\frac{1}{t+1}} \tag{7-58}$$

上式利用了 $\tilde{f}_t^i$ 是 $3L$-Lipschitz 的特性。从 $t=1$ 到 $t=T$ 对式(7-58)求和，可得

$$\sum_{t=1}^{T}(\tilde{f}_t(\bar{\boldsymbol{x}}(t))-\tilde{f}_t(\boldsymbol{x}^*))\leqslant 6\sqrt{\rho LD}\cdot\sqrt{T+1} \tag{7-59}$$

式中，不等式根据式(7-55)和下面的不等式得出

$$\sum_{t=1}^{T}\frac{1}{\sqrt{t+1}}\leqslant\int_0^{T+1}\frac{1}{\sqrt{\tau}}\mathrm{d}\tau=2\sqrt{T+1}$$

因此，根据式(7-59)，可以得到

$$\sum_{t=1}^{T}\langle\nabla f_t(\bar{\boldsymbol{x}}(t)),\bar{\boldsymbol{x}}(t)-\boldsymbol{x}^*\rangle\leqslant 6\sqrt{\rho LD}\cdot\sqrt{T+1} \tag{7-60}$$

上式利用了不等式

$$-\sum_{t=1}^{T}(L/D)\|\boldsymbol{x}^*-\bar{\boldsymbol{x}}(t)\|_2\leqslant 0$$

依据 f_t 是凸函数，可以得出

$$f_t(\bar{\boldsymbol{x}}(t))-f_t(\boldsymbol{x}^*)\leqslant\langle\nabla f_t(\bar{\boldsymbol{x}}(t)),\bar{\boldsymbol{x}}(t)-\boldsymbol{x}^*\rangle \tag{7-61}$$

根据式(7-61)和式(7-60)，可以得到

$$\sum_{t=1}^{T}f_t(\bar{\boldsymbol{x}}(t))-f_t(\boldsymbol{x}^*)\leqslant 6\sqrt{\rho LD}\cdot\sqrt{T+1} \tag{7-62}$$

因此，定理 7.2 得证。

定理 7.3 证明：根据 $\psi(t)$的定义，即式(7-18)，利用式(7-32)和 $\gamma(t)=1/t^\kappa$，可以得到

$$\begin{aligned}\Delta(t+1)\leqslant&\frac{t}{t+1}(\Delta(t)-\gamma(t)\psi(t))+\\&\frac{t}{1+t}\left(\frac{\gamma^2(t)}{2}\beta D^2+2D\gamma(t)\cdot\frac{C_2+\beta C_1}{t^\kappa}\right)+\\&\frac{1}{1+t}(f_{t+1}(\bar{\boldsymbol{x}}(t+1))-f_{t+1}(\boldsymbol{x}^*(t+1)))\end{aligned} \tag{7-63}$$

式中,不等式根据引理 7.2 和引理 7.3 得出。因此,根据式(7-63),可得

$$\frac{t}{t+1}\gamma(t)\psi(t) \leqslant \frac{t}{t+1}\left(\Delta(t)+\frac{\gamma^2(t)}{2}\beta D^2\right)-\Delta(t+1)+ \frac{t}{t+1}\cdot 2D\gamma(t)\cdot\frac{C_2+\beta C_1}{t^{\kappa}}+ \frac{f_{t+1}(\bar{\boldsymbol{x}}(t+1))-f_{t+1}(\boldsymbol{x}^*(t+1))}{1+t} \tag{7-64}$$

另外,根据 $\Delta(t)$ 的定义,可得

$$\frac{1}{1+t}(f_{t+1}(\bar{\boldsymbol{x}}(t+1))-f_{t+1}(\boldsymbol{x}^*(t+1)))-\Delta(t+1) = -\frac{t}{t+1}(F_t(\bar{\boldsymbol{x}}(t))-F_t(\boldsymbol{x}^*(t+1))) \tag{7-65}$$

结合式(7-65)和式(7-64),可以得出

$$\gamma(t)\psi(t) \leqslant \Delta(t)-(F_t(\bar{\boldsymbol{x}}(t+1))-F_t(\boldsymbol{x}^*(t+1)))+ \frac{\gamma^2(t)}{2}\beta D^2+2D\gamma(t)\cdot\frac{C_2+\beta C_1}{t^{\kappa}} \tag{7-66}$$

根据 F_t 的定义,还可以得到

$$\begin{aligned} &F_t(\bar{\boldsymbol{x}}(t))-F_{t-1}(\bar{\boldsymbol{x}}(t)) \\ &=\frac{1}{t}\sum_{s=1}^{t-1}f_s(\bar{\boldsymbol{x}}(t))+\frac{1}{t}f_t(\bar{\boldsymbol{x}}(t))-F_{t-1}(\bar{\boldsymbol{x}}(t)) \\ &=\frac{t-1}{t}F_{t-1}(\bar{\boldsymbol{x}}(t))+\frac{1}{t}f_t(\bar{\boldsymbol{x}}(t))-F_{t-1}(\bar{\boldsymbol{x}}(t)) \\ &=\frac{1}{t}(f_t(\bar{\boldsymbol{x}}(t))-F_{t-1}(\bar{\boldsymbol{x}}(t))) \end{aligned} \tag{7-67}$$

这样,根据式(7-67),可以得出

$$\begin{aligned} &\sum_{t=T/2+1}^{T}(\Delta(t)-(F_t(\bar{\boldsymbol{x}}(t+1))-F_t(\boldsymbol{x}^*(t+1)))) \\ &=\sum_{t=T/2+1}^{T}(F_t(\bar{\boldsymbol{x}}(t))-F_t(\bar{\boldsymbol{x}}(t+1)))- \\ &\quad\sum_{t=T/2+1}^{T}(F_t(\boldsymbol{x}^*(t))-F_t(\boldsymbol{x}^*(t+1))) \\ &=F_{T/2+1}(\bar{\boldsymbol{x}}(T/2+1))-F_T(\bar{\boldsymbol{x}}(T+1))+ \\ &\quad F_T(\boldsymbol{x}^*(T+1))-F_{T/2+1}(\boldsymbol{x}^*(T/2+1))+ \\ &\quad\sum_{t=T/2+2}^{T}\frac{1}{t}\cdot(f_t(\bar{\boldsymbol{x}}(t))-F_{t-1}(\bar{\boldsymbol{x}}(t)))- \end{aligned}$$

$$
\begin{aligned}
&\sum_{t=T/2+2}^{T} \frac{1}{t} \cdot (f_t(\boldsymbol{x}^*(t)) - F_{t-1}(\boldsymbol{x}^*(t))) \\
&\leqslant L \| \bar{\boldsymbol{x}}(T+1) - \boldsymbol{x}^*(T+1) \|_2 + \\
&\quad L \| \bar{\boldsymbol{x}}(T/2+1) - \boldsymbol{x}^*(T/2+1) \|_2 + \\
&\quad L \sum_{t=T/2+2}^{T} \frac{2}{t} \| \bar{\boldsymbol{x}}(t) - \boldsymbol{x}^*(t) \|_2 \\
&\leqslant 2LD\left(1 + \sum_{t=T/2+2}^{T} \frac{1}{t}\right) \\
&\leqslant 2LD(1+\log 2) \leqslant 4LD
\end{aligned} \tag{7-68}
$$

式中,第一个不等式根据 F_t 和 f_t 是 L-Lipschitz 得出;第二个不等式由 D 的定义得到;第三个和第四个不等式依据 $\sum_{t=T/2+1}^{T} t^{-1} \leqslant \log 2T/(T+4) \leqslant \log 2 \leqslant 1$ 获得。

从 $t=T/2+1$ 到 $t=T$ 对式(7-66)求和,可得

$$
\sum_{t=T/2+1}^{T} \gamma(t)\psi(t) \leqslant 4LD + \sum_{t=T/2+1}^{T} \left(\frac{\gamma^2(t)}{2}\beta D^2 + 2D\gamma(t) \cdot \frac{C_2 + \beta C_1}{t^{\kappa}}\right) \tag{7-69}
$$

由于 $\gamma(t)=t^{-\kappa}$,当 $\kappa \in [1/2,1)$,可以得到

$$
\sum_{t=T/2+1}^{T} \gamma^2(t) = \sum_{t=T/2+1}^{T} t^{-2\kappa} \leqslant \sum_{t=T/2+1}^{T} t^{-1} \leqslant \log 2 \tag{7-70}
$$

由于 $\psi(t) \geqslant 0$ 并且 $\gamma(t) \geqslant 0$,还可以得到

$$
\begin{aligned}
&(\min_{t \in [T/2+1,T]} \psi(t))\left(\sum_{t=T/2}^{T} \gamma(t)\right) \leqslant \sum_{t=T/2}^{T} \gamma(t)\psi(t) \\
&\leqslant 4LD + (\beta D^2/2 + 2\beta DC_1 + 2DC_2)\log 2
\end{aligned} \tag{7-71}
$$

因此,对于所有的 $T \geqslant 6$,可得

$$
\begin{aligned}
\sum_{t=T/2+1}^{T} \gamma(t) &= \sum_{t=T/2+1}^{T} \frac{1}{t^{\kappa}} \geqslant \int_{T/2+1}^{T} t^{-\kappa} \mathrm{d}t \\
&= \frac{T^{1-\kappa}}{1-\kappa}\left(1 - \left(\frac{1}{2} + \frac{1}{T}\right)^{1-\kappa}\right) \\
&\geqslant \frac{T^{1-\kappa}}{1-\kappa}\left(1 - \left(\frac{2}{3}\right)^{1-\kappa}\right)
\end{aligned} \tag{7-72}
$$

把式(7-72)代入式(7-71),则对所有的 $T \geqslant 6$,有

$$
\min_{t \in [T/2+1,T]} \psi(t) \leqslant C_4(1-(2/3)^{1-\kappa})^{-1} \cdot \frac{1-\kappa}{T^{1-\kappa}} \tag{7-73}
$$

式中,$C_4 = 4LD + (\beta D^2/2 + 2\beta DC_1 + 2DC_2) \cdot \log 2$。当 $\kappa \in (0,1/2)$ 时,有 $t^{-2\kappa} > t^{-1}$。因此,可以得出

$$\sum_{t=T/2+1}^{T}\frac{1}{t^{2\kappa}}\leqslant\int_{t=T/2}^{T}\frac{1}{t^{2\kappa}}\mathrm{d}t=\frac{1-(1/2)^{1-2\kappa}}{1-2\kappa}T^{1-2\kappa} \tag{7-74}$$

利用式(7-74),可得

$$\begin{aligned}&4LD+\sum_{t=T/2+1}^{T}\left(\frac{\gamma^2(t)}{2}\beta D^2+2D\gamma(t)\frac{C_2+\beta C_1}{t^{\kappa}}\right)\\ \leqslant&\left(\frac{\beta D^2}{2}+2DC_2+2\beta DC_1\right)\frac{1-(1/2)^{1-2\kappa}}{1-2\kappa}T^{1-2\kappa}+\\ &4LDT^{1-2\kappa}\end{aligned} \tag{7-75}$$

把式(7-75)代入式(7-69),并除以$(1-\kappa)^{-1}(1-(2/3)^{1-\kappa})T^{1-\kappa}$,可得

$$\min_{t\in[T/2+1,T]}\psi(t)\leqslant\frac{1-\kappa}{1-(2/3)^{1-\kappa}}\cdot\frac{C_5}{T^{\kappa}} \tag{7-76}$$

式中,$C_5=4LD+\left(\frac{\beta D^2}{2}+2DC_2+2\beta DC_1\right)\cdot\frac{1-(1/2)^{1-2\kappa}}{1-2\kappa}$。

因此,定理7.3得证。

7.6 引理证明

引理7.1证明:将关系式(7-9)由i从1到N求和,其中,$t\geqslant1$,再除以$N(t+1)$得到

$$\begin{aligned}\bar{\boldsymbol{s}}_{t+1}(t+1)&=\frac{1}{t+1}\cdot\frac{1}{N}\sum_{\tau=1}^{t+1}\sum_{i=1}^{N}\boldsymbol{s}_{\tau}^{i}(t+1)\\&=\frac{1}{1+t}\cdot\frac{1}{N}\sum_{\tau=1}^{t+1}\sum_{i=1}^{N}\sum_{j\in\mathcal{N}_i}a_{ij}\boldsymbol{s}_{\tau}^{j}(t)+\\&\quad\frac{1}{t+1}\cdot\frac{1}{N}\sum_{\tau=1}^{t+1}\sum_{i=1}^{N}\nabla f_{\tau}^{i}(\boldsymbol{z}_i(t+1))-\\&\quad\frac{1}{t+1}\cdot\frac{1}{N}\sum_{\tau=1}^{t+1}\sum_{i=1}^{N}\nabla f_{\tau}^{i}(\boldsymbol{z}_i(t))\\&=\bar{\boldsymbol{s}}_{t+1}(t)+\boldsymbol{g}_{t+1}(t+1)-\boldsymbol{g}_{t+1}(t)\end{aligned} \tag{7-77}$$

由于邻接矩阵$\boldsymbol{A}$是一个双随机矩阵,即$1^{\mathrm{T}}\boldsymbol{A}=1^{\mathrm{T}}$。由式(7-77)得出

$$\bar{\boldsymbol{s}}_{t+1}(t+1)=\bar{\boldsymbol{s}}_{t+1}(0)+\boldsymbol{g}_{t+1}(t+1)-\boldsymbol{g}_{t+1}(0)$$

式中,$\boldsymbol{g}_{t+1}(0)=\frac{1}{N(t+1)}\sum_{\tau=1}^{t+1}\sum_{i=1}^{N}\nabla f_{\tau}^{i}(\boldsymbol{z}_i(0))$。由于对所有的$i=1,2,\cdots,N$和$\tau\geqslant1$,有$\boldsymbol{s}_{\tau}^{i}(0)=\nabla f_{\tau}^{i}(\boldsymbol{z}_i(0))$,则$\bar{\boldsymbol{s}}_{t+1}(0)=\boldsymbol{g}_{t+1}(0)$。因此,引理7.1(a)得证。

根据$\bar{\boldsymbol{x}}(t)$的定义以及式(7-8)、式(7-12),可以得出

$$
\begin{aligned}
\bar{\boldsymbol{x}}(t+1) &= \frac{1}{N}\sum_{i=1}^{N}\boldsymbol{x}_i(t+1) \\
&= \frac{1}{N}\sum_{i=1}^{N}[(1-\gamma(t))\boldsymbol{z}_i(t)+\gamma(t)\boldsymbol{v}_i(t)] \\
&= \frac{(1-\gamma(t))}{N}\sum_{i=1}^{N}\sum_{j=1}^{N}a_{ij}\boldsymbol{x}_i(t)+\frac{\gamma(t)}{N}\sum_{i=1}^{N}\boldsymbol{v}_i(t) \\
&= (1-\gamma(t))\bar{\boldsymbol{x}}(t)+\gamma(t)\bar{\boldsymbol{v}}(t)
\end{aligned}
\tag{7-78}
$$

式中，最后一个等式源于矩阵 A 是双随机的，即 $1^{\mathrm{T}}A=1^{\mathrm{T}}$，并且 $\bar{\boldsymbol{v}}(t)=(1/N)\sum_{i=1}^{N}\boldsymbol{v}_i(t)$。

因此，引理 7.1(b)得证。

引理 7.2 证明：根据范数的性质，可以有

$$
\max_{i\in\{1,2,\cdots,N\}}\|\boldsymbol{z}_i(t)-\bar{\boldsymbol{x}}(t)\|_2\leqslant\sqrt{\sum_{i=1}^{N}\|\boldsymbol{z}_i(t)-\bar{\boldsymbol{x}}(t)\|_2^2}
\tag{7-79}
$$

为了证明引理 7.2，只需要证明下述不等式

$$
\sqrt{\sum_{i=1}^{N}\|\boldsymbol{z}_i(t)-\bar{\boldsymbol{x}}(t)\|_2^2}\leqslant\frac{C_1}{t^{\kappa}}
\tag{7-80}
$$

对 t 使用归纳法证明式(7-80)。可以看出，从 $t=1$ 到 $t=t_0$，式(7-80)成立。假设对于某些 $t\geqslant t_0$，式(7-80)也成立。由于 $\kappa\in(0,1]$，可以有 $\gamma(t)=t^{-\kappa}$。因此，根据引理 7.1(b)，可以得到

$$
\boldsymbol{x}_i(t+1)=(1-t^{-\kappa})\boldsymbol{z}_i(t)+t^{-\kappa}\boldsymbol{v}_i(t)
$$

$$
\begin{aligned}
\sum_{i=1}^{N}\|\boldsymbol{z}_i(t+1)-\bar{\boldsymbol{x}}(t+1)\|_2^2 &= \sum_{i=1}^{N}\Bigg\|\sum_{j=1}^{N}a_{ij}(1-t^{-\kappa})\boldsymbol{z}_j(t)+ \\
&\quad \sum_{j=1}^{N}a_{ij}t^{-\kappa}\boldsymbol{v}_j(t)-(1-t^{-\kappa})\bar{\boldsymbol{x}}(t)-t^{-\kappa}\bar{\boldsymbol{v}}(t)\Bigg\|_2^2 \\
&\leqslant \lambda^2\sum_{j=1}^{N}\|(1-t^{-\kappa})(\boldsymbol{z}_j(t)-\bar{\boldsymbol{x}}(t))+t^{-\kappa}(\boldsymbol{v}_j(t)-\bar{\boldsymbol{v}}(t))\|_2^2
\end{aligned}
\tag{7-81}
$$

式中，不等式可以从式(7-13)得到。因此，为了获得 $\sum_{i=1}^{N}\|\boldsymbol{z}_i(t+1)-\bar{\boldsymbol{x}}(t+1)\|_2^2$ 的上界，需要得到

$$
\sum_{j=1}^{N}\|(1-t^{-\kappa})(\boldsymbol{z}_j(t)-\bar{\boldsymbol{x}}(t))+t^{-\kappa}(\boldsymbol{v}_j(t)-\bar{\boldsymbol{v}}(t))\|_2^2
$$

的界。为此，首先有

$$\begin{aligned}&\sum_{j=1}^{N}\|(1-t^{-\kappa})(\boldsymbol{z}_j(t)-\bar{\boldsymbol{x}}(t))+t^{-\kappa}(\boldsymbol{v}_j(t)-\bar{\boldsymbol{v}}(t))\|_2^2\\&\leqslant\sum_{j=1}^{N}\|\boldsymbol{z}_j(t)-\bar{\boldsymbol{x}}(t)\|_2^2+Nt^{-2\kappa}D^2+\\&\quad 2Dt^{-\kappa}\sqrt{N}\sqrt{\sum_{j=1}^{N}\|\boldsymbol{z}_j(t)-\bar{\boldsymbol{x}}(t)\|_2^2}\\&\leqslant t^{-2\kappa}(C_1^2+ND^2)+2Dt^{-2\kappa}C_1\sqrt{N}\\&\leqslant\left(\frac{t_0^{\kappa}+1}{t_0^{\kappa}}\cdot\frac{C_1}{t^{\kappa}}\right)^2\end{aligned}\tag{7-82}$$

根据 Cauchy-Schwarz 不等式、约束集$\mathcal{X}$的有界性和不等式 $\sum_{i=1}^{N}|w_i|\leqslant\sqrt{N}\sqrt{\sum_{i=1}^{N}w_i^2}$ 可以得到第一个不等式。第二个和第三个不等式可以根据归纳假设得到。因此，根据式(7-14)，对于所有 $t\geqslant t_0$，有

$$\begin{aligned}\lambda\cdot\frac{1+t_0^{\kappa}}{t_0^{\kappa}\cdot t^{\kappa}}&\leqslant\frac{t_0^{\kappa}}{1+t_0^{\kappa}}\cdot\left(\frac{t_0}{1+t_0}\right)^{\kappa}\cdot\frac{1+t_0^{\kappa}}{t_0^{k}\cdot t^{\kappa}}\\&=\left(\frac{t_0}{1+t_0}\right)^{\kappa}\frac{1}{t^{\kappa}}\leqslant\left(\frac{t}{1+t}\right)^{\kappa}\frac{1}{t^{\kappa}}=\frac{1}{(1+t)^{\kappa}}\end{aligned}\tag{7-83}$$

式中，第二个不等式根据函数 $\varphi(\nu)=(\nu/(1+\nu))^{\kappa}$ 是关于 ν 的单调递增函数得到。结合式(7-14)和式(7-83)，可以得到

$$\sqrt{\sum_{i=1}^{N}\|\boldsymbol{z}_i(t+1)-\bar{\boldsymbol{x}}(t+1)\|_2^2}\leqslant C_1/(1+t)^{\kappa}$$

因此，式(7-80)成立，引理 7.2 证毕。

引理 7.3 证明：首先，利用范数的性质，可以得到

$$\max_{i\in\{1,2,\cdots,N\}}\|\boldsymbol{S}_t^i(t)-\boldsymbol{g}_t(t)\|_2\leqslant\sqrt{\sum_{i=1}^{N}\|\boldsymbol{S}_t^i(t)-\boldsymbol{g}_t(t)\|_2^2}\tag{7-84}$$

为了证明式(7-25)，只需证明下式

$$\sqrt{\sum_{i=1}^{N}\|\boldsymbol{S}_t^i(t)-\boldsymbol{g}_t(t)\|_2^2}\leqslant\frac{C_2}{t^{\kappa}}\tag{7-85}$$

式中，$C_2=\sqrt{N}\left[\left(\delta+\frac{\beta(D+2C_1)}{1-\kappa}\right)+2\beta(D+2C_1)\right]\cdot t_0^{\kappa}$，且对于所有的 $i=1,2,\cdots,N$ 和 $t\geqslant 1$，δ 是一个满足 $\delta\geqslant\|\boldsymbol{s}_{t+1}^i(1)-\psi_{t+1}(1)\|_2$ 的正常数。

采用归纳法证明式(7-84)。可以看出，从 $t=1$ 到 $t=t_0$ 式(7-84)成立。假设对于某个 t，式(7-84)成立。引入一个辅助变量 $\sigma f_{\tau}^i(t+1)=\nabla f_{\tau}^i(\boldsymbol{z}_i(t+1))-\nabla f_{\tau}^i(\boldsymbol{z}_i(t))$，

将其代入式(7-9)，可以得到

$$s_\tau^i(t+1)=\sum_{j\in\mathcal{N}_i}a_{ij}s_\tau^j(t)+\sigma f_\tau^i(t+1) \tag{7-86}$$

根据$S_t^i(t)$的定义，有

$$\begin{aligned}&\sum_{i=1}^{N}\|S_{t+1}^i(t+1)-g_{t+1}(t+1)\|_2^2\\ \leqslant{}&\lambda^2\sum_{i=1}^{N}\left\|\frac{1}{t+1}\sum_{\tau=1}^{t+1}\sum_{j=1}^{N}a_{ij}s_\tau^j(t)+\right.\\ &\left.\frac{1}{t+1}\sum_{\tau=1}^{t+1}\sigma f_\tau^i(t+1)-g_{t+1}(t+1)\right\|_2^2\\ ={}&\lambda^2\sum_{i=1}^{N}\left\|\frac{t}{t+1}(S_t^i(t)-g_t(t))+\frac{1}{t+1}s_{t+1}^i(t+1)+\right.\\ &\left.\frac{1}{t+1}\sum_{\tau=1}^{t}\sigma f_\tau^i(t+1)+\frac{t}{t+1}g_t(t)-g_{t+1}(t+1)\right\|_2^2\end{aligned} \tag{7-87}$$

式中，不等式由式(7-9)和式(7-13)得出。根据$g_t(t)$的定义，得到

$$\begin{aligned}&g_{t+1}(t+1)-\frac{t}{t+1}g_t(t)\\ ={}&\frac{1}{t+1}\frac{1}{N}\sum_{\tau=1}^{t+1}\sum_{i=1}^{N}\nabla f_\tau^t(z_i(t+1))-\frac{1}{t+1}\frac{1}{N}\sum_{\tau=1}^{t}\sum_{i=1}^{N}\nabla f_\tau^t(z_i(t))\\ ={}&\frac{1}{N(t+1)}\sum_{\tau=1}^{t}\sum_{i=1}^{N}(\nabla f_\tau^i(z_i(t+1))-\nabla f_\tau^i(z_i(t)))+\\ &\frac{1}{t+1}\frac{1}{N}\sum_{i=1}^{N}\nabla f_{t+1}^i(z_i(t+1))\\ ={}&\frac{1}{t+1}\sum_{\tau=1}^{t}\left(\frac{1}{N}\sum_{i=1}^{N}\sigma f_\tau^i(t+1)\right)+\frac{1}{t+1}\phi_{t+1}(t+1)\end{aligned} \tag{7-88}$$

式中，$\phi_{t+1}(t+1)=(1/N)\sum_{i=1}^{N}\nabla f_{t+1}^i(z_i(t+1))$。并且可以进一步得到

$$\begin{aligned}&\|s_{t+1}^i(t+1)-\phi_{t+1}(t+1)\|_2\\ ={}&\left\|\sum_{j=1}^{N}a_{ij}s_{t+1}^j(t)-\phi_{t+1}(t)+\sigma f_{t+1}^i(t+1)-[\phi_{t+1}(t+1)-\phi_{t+1}(t)]\right\|_2\\ \leqslant{}&\left\|\sum_{j=1}^{N}a_{ij}s_{t+1}^j(t)-\phi_{t+1}(t)\right\|_2+\|\sigma f_{t+1}^i(t+1)-[\phi_{t+1}(t+1)-\phi_{t+1}(t)]\|_2\\ \leqslant{}&\lambda\|s_{t+1}^i(t)-\phi_{t+1}(t)\|_2+\|\sigma f_{t+1}^i(t+1)-\\ &[\phi_{t+1}(t+1)-\phi_{t+1}(t)]\|_2\end{aligned} \tag{7-89}$$

式中，第一个不等式根据三角不等式得出；最后一个不等式根据 $\boldsymbol{A}$ 的平均性获得。$\|\sigma f_{t+1}^{i}(t+1)-[\phi_{t+1}(t+1)-\phi_{t+1}(t)]\|_{2}$ 由下式进行计算：

$$
\begin{aligned}
&\|\sigma f_{t+1}^{i}(t+1)-[\phi_{t+1}(t+1)-\phi_{t+1}(t)]\|_{2}^{2} \\
=&\|\sigma f_{t+1}^{i}(t+1)\|_{2}^{2}+\|\phi_{t+1}(t+1)-\phi_{t+1}(t)\|_{2}^{2}- \\
&2\langle\sigma f_{t+1}^{i}(t+1),\phi_{t+1}(t+1)-\phi_{t+1}(t)\rangle \\
\leqslant&\|\sigma f_{t+1}^{i}(t+1)\|_{2}^{2}
\end{aligned} \tag{7-90}
$$

式中，最后一个不等式依据 $\phi_{t+1}(t+1)$ 的定义得到。将式(7-90)代入式(7-89)，得到

$$
\begin{aligned}
&\|\boldsymbol{s}_{t+1}^{i}(t+1)-\phi_{t+1}(t+1)\|_{2} \\
\leqslant&\lambda\|\boldsymbol{s}_{t+1}^{i}(t)-\phi_{t+1}(t)\|_{2}+\|\sigma f_{t+1}^{i}(t+1)\|_{2}
\end{aligned} \tag{7-91}
$$

根据 $\sigma f_{t+1}^{i}(t+1)$ 的定义，可以得到

$$
\begin{aligned}
\|\sigma f_{t+1}^{i}(t+1)\|_{2}&=\|\nabla f_{t+1}^{i}(\boldsymbol{z}_{i}(t+1))-\nabla f_{t+1}^{i}(\boldsymbol{z}_{i}(t))\|_{2} \\
&\leqslant\beta\|\boldsymbol{z}_{i}(t+1)-\boldsymbol{z}_{i}(t)\|_{2} \\
&=\beta\left\|\sum_{j=1}^{N}a_{ij}(\boldsymbol{x}_{j}(t+1)-\boldsymbol{z}_{j}(t)+(\boldsymbol{z}_{j}(t)-\boldsymbol{z}_{i}(t)))\right\|_{2} \\
&\leqslant\beta\sum_{j=1}^{N}a_{ij}(\|\boldsymbol{x}_{j}(t+1)-\boldsymbol{z}_{j}(t)\|_{2}+\|\boldsymbol{z}_{j}(t)-\boldsymbol{z}_{i}(t)\|_{2}) \\
&\leqslant\beta\sum_{j=1}^{N}a_{ij}\|t^{-\kappa}(\boldsymbol{v}_{j}(t)-\boldsymbol{z}_{j}(t))\|_{2}+ \\
&\quad\ \beta\sum_{j=1}^{N}a_{ij}(\|\boldsymbol{z}_{j}(t)-\bar{\boldsymbol{x}}(t)\|_{2}+\|\boldsymbol{z}_{i}(t)-\bar{\boldsymbol{x}}(t)\|_{2}) \\
&\leqslant\beta\sum_{j=1}^{N}a_{ij}(Dt^{-\kappa}+2C_{1}t^{-\kappa})=(D+2C_{1})\beta t^{-\kappa}
\end{aligned} \tag{7-92}
$$

式中，第一个不等式根据式(7-4)得到；第二个不等式可由欧几里得范数的凸性和三角不等式推出；第三个不等式依据式(7-12)和三角不等式获得；第四个不等式从引理 7.1 推出。将式(7-92)与式(7-91)合并，可以得到

$$
\begin{aligned}
&\|\boldsymbol{s}^{t+1}(t+1)-\phi_{t+1}(t+1)\|_{2} \\
\leqslant&\lambda^{t+1}\|\boldsymbol{s}_{t+1}^{i}(1)-\phi_{t+1}(1)\|_{2}+\beta(D+2C_{1})\sum_{\tau=0}^{t-1}\lambda^{\tau}(t-\tau)^{-\kappa} \\
\leqslant&\|\boldsymbol{s}_{t+1}^{i}(1)-\phi_{t+1}(1)\|_{2}+\frac{\beta(D+2C_{1})}{1-\kappa}t^{1-\kappa}
\end{aligned} \tag{7-93}
$$

式中，不等式根据如下不等式得出

$$
\sum_{\tau=1}^{t-1}\lambda^{\tau}(t-\tau)^{-\kappa}\leqslant\sum_{\theta=1}^{t}\theta^{-\kappa}\leqslant\int_{0}^{t}\theta^{-\kappa}\,\mathrm{d}\theta=\frac{1}{1-\kappa}t^{1-\kappa}
$$

式中，$\lambda\in(0,1)$。此外，还可以得到

$$
\begin{aligned}
&\left\|\frac{1}{t+1}\sum_{\tau=1}^{t}\sigma f_{\tau}^{i}(t+1)-\frac{1}{t+1}\sum_{\tau=1}^{t}\left(\frac{1}{N}\sum_{i=1}^{N}\sigma f_{\tau}^{i}(t+1)\right)\right\|_{2}\\
\leqslant&\frac{1}{t+1}\sum_{\tau=1}^{t}\left\|\sigma f_{\tau}^{i}(t+1)-\frac{1}{N}\sum_{i=1}^{N}\sigma f_{\tau}^{i}(t+1)\right\|_{2}\\
=&\frac{1}{t+1}\sum_{\tau=1}^{t}\left\|\left(1-\frac{1}{N}\right)\sigma f_{\tau}^{i}(t+1)-\frac{1}{N}\sum_{j\neq i}\sigma f_{\tau}^{j}(t+1)\right\|_{2}\\
\leqslant&\frac{1}{t+1}\sum_{\tau=1}^{t}\left(\left(1-\frac{1}{N}\right)\|\sigma f_{\tau}^{i}(t+1)\|_{2}+\frac{1}{N}\sum_{j\neq i}\|\sigma f_{\tau}^{j}\|_{2}\right)\\
\leqslant&2\,\frac{1}{t+1}\sum_{\tau=1}^{t}\left(1-\frac{1}{N}\right)(D+2C_{1})\beta t^{-\kappa}\\
\leqslant&2(D+2C_{1})\beta t^{-\kappa}\,\frac{t}{t+1}
\end{aligned}
\tag{7-94}
$$

式中，第一个不等式根据欧几里得范数的凸性推出；第二个不等式依据三角不等式获得；第三个不等式从式(7-92)推出；第四个不等式可由 N 是一个正整数得到。将式(7-93)和式(7-94)代入式(7-87)中，并使 $\|\boldsymbol{s}_{t+1}^{i}(1)-\boldsymbol{\phi}_{t+1}(1)\|_{2}\leqslant\delta$，$\delta$ 是一个正常数，对于所有的 $i\in\{1,2,\cdots,N\}$，可以得到

$$
\begin{aligned}
&\sum_{i=1}^{N}\left\|\frac{t}{t+1}(\boldsymbol{S}_{t}^{i}(t)-\boldsymbol{g}_{t}(t))+\frac{1}{t+1}\boldsymbol{s}_{t+1}^{i}(t+1)+\right.\\
&\left.\frac{1}{t+1}\sum_{\tau=1}^{t}\sigma f_{\tau}^{i}(t+1)+\frac{t}{t+1}\boldsymbol{g}_{t}(t)-\boldsymbol{g}_{t+1}(t+1)\right\|_{2}^{2}\\
\leqslant&\sum_{i=1}^{N}\|\boldsymbol{S}_{t}^{i}(t)-\boldsymbol{g}_{t}(t)\|_{2}^{2}+4N(D+2C_{1})^{2}\beta^{2}t^{-2\kappa}+\\
&4\left[\delta+\frac{\beta(D+2C_{1})}{1-\kappa}\right](D+2C_{1})\beta t^{-2\kappa}+\\
&\frac{N}{t^{2\kappa}}\left[\delta+\frac{\beta(D+2C_{1})}{1-\kappa}\right]^{2}+2\sqrt{N}\sqrt{\sum_{i=1}^{N}\|\boldsymbol{S}_{t}^{i}(t)-\boldsymbol{g}_{t}(t)\|_{2}^{2}}\times\\
&\left[\delta+\frac{\beta(D+2C_{1})}{1-\kappa}+2(D+2C_{1})\beta\right]\\
\leqslant&C_{2}^{2}t^{-2\kappa}+N\left(\delta+\frac{\beta(D+2C_{1})}{1-\kappa}\right)^{2}t^{-2\kappa}+\\
&4N(D+2C_{1})^{2}\beta^{2}t^{-2\kappa}+4\sqrt{N}(D+2C_{1})C_{2}\beta t^{-2\kappa}+\\
&2\sqrt{N}\left[\delta+\frac{\beta(D+2C_{1})}{1-\kappa}\right][2(D+2C_{1})\beta+C_{2}]t^{-2\kappa}
\end{aligned}
$$

$$\leqslant t^{-2\kappa}\left[C_2+\sqrt{N}\left[\left(\delta+\frac{\beta(D+2C_1)}{1-\kappa}\right)+2\beta(D+2C_1)\right]\right]^2$$

$$\leqslant\left(\frac{t_0^K+1}{t_0^k}\cdot\frac{C_2}{t^\kappa}\right)^2 \tag{7-95}$$

式中,第一个不等式依据三角不等式、Cauchy-Schwarz 不等式和不等式 $\sum_{i=1}^{N}|w_i|\leqslant\sqrt{N}\sqrt{\sum_{i=1}^{N}w_i^2}$ 推出;第二个不等式根据归纳假设获得;最后一个不等式从 C_2 的定义得到。依据式(7-14),对于所有的 $t\geqslant t_0$ 可以得出

$$\lambda\cdot\frac{t_0^\kappa+1}{t_0^\kappa}\leqslant\left(\frac{t}{t+1}\right)^\kappa \tag{7-96}$$

这样,可以对式(7-95)两边取平方根完成归纳。然后,将式(7-84)和式(7-85)结合即完成引理 7.3 的证明。

7.7 仿真实验

本文考虑一个数据平均分布的多智能体网络,每个节点通过局部通信和计算与邻居节点协作完成网络中的全局任务。在仿真实验中,使用所提算法解决网络系统的多分类问题。

在多分类问题中,每个局部代价函数由下式给出

$$f_t^i(X_i(t))=\log\left(1+\sum_{\ell\neq y_i(t)}\exp(\boldsymbol{x}_\ell^{\mathrm{T}}\boldsymbol{e}_i(t)-\boldsymbol{x}_{y_i(t)}^{\mathrm{T}}\boldsymbol{e}_i(t))\right)$$

式中,$\boldsymbol{e}_i(t)\in\mathbb{R}^d$ 是类型$\mathcal{C}=\{1,2,\cdots,c\}$的一个元素,表示节点 i 的一个数据示例;$\boldsymbol{X}_i(t)=[\boldsymbol{x}_1^{\mathrm{T}};\boldsymbol{x}_2^{\mathrm{T}};\cdots;\boldsymbol{x}_c^{\mathrm{T}}]\in\mathbb{R}^{c\times d}$ 表示节点 i 的一个决策矩阵;$\mathcal{X}$定义为$\mathcal{X}=\{X\in\mathbb{R}^{c\times d}\mid\|X\|_*\leqslant\zeta\}$,其中,$\|X\|_*$是 X 的核范数;学习速率设为 $2/(t+2)$。

本实验在 aloi 和 news20 数据集上验证了所提算法的性能。第一个实验考察节点数对算法的影响,当节点分别为 4、64、128 和 256 时所提算法的性能如图 7-1 所示。从图 7-1 可以看出,Regret 界随着节点数量的增加而增加,且在不同节点数时所提算法都是收敛的。第二个实验采用 64 个节点比较所提算法与 D-OCG[38] 算法的性能,结果如图 7-2 所示。从图 7-2 可以看出,所提算法均比 D-OCG 算法具有更快的收敛速率。第三个实验考察不同网络拓扑对所提算法性能的影响,采用 64 个节点组成完全图、随机图和循环图三种网络拓扑,算法性能如图 7-3 所示。从图 7-3 可以看出,采用完全图拓扑时所提算法的收敛速率略快于采用随机图[39]和循环图拓扑时所提算法的收敛速率。

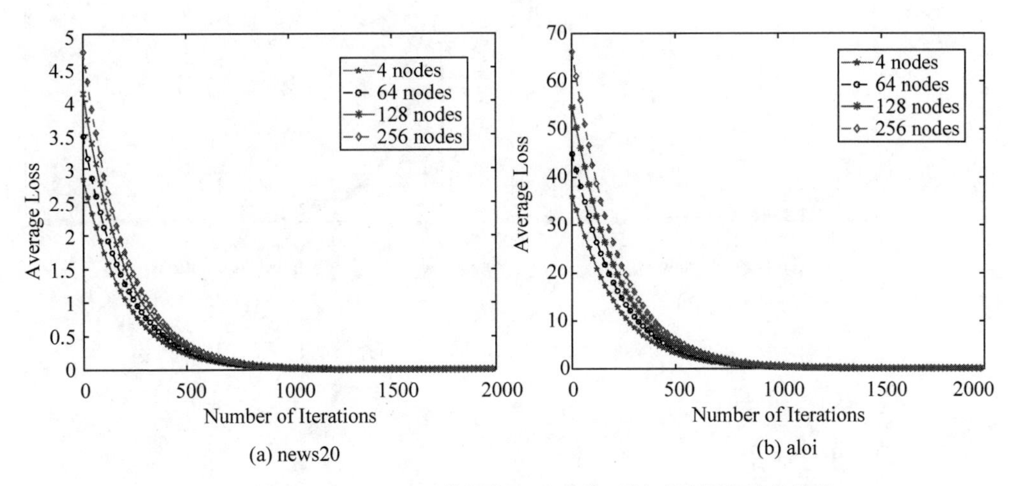

图 7-1 在 news20 和 aloi 数据集上节点数不同时所提算法的性能

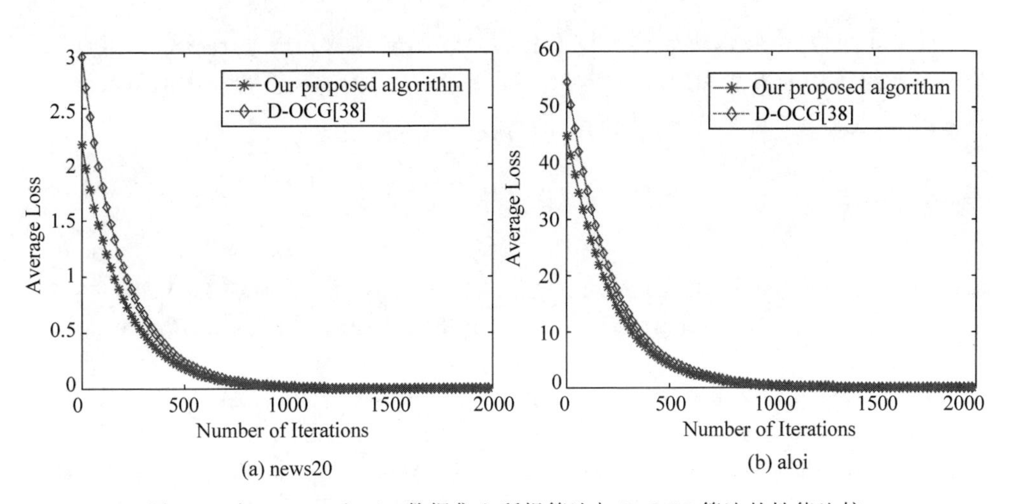

图 7-2 在 news20 和 aloi 数据集上所提算法与 D-OCG 算法的性能比较

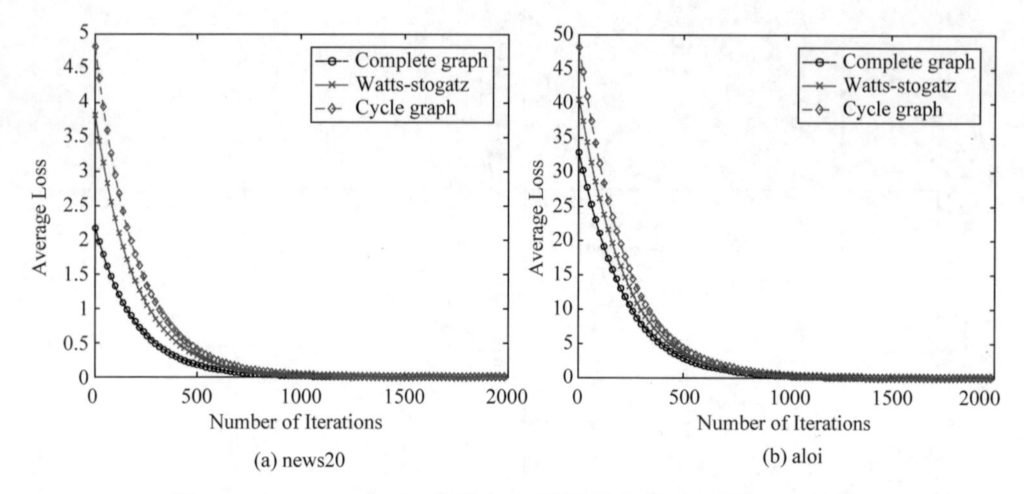

图 7-3 在 news20 和 aloi 数据集上不同网络拓扑下所提算法的性能

7.8 本章小结

本章研究了多智能体网络系统中的分布式在线约束优化问题，其中全局代价函数是局部代价函数之和，且局部代价函数是时变的。为了解决这个问题，本章提出了一种分布式条件梯度在线学习算法，以避免代价高昂的投影步骤。理论分析表明，对于强凸代价函数，所提算法可以达到的 Regret 界为 $O(\sqrt{T})$，其中，T 表示时间范围；对于非凸代价函数，所提算法以 $O(\sqrt{T})$的速率收敛到一些平稳点。仿真实验验证了所提算法的性能和理论分析的结果。该算法可为解决多智能体网络系统的资源分配、数据管理、调度控制等问题提供参考。

参考文献

[1] Liu Y,Quan W,Wang T,et al. Delay-Constrained Utility Maximization for Video Ads Push in Mobile Opportunistic D2D Networks[J]. IEEE Internet of Things Journal,2018,5(5):4088-4099.

[2] Rabbat M, Nowak R. Distributed optimization in sensor networks [C]//International Symposium on Information Processing in Sensor Networks (IPSN),2004: 20-27.

[3] Zhang W, Zhang Z, Zeadally S, et al. MASM: A Multiple-algorithm Service Model for Energy-delay Optimization in Edge Artificial Intelligence[J]. IEEE Transactions on Industrial Informatics,2019,15(7): 4216-4224.

[4] Abu-Elkheir M,Hayajneh M,Ali N. Data Management for the Internet of Things: Design Primitives and Solution[J]. Sensors,2013,13(11): 15582-15612.

[5] 柴玉梅,员武莲,王黎明,等. 基于双注意力机制和迁移学习的跨领域推荐模型[J]. 计算机

学报,2020,43(3):1924-1942.

[6] Cheng N,Lyu F,Chen J,et al. Big Data Driven Vehicular Networks[J]. IEEE Network,2018,32(6):160-167.

[7] Bekkerman J L R,Bilenko M. Scaling Up Machine Learning: Parallel and Distributed Approaches[M]. Cambridge: Cambridge University Press,2011.

[8] 任杰,高岭,于佳龙,等. 面向边缘设备的高能效深度学习任务调度策略[J]. 计算机学报,2020,43(3):440-452.

[9] Beck A, Nedić A,Ozdaglar A. An $O(1/k)$ gradient method for network resource allocation problems[J]. IEEE Transactions on Control of Network Systems,2014,1(1):64-73.

[10] Wei E,Ozdaglar A,Jadbabaie A. A distributed Newton method for network utility maximization—I: Algorithm[J]. IEEE Transactions on Automatic Control,2013,58(9):2162-2175.

[11] 杨朔,吴帆,陈贵海. 移动群智感知网络中信息量最大化的用户选择方法研究[J]. 计算机学报,2020,43(3):409-422.

[12] Olfati-Saber R,Fax J A,Murray R M. Consensus and cooperation in networked multi-agent systems[J]. Proceedings of the IEEE,2007,95(1):215-233.

[13] 丁男,高壮林,许力,等. 基于数据优先级和交通流密度的异构车联网数据链路层链路调度算法[J]. 计算机学报,2020,43(3):526-536.

[14] Quan W,Liu Y,Zhang H,et al. Enhancing Crowd Collaborations for Software Defined Vehicular Networks[J]. IEEE Communications Magazine,2017,55(80):80-86.

[15] 李小玲,王怀民,郭长国,等. 分布式约束优化问题研究及其进展[J]. 计算机学报,2015,38(8):1656-1671.

[16] Nedić A,Ozdaglar A. Distributed subgradient methods for multi-agent optimization[J]. IEEE Transactions on Automatic Control,2009,54(1):48-61.

[17] Nedić A,Olshevsky A. Distributed optimization over time-varying directed graphs[J]. IEEE Transactions on Automatic Control,2015,60(3):601-615.

[18] Qu G,Li N. Harnessing smoothness to accelerate distributed optimization[J]. IEEE Transactions on Control of Networks Systems,2018,5(3):1245-1260.

[19] Shalev-Shwartz S. Online learning and online convex optimization[J]. Foundations and Trends in Machine Learning,4(2) :107-194,2012.

[20] Hazan E,Agrawal A,Kale S. Logarithmic regret algorithms for online convex optimization [J]. Machine Learning,2007,69(2):169-192.

[21] Raginsky M,Kiarashi N,Willett R. Decentralized online convex programming with local information[C]//Proceedings of the Control Conference,2011:5363-5369.

[22] Yan F,Sundaram S,Vishwanathan S V N,et al. Distributed autonomous online learning: regrets and intrinsic privacy-preserving properties[J]. IEEE Transactions on Knowledge and Data Engineering,2013,25(11):2483-2493.

[23] Hosseini S,Chapman A,Mesbahi M. Online distributed optimization via dual averaging [C]//52nd IEEE Conference on Decision and Control,2013:1484-1489.

[24] Hosseini S,Chapman A,Mesbahi M. Online distributed convex optimization on dynamic networks[J]. IEEE Transactions on Automatic Control,2016,61(11):3545-3550.

[25] Mateos-Núñez D,Cortes J. Distributed online convex optimization over jointly connected

digraphs[J]. IEEE Transactions on Network Science and Engineering,2014,1(1): 23-37.

[26] Akbari M,Gharesifard B,Linder T. Distributed online convex optimization on time-varying directed graphs[J]. IEEE Transactions on Control of Network Systems, 2017, 4(3): 417-428.

[27] Xu C,Zhu J,Wu D O. Decentralized online learning methods based on weight-balancing over timevarying digraphs[J]. IEEE Transactions on Emerging Topics in Computational Intelligence,2018: 1-13.

[28] Liang Q,Modiano E. Network utility maximization in adversarial environments[C]//IEEE INFOCOM 2018-IEEE Conference on Computer Communications,2018: 594-602.

[29] Frank M,Wolfe P. An algorithm for quadratic programming[J]. Naval Research Logistics Quarterly,March-June 1956,3(1-2): 95-110.

[30] Jaggi M. Revisiting Frank-Wolfe: Projection-free sparse convex optimization[C]// Proceedings of the 30th International Conference on Machine Learning (ICML),2013.

[31] Clarkson, Kenneth L. Coresets, sparse greedy approximation, and the Frank-Wolfe algorithm[J]. ACM Transactions on Algorithms,2010,6(4): 1-30.

[32] Hazan E,Kale S. Projection-free online learning[C]//Proceedings of the 29th International Conference on Machine Learning (ICML),2012: 521-528.

[33] Harchaoui Z, Juditsky A, Nemirovski A. Conditional Gradient Algorithms for Norm-Regularized Smooth Convex Optimization[J]. Mathematical Programming,2015,152(1-2): 75-112.

[34] Garber D,Hazan E. A Linearly Convergent Variant of the Conditional Gradient Algorithm under Strong Convexity,with Applications to Online and Stochastic Optimization[J]. SIAM Journal on Optimization,2016,26(3): 1493-1528.

[35] Lafond J,Wai H,Moulines E. On the Online Frank-Wolfe Algorithms for Convex and Non-Convex Optimizations[J]. arXiv preprint arXiv: 1510.01171v2,Aug. 2016.

[36] Hazan E, Luo H. Variance-Reduced and Projection-Free Stochastic Optimization[C]// Proceedings of the 33th International Conference on Machine Learning,2016: 1263-1271.

[37] Wai H,Lafond J,Scaglione A,et al. Decentralized Frank-Wolfe Algorithm for Convex and Non-convex Problems[J]. IEEE Transactions on Automatic Control, 2017, 62(11): 5522-5537.

[38] Zhang W,Zhao P,Zhu W,et al. Projection-Free Distributed Online Learning in Networks [C]//Proceedings of the 34th International Conference on Machine Learning, 2017: 4054-4062.

[39] Watts D,Strogatz S. Collective dynamics of 'small-world' networks[J]. Nature,1998,393: 440-442.

第8章

基于随机块坐标的分布式在线无投影算法

为了能够高效地处理分布式在线约束优化问题,本章提出了一种基于随机块坐标的分布式在线无投影算法。该算法通过在每轮迭代过程中随机地选择部分梯度或次梯度分量的子集进行更新,从而达到减少计算量的目的。此外,本章还对该算法的性能进行了分析,当网络中每个智能体的局部代价函数是凸函数时,该算法达到的Regret界为$O(\sqrt{T})$,其中,T是轮数。最后,通过仿真实验验证了算法的性能和理论分析的结果。

8.1 引言

近年来,分布式优化在学术界和工业界都得到了广泛的关注[1-3]。很多的实际应用问题都可以看成是分布式优化问题。比如分布式学习问题[4-5]、网络中的估计与检测问题等。如何设计高效的优化算法处理这些优化问题已经成为研究的热点。然而,目前研究的优化算法大多是离线的,难以满足动态变化网络环境中的实际应用。因此,近年来分布式在线优化算法逐渐受到关注[8-14]。Yan等[15]提出了分布式在线投影次梯度法,在局部代价函数是强凸函数的情况下,该算法达到的Regret界为$O(\log T)$。Nedić等[16]提出了一种Nesterov原始对偶分布式在线算法,该算法的Regret界为$O(\sqrt{T})$。Hosseini等[17]提出了一种基于对偶次梯度平均的分布式在线优化算法,并且理论分析了该算法的Regret界,当假设代价函数是凸函数时,Regret界为$O(\sqrt{T})$。Li等[18]提出并分析了一种在线分布近似梯度算法(DPGM),并证明了该算法线性收敛。虽然这些算法已经取得了很大的成功,但是这些算法在迭代过程中都需要投影算子。由于投影算子的计算代价非常大,限制了它们在实际问题中的应用。

为了解决投影算子计算量大的问题，Zhang 等[19]首次将条件梯度算法扩展到分布式在线环境中，提出了分布式在线无投影算法，并通过详细的数学推导证明了该算法的 Regret 上界为 $O(T^{3/4})$。李德权等[20]提出了一种分布式在线条件梯度算法，在时间平均意义下，该算法达到 $O(T^{3/4})$ 的 Regret 界。为了提高算法的收敛性，Zhang 等[21]提出了一种新的分布式在线无投影算法，并通过理论分析得到了该算法的 Regret 界为 $O(\sqrt{T})$。

虽然基于条件梯度的分布式在线算法在一定程度上减少了算法的计算量，但是，这类方法在每次迭代过程中需要计算所有的梯度或者次梯度向量，在处理高维约束问题时的计算量还是很大。因此，本章提出了一种基于随机块坐标的分布式在线无投影算法，目的是减少分布式在线条件梯度算法每次迭代过程中的计算量。主要贡献如下：

(1) 提出了一种随机块坐标条件梯度算法以解决分布式在线约束优化问题，利用随机块坐标算法的优势减少了每次迭代过程中所有(次)梯度的计算量。

(2) 通过精确的数学推导分析了算法在处理分布式强凸优化问题时的收敛性。当网络中每个智能体的代价函数满足强凸函数的条件时，证明了所提算法的 Regret 界为 $O(\sqrt{T})$。

(3) 通过仿真实验验证了理论结果，证明所提算法有效且能够快速收敛。

8.2 问题描述与算法设计

本章考虑一个由 n 个智能体组成的网络，可表示为图 $G=(V,E)$，其中 $V=\{1,2,\cdots,n\}$ 表示智能体的集合，$E\subseteq V\times V$ 表示边的集合，且假设图是固定无向图。符号 $(i,j)\in E$ 表示对于所有的 $i,j\in V$，智能体 j 可以直接向智能体 i 发送信息。若两个智能体可以直接交换信息，则它们是邻居。$N(i)$ 表示包括智能体 i 本身的 i 的邻居集合。此外，使用一个 n-by-n 邻接矩阵 $\boldsymbol{B}$ 表示通信模式，并假设邻接矩阵 $\boldsymbol{B}$ 为双随机矩阵。

8.2.1 问题描述

本章研究多智能体网络中的分布式在线约束优化问题。每个智能体的局部代价函数随时间动态变化。在第 t 轮迭代中，每个智能体从凸集 $\mathcal{M}$ 中选择一个决策 $\boldsymbol{x}_i(t)$，做出决策后环境将返回给一个代价函数 $f_{t,i}: \mathcal{M}\to\mathbb{R}$，智能体 i 付出的代价为 $f_{t,i}(\boldsymbol{x}_i(t))$。优化的目标是通过网络中各智能体之间的交互协作最小化全局代价函数，即

$$\min_{x\in \mathcal{M}} f(\boldsymbol{x})=\frac{1}{n}\sum_{i=1}^{n}\sum_{t=1}^{T} f_{t,i}(\boldsymbol{x}) \tag{8-1}$$

其中，$f_{t,i}: \mathcal{M}\to\mathbb{R}$ 是凸函数，i 代表网络中的第 i 个智能体。在每次迭代过程中，网

络中的每个智能体都会产生各自的局部函数信息并且能够和它的邻居进行信息交换。

8.2.2 算法设计

为了求解优化问题式(8-1)，需要设计一个分布式在线优化算法，而目前解决这种分布式在线优化问题的算法大多基于投影算子。投影算子的计算代价昂贵，虽然已经有人提出采用条件梯度的分布式在线无投影算法，但是每次迭代需要计算全部梯度或次梯度向量，计算量仍然很大。为了进一步减少算法的计算量，本章提出一种基于随机块坐标的分布式在线无投影算法，如算法 8-1 所示。

算法 8-1：分布式在线随机块坐标无投影算法

1：输入：凸集 M，最大迭代次数 T，双随机矩阵 $\boldsymbol{B}=[b_{ij}]\in\mathbb{R}^{n\times n}$，对角矩阵 $\boldsymbol{Q}_i(t)\in\mathbb{R}^{d\times d}$。

2：初始化：$\boldsymbol{x}_i(t)\in M, \boldsymbol{s}_{t,i}(0)=Q_i(0)\nabla f_{t,i}(z_i(0)),\ Q_i(0)=I_d,\ \forall i\in V$

3：输出：$\boldsymbol{x}_i(t):t\in\{1,2,\cdots,T\}, \forall i\in V$

4：循环：$t=1,2,\cdots,T$ 执行

5：循环：每个智能体 $i\in V$ 执行

6：一致：$\boldsymbol{z}_i(t)=\sum_{j\in N(i)} b_{ij}\boldsymbol{x}_j(t)$

7：融合：

$$\boldsymbol{s}_{t,i}=\sum_{j\in N(i)} b_{ij}\boldsymbol{s}_{t,j}(t-1)+Q_i(t)\nabla f_{t,i}(\boldsymbol{z}_i(t))-Q_i(t-1)\nabla f_{t,i}(\boldsymbol{z}_i(t-1))$$

$$\boldsymbol{S}_{t,j}(t)=\frac{1}{t}\sum_{\tau=1}^{t}\sum_{j=1}^{n} b_{ij}\boldsymbol{s}_{\tau,j}$$

8：Frank-Wolfe：$\boldsymbol{v}_i(t)=\arg\min_{v\in M}\langle \boldsymbol{S}_{t,i}(t),\boldsymbol{v}\rangle$

$$\boldsymbol{x}_i(t+1)=\boldsymbol{z}_i(t)+\gamma_t(\boldsymbol{v}_i(t)-\boldsymbol{z}_i(t))$$

9：终止循环

10：终止循环

本章将所提算法分成三步。第一步称作一致(consensus)步骤，每个智能体 i 将自己的估计和它邻居的估计进行线性融合，即：

$$\boldsymbol{z}_i(t)=\sum_{j\in N(i)} b_{ij}\boldsymbol{x}_j(t) \tag{8-2}$$

式中，b_{ij} 是双随机矩阵中的权重。第二步称作聚合步骤，每个智能体 i 执行如下计算：

$$\begin{aligned}\boldsymbol{s}_{t,i}(t)=&\sum_{j\in N(i)} b_{ij}\boldsymbol{s}_{t,j}(t-1)+\boldsymbol{Q}_i(t)\nabla f_{t,i}(\boldsymbol{z}_i(t))-\\&\boldsymbol{Q}_i(t-1)\nabla f_{t,i}(\boldsymbol{z}_i(t-1))\end{aligned} \tag{8-3}$$

$$\boldsymbol{S}_{t,j}(t)=\frac{1}{t}\sum_{\tau=1}^{t}\sum_{j=1}^{n} b_{ij}\boldsymbol{s}_{\tau,j}(t) \tag{8-4}$$

式中，$\boldsymbol{Q}_i(t)\in\mathbb{R}^{d\times d}$ 是一个对角矩阵，且对角线上的元素是伯努利随机变量，这些随机变量用 $q_t^i(k)$ 表示。伯努利随机变量等于 1 时的概率用 p_i 来表示，即：$(q_t^i(k)=1)=p_i$。该概率对于所有的 $i\in V, t=0,1,\cdots,T$ 和 $k=1,2,\cdots,d$ 都成立。此外，假设 $0<p_i\leqslant 1$ 对于所有的 $i\in V$ 都成立。该对角矩阵的形式为：

$$\boldsymbol{Q}_i(t)=\operatorname{diag}\{q_t^i(1),q_t^i(2),\cdots,q_t^i(d)\} \tag{8-5}$$

第三步为 Frank-Wolfe 步骤，每个智能体通过该步更新自己的决策。

$$\boldsymbol{v}_i(t)=\arg\min_{v\in M}\langle\boldsymbol{S}_{t,i}(t),\boldsymbol{v}\rangle \tag{8-6}$$

$$\boldsymbol{x}_i(t+1)=\boldsymbol{z}_i(t)+\gamma_t(\boldsymbol{v}_i(t)-\boldsymbol{z}_i(t)) \tag{8-7}$$

式中，$\gamma_t\in(0,1]$ 为步长。此外，设置初始条件 $\boldsymbol{s}_{t,i}(0)=\boldsymbol{Q}_i(0)\nabla f_{t,i}(\boldsymbol{z}_i(0))$ 和 $\boldsymbol{Q}_i(0)=\boldsymbol{I}_d$，$\boldsymbol{I}_d$ 是 d 维的单位矩阵。

需要特别注意的是：对角矩阵是整个算法的核心。通过对角矩阵的随机选择，能够很大程度地减少梯度向量或次梯度向量的计算量。当 $q_t^i(d)=0$ 时，梯度或者次梯度的第 d 项不需要计算，因此，在式(8-3)中 $\boldsymbol{s}_{t,i}(t)$ 的第 d 项不需要更新。此外，更新可以随着时间和智能体的不同而随机变化。

在所提算法中，因为次梯度或者梯度是随机选择的，因此，重新定义了算法的 Regret 为

$$R_T(\bar{\boldsymbol{x}},\boldsymbol{x})=\frac{1}{n}\sum_{i=1}^{n}\sum_{t=1}^{T}\mathbb{E}[f_{t,i}(\bar{\boldsymbol{x}}(t))\mid H_{t-1}]-\min_{\boldsymbol{x}\in M}f(\boldsymbol{x}) \tag{8-8}$$

式中，$\bar{\boldsymbol{x}}(t)=\dfrac{1}{n}\sum\limits_{i=1}^{n}x_i(t)$；$H_{t-1}$ 是随机变量直到 $t-1$ 时刻的历史信息；$\mathbb{E}$ 代表数学期望。$\min\limits_{\boldsymbol{x}\in M}f(\boldsymbol{x})$ 的等价关系在式(8-1)中给出。

8.3 相关假设和主要结果

在本节中，首先提出了一些必要的假设，然后根据这些假设分析获得所提算法的主要结果。为了确保网络中智能体之间的通信，引用了文献[21]中的假设 1。假设邻接矩阵 $\boldsymbol{B}=[b_{ij}]^{n\times n}$ 满足如下假设。

假设 8.1 假设网络中智能体之间的通信是一个双随机矩阵 $\boldsymbol{B}=[b_{ij}]^{n\times n}$，同时，对于任意的 $i,j\in V$ 和 $(i,j)\in E$，该矩阵中的每一项都满足 $\sum\limits_{i=1}^{n}b_{ij}=1$ 和 $\sum\limits_{j=1}^{n}b_{ij}=1$。

用 $\sigma(\cdot)$ 表示双随机矩阵的谱半径。根据假设 8.1，可以得到 $\sigma\left(\boldsymbol{B}-\dfrac{1}{n}\boldsymbol{1}\boldsymbol{1}^{\mathrm{T}}\right)<1$，其中，$\boldsymbol{1}$ 表示全部是 1 的列向量。因此，存在 $\lambda_b\in(0,1)$ 对于所有的 $\boldsymbol{x}\in\mathbb{R}^n$ 和 $\bar{\boldsymbol{x}}=\dfrac{1}{n}\boldsymbol{1}^{\mathrm{T}}\boldsymbol{x}$ 可以推出以下关系：

$$\| \boldsymbol{B}\boldsymbol{x} - \mathbf{1}\bar{\boldsymbol{x}} \|_2 = \left\| \left(\boldsymbol{B} - \frac{1}{n}\mathbf{1}\mathbf{1}^{\mathrm{T}}\right)(\boldsymbol{x} - \mathbf{1}\bar{\boldsymbol{x}}) \right\|_2 \leqslant \lambda_b \| \boldsymbol{x} - \mathbf{1}\bar{\boldsymbol{x}} \|_2 \tag{8-9}$$

然后，设置两个参数 t_s 和 θ，t_s 为正整数，θ 的取值范围是 0 到 1。这样，可以得到

$$\lambda_b \leqslant \frac{t_s^\theta}{t_s^\theta + 1}\left(\frac{t_s}{t_s + 1}\right)^\theta \tag{8-10}$$

依据式(8-10)，可以推出 t_s 的取值范围为

$$t_s \geqslant \left\lceil \frac{1}{\lambda_b^{-1/(1+\theta)} - 1} \right\rceil \tag{8-11}$$

式中，$\lceil \cdot \rceil$代表向上取整。

网络中的每个智能体在每次迭代过程中都将通过所提算法的三个步骤产生相关的随机变量。用 H_t 表示所有随机变量直到第 t 次迭代的历史信息。下面，对随机变量之间的关系做出如下假设。

假设 8.2 在相同的迭代时间里，所有智能体和所有分好的块之间都是相互独立的，即对于所有的 $i,j \in V$ 和 $d,k \in \{1,2,\cdots,d\}$，$q_t^i(d)$ 和 $q_t^i(k)$ 是相互独立的。此外，所有的随机变量在不同的迭代时间里也是相互独立的，即：第 t 轮迭代产生的随机变量$\{q_t^i(d)\}$和第 $t-1$ 轮迭代之前产生的所有随机 H_{t-1} 是相互独立的。

为了满足证明的需要，下面给出假设 8.3，该假设主要是对约束集进行相关的假设。

假设 8.3 集合 M 是一个有界的凸集并且它的直径用 D 表示。M^* 表示最优解的集合，且 M^* 非空。假设 $\boldsymbol{x}^*$ 是集合 M^* 中的一个内点，当 $\boldsymbol{x}^* \in M^*$ 时，称 $\boldsymbol{x}^*$ 是函数 f 的最优解。假设 $\boldsymbol{x}^*(t) \in \mathrm{int}(M)$，$\mathrm{int}(M)$是所有在约束集 M 里面的点的集合。用∂M 表示集合 M 所有边界点的集合。因此，可以得到 $\eta = \inf\limits_{x \in \partial M} \| \boldsymbol{x} - \boldsymbol{x}^* \|_2 > 0$。

假设 8.4 对于任意的智能体 $i \in \{1,2,\cdots,n\}$ 和迭代时间 $t \in \{1,2,\cdots,T\}$，代价函数 $f_{t,i}$ 既是β-光滑的又是 L-Lipschitz 的。

定义 $\Delta_E(t) = \mathbb{E}[F_t(\bar{\boldsymbol{x}}(t)) \mid H_{t-1}] - F_t(\boldsymbol{x}^*(t))$，其中，$F_t = \frac{1}{t}\sum\limits_{\tau=1}^{t} f_\tau$，$f_t = \frac{1}{n}\sum\limits_{i=1}^{n} f_{t,i}$，$\boldsymbol{x}^*(t) = \arg\min\limits_{x \in M} F_t(\boldsymbol{x})$。这样，可以首先确定 $\Delta_{\mathbb{E}}(t)$的上界，然后得到最终的 Regret 界。

定理 8.1 在假设 8.1～假设 8.4 都成立的前提下，令步长 $\gamma_t = \frac{2}{t+2}$，且对于所有的 $i \in \{1,2,\cdots,n\}$ 和 $t \in \{1,2,\cdots,T\}$，每个代价函数 $f_{t,i}$ 为 $\mu > 0$ 的 μ-强凸函数。并且对于所有的 $t \geqslant t^*$，存在正整数 t_s，其中，t^* 的定义见式(8-44)，可以得到

$$\Delta_{\mathbf{E}}(t) \leqslant \max\left\{ \frac{9}{2}(\beta D^2 + 2D(U_2 + \beta p_{\max} U_1)) \frac{\frac{2\eta^2\mu}{\epsilon^2} - \frac{4U'}{9} + \sqrt{\left(\frac{2\eta^2\mu}{\epsilon^2}\right)^2 - \frac{16}{9}\frac{\eta^2\mu}{\epsilon^2}U'}}{\frac{8}{81}} \right\} \frac{1}{t+1}$$

式中，$p_{\max} = \max\limits_{i\in V} p_i$；$p_{\min} = \min\limits_{i\in V} p_i$；$\epsilon > 1$，$U_1 = \sqrt{n} D t_s^{\theta}$；$U_2 = \sqrt{n}\left(\xi + \left(2 + \frac{1}{1-\theta}\right)\cdot \beta p_{\max}(D + 2U_1)\right) t_s^{\theta}$；$\theta \in (0,1)$；$\xi$ 是正整数；$U' = \frac{2\beta D^2 + 4D(\beta p_{\max} U_1 + U_2)}{p_{\min}}$。

定理 8.1 的证明见 8.4 节。定理 8.1 得到的界表示所提算法在任意时刻的 Regret 上界，因此根据定理 8.1 和定理 8.2 确定所提算法的 Regret 界。

定理 8.2 在假设 8.1、假设 8.2 和假设 8.3 成立的前提下，对于所有的 $i \in \{1,2,\cdots,n\}$ 和 $t \in \{1,2,\cdots,T\}$，假设每个代价函数 $f_{t,i}$ 既是凸函数又是 L-Lipschitz 函数，且可能是非光滑的。则对于所有的 $\boldsymbol{x}^* \in M$，可以得到：

$$R_T(\bar{\boldsymbol{x}}, \boldsymbol{x}) \leqslant 6\sqrt{\delta L D}\sqrt{T+1}$$

式中，$\delta = \max\{C_1, C_2\}$，$C_1 = \frac{9}{2}(LD + 2DU_2' + 2Lp_{\max}U_1)$，

$$C_2 = \left(\frac{2\eta^2 L}{D\epsilon^2} - \frac{4U''}{9} + \sqrt{\left(\frac{2\eta^2 L}{D\epsilon^2}\right)^2 - \frac{16}{9}\frac{\eta^2 L}{D\epsilon^2}U''}\right)\frac{81}{8},$$

$$U_2' = \sqrt{n}\left(\xi + \left(2 + \frac{1}{1-\theta}\right)\right)\frac{Lp_{\max}(D + 2U_1)}{D},\quad U'' = \frac{2LD + 4Lp_{\max}U_1 + 4DU_2'}{p_{\min}}。$$

定理 8.2 的证明见 8.4 节，根据定理 8.2 可以得出：在强凸函数的假设下，所提算法的 Regret 界达到次线性。

8.4 收敛性分析

本节主要证明定理 8.1 和定理 8.2。首先引入一些辅助向量。

$$\bar{\boldsymbol{v}}(t) = \frac{1}{n}\sum_{i=1}^{n} \boldsymbol{v}_i(t) \tag{8-12}$$

$$\bar{\boldsymbol{s}}_t(t) = \frac{1}{nt}\sum_{i=1}^{n}\sum_{\tau=1}^{t} \boldsymbol{s}_{\tau,i}(t) \tag{8-13}$$

$$\boldsymbol{g}_t(t) = \frac{1}{nt}\sum_{i=1}^{n}\sum_{\tau=1}^{t} \boldsymbol{Q}_i(t)\nabla f_{\tau,i}(\boldsymbol{z}_i(t)) \tag{8-14}$$

此外，通过简单的数学推导可以直接得到如下引理。

引理 8.1 对于所有的 $t\in\{1,2,\cdots,T\}$，有以下关系：

(1) $\bar{\boldsymbol{s}}_{t+1}(t+1)=\boldsymbol{g}_{t+1}(t+1)$；

(2) $\bar{\boldsymbol{x}}(t+1)=(1-\gamma_t)\bar{\boldsymbol{x}}(t)+\gamma_t\bar{\boldsymbol{v}}(t)$。

引理 8.1 的证明主要参考了文献[19]中的引理 1 的证明。为了能够证明定理 8.1 和定理 8.2，下面提出并证明引理 8.2 和引理 8.3。

引理 8.2 在假设 8.1 成立的前提下，令步长 $\gamma_t=\dfrac{1}{t^\theta}$ 且 $0<\theta\leqslant 1$，对于 $t\geqslant t_s$ 和 $i\in V$ 有

$$\max_{i\in V}\|\boldsymbol{z}_i(t)-\bar{\boldsymbol{x}}(t)\|_2\leqslant\frac{U_1}{t^\theta} \tag{8-15}$$

式中，$U_1=\sqrt{n}Dt_s^\theta$。

引理 8.2 的证明参考了文献[19]中引理 2 的证明。

引理 8.3 在假设 8.1 成立的条件下，令步长 $\gamma_t=\dfrac{1}{t^\theta}$ 且 $0<\theta\leqslant 1$，如果 $t\geqslant t_s$ 并且 $i\in V$，可以得到

$$\max_{i\in V}\mathbb{E}[\|\boldsymbol{S}_{t,i}(t)-\boldsymbol{g}_t(t)\|_2\mid H_{t-1}]\leqslant\frac{U_2}{t^\theta} \tag{8-16}$$

式中，对于任意的 $i\in V$ 和 $t\geqslant 1$，$U_2=\sqrt{n}\left(\xi+\left(2+\dfrac{1}{1-\theta}\right)\beta p_{\max}(D+2U_1)\right)t_s^\theta$。设 $\xi\geqslant\|\boldsymbol{s}_{t+1,i}(1)-\phi_{t+1}(1)\|_2$ 并且 ξ 是一个正整数。

引理 8.3 证明：根据范数的性质，可以得到

$$\max_{i\in V}\|\boldsymbol{S}_{t,i}(t)-\boldsymbol{g}_t(t)\|_2\leqslant\sqrt{\sum_{i=1}^n\|\boldsymbol{S}_{t,i}(t)-\boldsymbol{g}_t(t)\|_2^2} \tag{8-17}$$

因此，引理 8.3 的证明等价于证明下式

$$\sqrt{\sum_{i=1}^n\mathbb{E}[\|\boldsymbol{S}_{t,i}(t)-\boldsymbol{g}_t(t)\|_2^2\mid H_{t-1}]}\leqslant\frac{U_2}{t^\theta} \tag{8-18}$$

利用归纳假设法证明式(8-18)。当 $t=t_s$ 和 $t=1$ 时式(8-18)成立。假设在 $t\geqslant t_s$ 时，式(8-18)同样成立。为了表示方便，引入一个辅助变量 $\rho f_{\tau,i}(t+1)$，令：

$$\rho f_{\tau,i}(t+1)=\boldsymbol{Q}_i(t+1)\nabla f_{\tau,i}(\boldsymbol{z}_i(t+1))-\boldsymbol{Q}_i(t)\nabla f_{\tau,i}(\boldsymbol{z}_i(t)) \tag{8-19}$$

将式(8-19)代入式(8-3)，可以得到

$$\boldsymbol{s}_{\tau,i}(t+1)=\sum_{j\in N(i)}b_{ij}\boldsymbol{s}_{\tau,j}(t)+\rho f_{\tau,i}(t+1) \tag{8-20}$$

根据式(8-4)，可以得到：

$$\sum_{i=1}^n\mathbb{E}[\|\boldsymbol{S}_{t+1,i}(t+1)-\boldsymbol{g}_{t+1}(t+1)\|_2^2\mid H_t]$$

$$\leqslant\lambda_b^2\sum_{i=1}^n\mathbb{E}\left[\left\|\frac{1}{t+1}\sum_{\tau=1}^{t+1}\sum_{j=1}^n b_{ij}\boldsymbol{s}_{\tau,j}(t)+\right.\right.$$

$$\frac{1}{t+1}\sum_{\tau=1}^{t+1}\rho f_{\tau,i}(t+1)-\boldsymbol{g}_{t+1}(t+1)\Big\|_2^2 \mid H_t\Big]$$

$$=\lambda_b^2\sum_{i=1}^{n}\mathbb{E}\Big[\Big\|\frac{t}{t+1}(\boldsymbol{S}_{t,i}(t)-\boldsymbol{g}_t(t))+$$

$$\frac{1}{t+1}\boldsymbol{s}_{t+1,i}(t+1)+\frac{1}{t+1}\sum_{\tau=1}^{t}\rho f_{\tau,i}(t+1)+$$

$$\frac{t}{t+1}\boldsymbol{g}_t(t)-\boldsymbol{g}_{t+1}(t+1)\Big\|_2^2 \mid H_t\Big] \tag{8-21}$$

利用式(8-13),可以得到

$$\mathbb{E}\Big[\boldsymbol{g}_{t+1}(t+1)-\frac{t}{t+1}\boldsymbol{g}_t(t) \mid H_t\Big]$$

$$=\frac{1}{n(t+1)}\sum_{i=1}^{n}\sum_{\tau=1}^{t+1}\boldsymbol{Q}_i(t+1)\nabla f_{\tau,i}(\boldsymbol{z}_i(t+1))-$$

$$\frac{1}{n(t+1)}\sum_{i=1}^{n}\sum_{\tau=1}^{t}\boldsymbol{Q}_i(t)\nabla f_{\tau,i}(\boldsymbol{z}_i(t))$$

$$=\frac{1}{n(t+1)}\Big(\sum_{i=1}^{n}\sum_{\tau=1}^{t}(\boldsymbol{Q}_i(t+1)\nabla f_{\tau,i}(\boldsymbol{z}_i(t+1))-$$

$$Q_i(t)\nabla f_{\tau,i}(\boldsymbol{z}_i(t))+\sum_{i=1}^{n}\boldsymbol{Q}_i(t+1)\nabla f_{t+1,i}(\boldsymbol{z}_i(t+1))\Big)$$

$$=\frac{1}{t+1}\sum_{\tau=1}^{t}\mathbb{E}\Big[\frac{1}{n}\sum_{i=1}^{n}\rho f_{\tau,i}(t+1)+\frac{1}{t+1}\phi_{t+1}(t+1)\Big] \tag{8-22}$$

为了表达方便,令 $\phi_{t+1}(t+1)=\frac{1}{n}\sum_{i=1}^{n}Q_i(t+1)\nabla f_{t+1,i}(\boldsymbol{z}_i(t+1))$,根据式(8-3)和三角不等式,可以得到

$$\mathbb{E}[\|\boldsymbol{s}_{t+1,i}(t+1)-\phi_{t+1}(t+1)\|_2 \mid H_t]$$

$$=\mathbb{E}\Big[\Big\|\sum_{j=1}^{n}b_{ij}\boldsymbol{s}_{t+1,j}(t)-\phi_{t+1}(t)+$$

$$\rho f_{t+1,i}(t+1)-[\phi_{t+1}(t+1)-\phi_{t+1}(t)]\Big\|_2\Big]$$

$$\leqslant\mathbb{E}\Big[\Big\|\sum_{j=1}^{n}b_{ij}\boldsymbol{s}_{t+1,j}(t)-\phi_{t+1}(t)\Big\|_2\Big|H_t\Big]+$$

$$\mathbb{E}\big[\|\rho f_{t+1,i}(t+1)-[\phi_{t+1}(t+1)-\phi_{t+1}(t)]\|_2\big]$$

$$\leqslant\lambda_b\mathbb{E}[\|\boldsymbol{s}_{t+1,i}(t)-\phi_{t+1}(t)\|_2 \mid H_t]+$$

$$\mathbb{E}[\|\rho f_{t+1,i}(t+1)-[\phi_{t+1}(t+1)-\phi_{t+1}(t)]\|_2] \tag{8-23}$$

根据引理 8.1,可以得出

$$\mathbb{E}[\|\rho f_{t+1,i}(t+1)\|_2 \mid H_t]=\mathbb{E}[\|\boldsymbol{Q}_i(t+1)\nabla f_{t+1,i}(\boldsymbol{z}_i(t+1))-\boldsymbol{Q}_i(t)\nabla f_{t+1,i}(\boldsymbol{z}_i(t))\|_2 \mid H_t]$$

$$\leqslant \beta p_i \|\boldsymbol{z}_i(t+1)-\boldsymbol{z}_i(t)\|_2$$

$$=\beta p_i \left\|\sum_{j=1}^{n} b_{ij}(\boldsymbol{x}_j(t+1)-\boldsymbol{z}_j(t)+(\boldsymbol{z}_j(t)-\boldsymbol{z}_i(t)))\right\|_2$$

$$\leqslant \beta p_i \sum_{j=1}^{n} b_{ij}(\|\boldsymbol{x}_j(t+1)-\boldsymbol{z}_j(t)\|_2+\|\boldsymbol{z}_j(t)-\boldsymbol{z}_i(t)\|_2)$$

$$\leqslant \beta p_i \sum_{j=1}^{n} b_{ij}\left\|\frac{1}{t^{\theta}}(\boldsymbol{v}_j(t)-\boldsymbol{z}_j(t))\right\|_2+$$

$$\beta p_i \sum_{j=1}^{n} b_{ij}(\|\boldsymbol{z}_j(t)-\bar{\boldsymbol{x}}(t)\|_2+\|\boldsymbol{z}_i(t)-\bar{\boldsymbol{x}}(t)\|_2)$$

$$\leqslant \beta p_i \sum_{j=1}^{n} b_{ij}\left(D\frac{1}{t^{\theta}}+2U_1\frac{1}{t^{\theta}}\right)$$

$$=\beta p_i(D+2U_1)\frac{1}{t^{\theta}}$$

$$\leqslant \beta p_{\max}(D+2U_1)\frac{1}{t^{\theta}} \tag{8-24}$$

根据式(8-24),可以得出

$$\mathbb{E}[\|\boldsymbol{s}_{t+1,i}(t+1)-\phi_{t+1}(t+1)\|_2 \mid H_t]$$

$$\leqslant \lambda_b^{t+1}\|\boldsymbol{s}_{t+1,i}(1)-\phi_{t+1}(1)\|_2+\beta p_{\max}(D+2U_1)\sum_{\tau=0}^{t-1}\lambda_b^{\tau}\frac{1}{(t-\tau)^{\theta}}$$

$$\leqslant \|\boldsymbol{s}_{t+1,i}(1)-\phi_{t+1}(1)\|_2+\frac{\beta p_{\max}(D+2U_1)}{1-\theta}(t^{1-\theta}-1) \tag{8-25}$$

利用式(8-19),可以得到

$$\mathbb{E}\left[\left\|\frac{1}{t+1}\sum_{\tau=1}^{t}\rho f_{\tau,i}(t+1)-\frac{1}{t+1}\sum_{\tau=1}^{t}\left(\frac{1}{n}\sum_{i=1}^{n}\rho f_{\tau,i}(t+1)\right)\right\|_2 \,\middle|\, H_t\right]$$

$$\leqslant \frac{2}{t+1}\sum_{\tau=1}^{t}\left(1-\frac{1}{n}\right)(D+2U_1)\beta p_{\max}\frac{1}{t^{\theta}}$$

$$\leqslant 2(D+2U_1)\beta p_{\max}\frac{1}{t^{\theta}}\frac{t}{t+1} \tag{8-26}$$

令 $\|\boldsymbol{s}_{t+1,i}(1)-\zeta_{t+1}(1)\|_{\infty}\leqslant\xi$,其中,$\xi$ 是正整数。根据式(8-21)、式(8-22)和式(8-23),对于所有的 $i\in V$,可以得出

$$\sqrt{d}\sum_{i=1}^{n}\mathbb{E}[\|\boldsymbol{G}_{t+1,i}(t)-\boldsymbol{r}_{t+1}(t+1)\|_{\infty}\mid H_t]$$
$$\leqslant\sqrt{d}\lambda_b U_2 t^{-\epsilon}+\sqrt{d}\lambda_b n\left(\xi+\frac{\beta p_{\max}(D+2U_1)}{1-\theta}\right)t^{-\varepsilon}+$$
$$\sqrt{d}\lambda_b 2n(D+2U_1)\beta p_{\max}t^{-\varepsilon} \tag{8-27}$$

令 $U_2=\sqrt{n}\left(\xi+\left(2+\frac{1}{1-\theta}\right)\beta p_{\max}(D+2U_1)\right)t_s^{\theta}$，可以得到

$$\sqrt{\sum_{i=1}^{n}\mathbb{E}[\|\boldsymbol{S}_{t,i}(t)-\boldsymbol{g}_t(t)\|_2^2\mid H_{t-1}]}\leqslant\frac{U_2}{t^{\theta}} \tag{8-28}$$

因此，引理 8.3 得证。

定理 8.1 证明：为了证明表示简便，定义一个常数 U：

$$U=\max\left\{\frac{9}{2}(\beta D^2+2D(U_2+\beta p_{\max}U_1)),\right.$$
$$\left.\frac{\frac{2\eta^2\mu}{\epsilon^2}-\frac{4U'}{9}+\sqrt{\left(\frac{2\eta^2\mu}{\epsilon^2}\right)^2-\frac{16}{9}\frac{\eta^2\mu}{\epsilon^2}U'}}{\frac{8}{81}}\right\}$$

其中，$U'=\dfrac{2\beta D^2+4D(\beta p_{\max}U_1+U_2)}{p_{\min}}$，并且 $\epsilon>1$。因此，定理 8.1 的证明等价于证明不等式 $\Delta_{\mathbf{E}}(t)<\dfrac{U}{t+1}$。

在式(8-44)中定义了参数 t^*，证明定理 8.1 同样采用归纳假设法。当 $t=t^*$ 时，根据对 U 的定义可以得到 $\Delta_{\mathbf{E}}(t)<\dfrac{U}{t+1}$，当 $t\geqslant t^*$ 时，假设 $\Delta_{\mathbf{E}}(t)<\dfrac{U}{t+1}$ 成立。根据假设 8.4 可以得到函数 F_t 是 β-光滑函数，所以下式成立：

$$F_t(\bar{\boldsymbol{x}}(t+1))\leqslant F_t(\bar{\boldsymbol{x}}(t))+\langle\nabla F_t(\bar{\boldsymbol{x}}(t)),\bar{\boldsymbol{x}}(t+1)-\bar{\boldsymbol{x}}(t)\rangle+$$
$$\frac{\beta}{2}\|\bar{\boldsymbol{x}}(t+1)-\bar{\boldsymbol{x}}(t)\|_2^2 \tag{8-29}$$

根据引理 8.1 中的 $\bar{\boldsymbol{x}}(t+1)=(1-\gamma_t)\bar{\boldsymbol{x}}(t)+\gamma_t\bar{\boldsymbol{v}}(t)$，可以得到

$$F_t(\bar{\boldsymbol{x}}(t+1))\leqslant F_t(\bar{\boldsymbol{x}}(t))+\langle\nabla F_t(\bar{\boldsymbol{x}}(t)),\bar{\boldsymbol{x}}(t+1)-\bar{\boldsymbol{x}}(t)\rangle+$$
$$\frac{\beta}{2}\|\bar{\boldsymbol{x}}(t+1)-\bar{\boldsymbol{x}}(t)\|_2^2$$
$$\leqslant F_t(\bar{\boldsymbol{x}}(t))+\frac{\beta}{2}\gamma_t^2\|\bar{\boldsymbol{v}}(t)-\bar{\boldsymbol{x}}(t)\|_2^2+$$
$$\frac{\gamma_t}{n}\sum_{i=1}^{n}\langle\nabla F_t(\bar{\boldsymbol{x}}(t)),\boldsymbol{v}_i(t)-\bar{\boldsymbol{x}}(t)\rangle \tag{8-30}$$

利用集合 M 的有界性，能够得出

$$
\begin{aligned}
F_t(\bar{\boldsymbol{x}}(t+1)) \leqslant & F_t(\bar{\boldsymbol{x}}(t)) + \frac{\beta}{2}\gamma_t^2 \| \bar{\boldsymbol{v}}(t) - \bar{\boldsymbol{x}}(t) \|_2^2 + \\
& \frac{\gamma_t}{n}\sum_{i=1}^{n}\langle \nabla F_t(\bar{\boldsymbol{x}}(t)), \boldsymbol{v}_i(t) - \bar{\boldsymbol{x}}(t)\rangle \\
\leqslant & F_t(\bar{\boldsymbol{x}}(t)) + \frac{\beta}{2}\gamma_t^2 D^2 + \\
& \frac{\gamma_t}{n}\sum_{i=1}^{n}\langle \nabla F_t(\bar{\boldsymbol{x}}(t)), \boldsymbol{v}_i(t) - \bar{\boldsymbol{x}}(t)\rangle
\end{aligned} \tag{8-31}
$$

此外，当 $\boldsymbol{v}\in M$ 并且 $i\in V$ 时，下式成立，

$$
\begin{aligned}
& \langle \boldsymbol{Q}_i(t)\nabla F_t(\bar{\boldsymbol{x}}(t)), \boldsymbol{v}_i(t) - \bar{\boldsymbol{x}}(t)\rangle \\
\leqslant & \langle \boldsymbol{Q}_i(t)\nabla F_t(\bar{\boldsymbol{x}}(t)), \boldsymbol{v} - \bar{\boldsymbol{x}}(t)\rangle + \\
& 2D \| \boldsymbol{S}_{t,i}(t) - \boldsymbol{Q}_i(t)\nabla F_t(\bar{\boldsymbol{x}}(t)) \|_2
\end{aligned} \tag{8-32}
$$

因此，在式(8-32)中令 $\boldsymbol{v}=\hat{\boldsymbol{v}}(t)\in \underset{\boldsymbol{v}\in M}{\arg\min}\langle \nabla F_t(\bar{\boldsymbol{x}}(t)), \boldsymbol{v}\rangle$，可以得到

$$
\begin{aligned}
& \langle \nabla F_t(\bar{\boldsymbol{x}}(t)), \boldsymbol{v}_i(t) - \bar{\boldsymbol{x}}(t)\rangle \\
\leqslant & \frac{p_{\max}}{p_\hbar}\langle \nabla F_t(\bar{\boldsymbol{x}}(t)), \hat{\boldsymbol{v}}(t) - \bar{\boldsymbol{x}}(t)\rangle + \frac{2DU_2}{p_\hbar t} + \frac{2D\beta p_{\max}}{p_\hbar t}
\end{aligned} \tag{8-33}
$$

式中，$p_\hbar = \begin{cases} p_{\min}, & \langle \nabla F_t(\bar{\boldsymbol{x}}(t)), \boldsymbol{v}_i(t) - \bar{\boldsymbol{x}}(t)\rangle \geqslant 0 \\ p_{\max}, & \langle \nabla F_t(\bar{\boldsymbol{x}}(t)), \boldsymbol{v}_i(t) - \bar{\boldsymbol{x}}(t)\rangle < 0 \end{cases}$ 因此，联立式(8-31)和式(8-33)，有下面关系式：

$$
\begin{aligned}
& \mathbb{E}[F_t(\bar{\boldsymbol{x}}(t+1)) \mid H_t] \\
\leqslant & F_t(\bar{\boldsymbol{x}}(t)) + \frac{\beta}{2}\gamma_t^2 D^2 + \frac{2DU_2}{p_\hbar}\frac{\gamma_t}{t} + \frac{2D\beta p_{\max}U_1}{p_\hbar}\frac{\gamma_t}{t} + \\
& \gamma_t\frac{p_{\min}}{p_\hbar}(\nabla F_t(\boldsymbol{x}(t)), \hat{\boldsymbol{v}}(t) - \boldsymbol{x}(t))
\end{aligned} \tag{8-34}
$$

根据式(8-34)，可以得到

$$
\begin{aligned}
& \mathbb{E}[F_t(\bar{\boldsymbol{x}}(t+1)) - F_t(\boldsymbol{x}^*(t+1)) \mid H_t] \\
\leqslant & F_t(\bar{\boldsymbol{x}}(t)) - F_t(\boldsymbol{x}^*(t)) + \frac{\beta}{2}\gamma_t^2 D^2 + \\
& \gamma_t\frac{p_{\max}}{p_\hbar}\langle \nabla F_t(\bar{\boldsymbol{x}}(t)), \hat{\boldsymbol{v}}(t) - \bar{\boldsymbol{x}}(t)\rangle + \\
& \frac{2DU_2}{p_\hbar}\frac{\gamma_t}{t} + \frac{2D\beta p_{\max}U_1}{p_\hbar}\frac{\gamma_t}{t}
\end{aligned} \tag{8-35}
$$

根据 $\Delta_{\mathbb{E}}(t)$ 的定义，可以得到：

$$\begin{aligned}\Delta_{\mathbf{E}}(t+1) \leqslant & \frac{t}{t+1}\left(\Delta_{\mathbf{E}}(t)-\gamma_t \frac{p_{\max}}{p_{\hbar}}\langle \nabla F_t(\bar{\boldsymbol{x}}(t)), \bar{\boldsymbol{x}}(t)-\hat{\boldsymbol{v}}(t)\rangle\right)+ \\ & \frac{t}{t+1}\left(\frac{\beta}{2}\gamma_t^2 D^2+\frac{2DU_2}{p_{\hbar}}\frac{\gamma_t}{t}+\frac{2D\beta p_{\max}U_1}{p_{\hbar}}\frac{\gamma_t}{t}\right)+ \\ & \frac{1}{t+1}(f_{t+1}(\bar{\boldsymbol{x}}(t+1))-f_{t+1}(\boldsymbol{x}^*)(t+1)) \\ \leqslant & \frac{t}{t+1}\left(\Delta_{\mathbf{E}}(t)-\gamma_t \frac{p_{\min}}{p_{\max}}\langle \nabla F_t(\bar{\boldsymbol{x}}(t)), \bar{\boldsymbol{x}}(t)-\hat{\boldsymbol{v}}(t)\rangle\right)+ \\ & \frac{t}{t+1}\left(\frac{\beta}{2}\gamma_t^2 D^2+\frac{2DU_2}{p_{\min}}\frac{\gamma_t}{t}+\frac{2D\beta p_{\max}U_1}{p_{\min}}\frac{\gamma_t}{t}\right)+ \\ & \frac{1}{t+1}(f_{t+1}(\bar{\boldsymbol{x}}(t+1))-f_{t+1}(\boldsymbol{x}^*)(t+1))\end{aligned} \tag{8-36}$$

式中,利用 $p_{\min}\leqslant p_{\hbar}\leqslant p_{\max}$ 和 $\langle F_t(\bar{\boldsymbol{x}}(t),\hat{\boldsymbol{v}}(t)-\bar{\boldsymbol{x}}(t))\rangle\leqslant 0$。

此外,类似文献[21]中的证明,可以得到

$$\langle \nabla F_t(\bar{\boldsymbol{x}}(t)), \bar{\boldsymbol{x}}(t)-\hat{\boldsymbol{v}}(t)\rangle \geqslant \sqrt{2\mu\eta^2\Delta_{\mathbf{E}}(t)} \tag{8-37}$$

$$f_{t+1}(\bar{\boldsymbol{x}}(t+1))-f_{t+1}(\boldsymbol{x}^*(t+1)) \leqslant \frac{2U}{9}(t+1)^{-1/2} \tag{8-38}$$

将式(8-37)和式(8-38)代入式(8-36),可以得到

$$\begin{aligned}\Delta_{\mathbf{E}}(t+1) \leqslant & \Delta_{\mathbf{E}}(t)-\gamma_t\sqrt{2\mu\eta^2\Delta_{\mathbf{E}}(t)}+ \\ & \frac{2U}{9(t+1)^{3/2}}+\frac{\gamma_t^2}{2}\beta D^2+2D\gamma_t\frac{\beta p_{\max}U_1+U_2}{p_{\min}(t+1)}\end{aligned} \tag{8-39}$$

当 $\Delta_{\mathbf{E}}(t)-\gamma_t\sqrt{2\mu\eta^2\Delta_{\mathbf{E}}(t)}\leqslant 0$,可以得到

$$\begin{aligned}\Delta_{\mathbf{E}}(t+1) & \leqslant \frac{2U}{9(t+1)^{3/2}}+\frac{2\beta D^2}{(t+1)^2}+4D\frac{\beta p_{\max}U_1+U_2}{p_{\min}(t+1)^2} \\ & \leqslant \left(\frac{U}{3}+3\beta D^2+\frac{6D(\beta p_{\max}U_1+U_2)}{p_{\min}}\right)\frac{1}{t+2}\end{aligned} \tag{8-40}$$

根据 U 的定义,能够得出

$$U \geqslant \frac{9}{2}\left(\beta D^2+\frac{2D(\beta p_{\max}U_1+U_2)}{p_{\min}}\right) \tag{8-41}$$

因此,可以得出

$$\Delta_{\mathbf{E}}(t+1) \leqslant \frac{U}{t+2} \tag{8-42}$$

$\Delta_{\mathbf{E}}(t)-\gamma_t\sqrt{2\mu\eta^2\Delta_{\mathbf{E}}(t)}\geqslant 0$ 时,根据式(8-39)和不等式 $\frac{1}{(t+1)}-\frac{1}{(t+2)}\leqslant\frac{1}{(t+1)^2}$,可以得到

$$\Delta_{\mathbf{E}}(t+1)-\frac{U}{t+2}\leqslant\frac{U}{t+1}-\frac{U}{t+2}-\frac{\eta\sqrt{2\mu U}}{(t+1)^{3/2}}+$$
$$\frac{2U}{9(t+1)^{3/2}}+\frac{2\beta D^2+4D(\beta p_{\max}U_1+U_2)}{p_{\min}(t+1)^2}$$
$$\leqslant\frac{U}{(t+1)^2}-\frac{\eta\sqrt{2\mu U}}{(t+1)^{3/2}}+\frac{2U}{9(t+1)^{3/2}}+$$
$$\frac{2\beta D^2+4D(\beta p_{\max}U_1+U_2)}{p_{\min}(t+1)^2}$$
$$\leqslant\frac{1}{(t+1)^{3/2}}\left(\frac{U}{\sqrt{t+1}}-\eta\sqrt{2\mu U}+\frac{2U}{9}+\right.$$
$$\left.\frac{2\beta D^2+4D(\beta p_{\max}U_1+U_2)}{p_{\min}\sqrt{t+1}}\right)$$
$$\leqslant\frac{1}{(t+1)^{3/2}}\left(\frac{U}{\sqrt{t+1}}+\frac{2U}{9}(1-\theta)+\right.$$
$$\left.\frac{2\beta D^2+4D(\beta p_{\max}U_1+U_2)}{p_{\min}}(1-\theta)\right)\tag{8-43}$$

因为$\frac{1}{\sqrt{t+1}}$是一个关于 t 的单调递减函数，定义参数 t^* 为

$$t^*=\inf\left\{t\geqslant 1:\left(\frac{U}{t+1}+\frac{2U}{9}(1-\epsilon)+\right.\right.$$
$$\left.\left.\frac{2\beta D^2+4D(\beta p_{\max}U_1+U_2)}{p_{\min}}(1-\epsilon)\right)\leqslant 0\right\}\tag{8-44}$$

因为$\epsilon>1$，所以参数 t^* 可能存在。如果 $t>t^*$，可以得到

$$\Delta_{\mathbf{E}}(t+1)\leqslant\frac{U}{t+2}\tag{8-45}$$

至此，定理 8.1 得证。

定理 8.2 证明：为了能够证明算法 8.1 的 Regret 界，需要定义一个辅助函数，

$$\breve{f}_{t,i}(\boldsymbol{x})=\boldsymbol{Q}_i(t)\langle\nabla f_{t,i}(\bar{\boldsymbol{x}}(t)),\boldsymbol{x}\rangle+\frac{L}{D}\|\boldsymbol{x}-\bar{\boldsymbol{x}}(t)\|_2^2\tag{8-46}$$

式中，函数 $f_{t,i}$ 在决策点$\bar{\boldsymbol{x}}(t)$的次梯度定义为$\nabla f_{t,i}(\bar{\boldsymbol{x}}(t))$。根据 L-Lipschitz 函数的性质 $L\geqslant\|\nabla f_{t,i}(\bar{\boldsymbol{x}}(t))\|_2$，有以下关系

$$\nabla\breve{f}_{t,i}(\boldsymbol{x})=\boldsymbol{Q}_i(t)\nabla f_{t,i}(\bar{\boldsymbol{x}}(t))+\frac{2L}{D}(\boldsymbol{x}-\bar{\boldsymbol{x}}(t))\tag{8-47}$$

利用 L-Lipschitz 函数的性质和界限 $\|\boldsymbol{x}-\bar{\boldsymbol{x}}(t)\|_2\leqslant D$，可以得到 $3L\geqslant\|\nabla\breve{f}_{t,i}(\boldsymbol{x})\|_2$，因此，得出结论：$\breve{f}_{t,i}$ 是一个 $3L$-Lipschitz 函数。此外，还可以

得出

$$\breve{f}_{t,i}(\boldsymbol{x}+\boldsymbol{y})-\breve{f}_{t,i}(\boldsymbol{x})=\boldsymbol{Q}_i(t)\langle\nabla f_{t,i}(\bar{\boldsymbol{x}}(t)),\boldsymbol{y}\rangle+\frac{L}{D}\|\boldsymbol{y}\|_2^2+\frac{2L}{D}\langle\boldsymbol{x}-\bar{\boldsymbol{x}}(t),\boldsymbol{y}\rangle$$
$$=\boldsymbol{Q}_i(t)\langle\nabla\breve{f}_{t,i}(\bar{\boldsymbol{x}}(t)),\boldsymbol{y}\rangle+\frac{L}{D}\|\boldsymbol{y}\|_2^2 \tag{8-48}$$

根据式(8-48),能够得出 $\breve{f}_{t,i}$ 不仅是$\frac{L}{D}$-光滑函数也是$\frac{L}{D}$-强凸函数。令 $\boldsymbol{x}^*(t)=\arg\min\limits_{x\in M}\breve{F}_t(\boldsymbol{x})$ 和$\breve{F}_t(\boldsymbol{x})=\frac{1}{nt}\sum\limits_{i=1}^{n}\sum\limits_{\tau=1}^{t}\breve{f}_{\tau,i}(\boldsymbol{x})$,根据定理 8.1,可以得出

$$\breve{\Delta}_{\mathbb{E}}(t)=\mathbb{E}\left[\breve{F}_t(\bar{\boldsymbol{x}}(t))\mid H_{t-1}\right]-\breve{F}_t(\boldsymbol{x}^*(t))\leqslant\delta\frac{1}{t+1} \tag{8-49}$$

式中,$\delta=\max\{C_1,C_2\}$,$C_1=\frac{9}{2}(LD+2DU_2'+2Lp_{\max}U_1)$,$C_2=\left(\frac{2\eta^2L}{D\epsilon^2}-\frac{4U''}{9}+\sqrt{\left(\frac{2\eta^2L}{D\epsilon^2}\right)^2-\frac{16}{9}\frac{\eta^2L}{D\epsilon^2}U''}\right)\frac{81}{8}$,$U_2'=\sqrt{n}\left(\xi+\left(2+\frac{1}{1-\theta}\right)\right)\frac{Lp_{\max}(D+2U_1)}{D}$,$U''=\frac{2LD+4Lp_{\max}U_1+4DU_2'}{p_{\min}}$。根据 $\boldsymbol{x}^*(t)$的定义,对于任意的 $\boldsymbol{x}^*\in M$,有

$$\frac{1}{n}\sum_{i=1}^{n}\sum_{t=1}^{T}\breve{f}_{t,i}(\boldsymbol{x}^*(t))\leqslant\frac{1}{n}\sum_{i=1}^{n}\sum_{t=1}^{T}\breve{f}_{t,i}(\boldsymbol{x}^*) \tag{8-50}$$

因为 $\boldsymbol{x}^*(t)=\arg\min\limits_{x\in M}\breve{F}_t(\boldsymbol{x})$且 $\breve{F}_t$ 是一个$\frac{L}{D}$-强凸函数,因此可以得出

$$\mathbb{E}\left[\breve{F}_t(\bar{\boldsymbol{x}}(t))\mid H_{t-1}\right]-\breve{F}_t(\boldsymbol{x}^*(t))$$
$$\geqslant\frac{L}{D}\mathbb{E}\left[\|\bar{\boldsymbol{x}}(t)-\boldsymbol{x}^*(t)\|_2^2\mid H_{t-1}\right] \tag{8-51}$$

根据式(8-49)和式(8-51),能够得到

$$\mathbb{E}\left[\|\bar{\boldsymbol{x}}(t)-\boldsymbol{x}^*(t)\|_2^2\mid H_{t-1}\right]\leqslant\sqrt{\frac{D\breve{\Delta}_{\mathbb{E}}(t)}{L}}\leqslant\sqrt{\frac{\delta D}{L}}\sqrt{\frac{1}{t+1}} \tag{8-52}$$

因为 $\breve{f}_{t,i}$ 是一个 3L-Lipschitz 函数,当 $t\geqslant t^*$ 时,可以得到

$$\frac{1}{n}\sum_{i=1}^{n}\mathbb{E}\left[\breve{f}_{t,i}(\boldsymbol{x}(t))\mid H_{t-1}\right]-\frac{1}{n}\sum_{i=1}^{n}\breve{f}_{t,i}(\boldsymbol{x}^*(t))$$
$$\leqslant 3\sqrt{\delta LD}\sqrt{\frac{1}{t+1}} \tag{8-53}$$

利用不等式 $\sum\limits_{t=1}^{T}\frac{1}{\sqrt{t+1}}\leqslant\int_0^{T+1}\frac{1}{\sqrt{\tau}}\mathrm{d}\tau=2\sqrt{T+1}$ 和式(8-53),可以有

$$\frac{1}{n}\sum_{i=1}^{n}\sum_{t=1}^{T}\mathbb{E}[\breve{f}_{t,i}(\bar{\boldsymbol{x}}(t)) \mid H_{t-1}]-\frac{1}{n}\sum_{i=1}^{n}\sum_{t=1}^{T}\breve{f}_{t,i}(\boldsymbol{x}^{*}(t))$$
$$\leqslant 6\sqrt{\delta LD}\sqrt{T+1} \tag{8-54}$$

利用 $-\frac{1}{n}\sum_{i=1}^{n}\sum_{t=1}^{T}\frac{L}{D}\|\boldsymbol{x}^{*}-\bar{\boldsymbol{x}}(t)\|_{2}\leqslant 0$ 和式(8-54)，可以得到

$$\frac{1}{n}\sum_{i=1}^{n}\sum_{t=1}^{T}\langle\boldsymbol{Q}_{i}(t)\nabla f_{t,i}(\bar{\boldsymbol{x}}(t)),\bar{\boldsymbol{x}}(t)-\boldsymbol{x}^{*}\rangle$$
$$\leqslant 6\sqrt{\delta LD}\sqrt{T+1} \tag{8-55}$$

当 $f_{t,i}$ 是一个凸函数时，可以得到

$$\frac{1}{n}\sum_{i=1}^{n}\mathbb{E}[f_{t,i}(\bar{\boldsymbol{x}}(t)) \mid H_{t-1}]-\frac{1}{n}\sum_{i=1}^{n}f_{t,i}(\boldsymbol{x}^{*})$$
$$\leqslant \frac{1}{n}\sum_{i=1}^{n}\langle\boldsymbol{Q}_{i}(t)\nabla f_{t,i}(\bar{\boldsymbol{x}}(t)),\bar{\boldsymbol{x}}(t)-\boldsymbol{x}^{*}\rangle \tag{8-56}$$

根据式(8-55)和式(8-56)，可以得出

$$\frac{1}{n}\sum_{i=1}^{n}\sum_{t=1}^{T}\mathbb{E}[f_{t,i}(\bar{\boldsymbol{x}}(t)) \mid H_{t-1}]-\frac{1}{n}\sum_{i=1}^{n}\sum_{t=1}^{T}f_{t,i}(\boldsymbol{x}^{*})$$
$$\leqslant 6\sqrt{\delta LD}\sqrt{T+1} \tag{8-57}$$

因此，定理 8.2 得证。

8.5 仿真实验

8.5.1 实验设置

为了验证所提算法的收敛性，利用公共数据集 aloi(数据集选自 LIBSVM)进行仿真实验。aloi 是一个分类数据集，其中包含了 108000 个样本和 1000 类，在进行实验时，每次迭代随机地选择 100 个样本作为输入对象。因此，每次训练过程的迭代总数为 1000。

8.5.2 实验结果与分析

第一组实验是在不同节点个数的完全图网络拓扑上执行。针对所提算法分别设置了 1 个节点，4 个节点，64 个节点和 128 个节点。所提算法在同一个网络拓扑，不同节点个数时运行的结果如图 8-1 所示。可以看出随着迭代轮次的增加，在同一个完全图网络拓扑下，虽然执行算法的节点个数不同，但是平均代价都在逐渐减小，验证了所提算法的收敛性。当节点数为 128 个时，算法的平均代价减少得最快，因此可以得出，平均代价减少的快慢与网络拓扑中的节点个数有关。

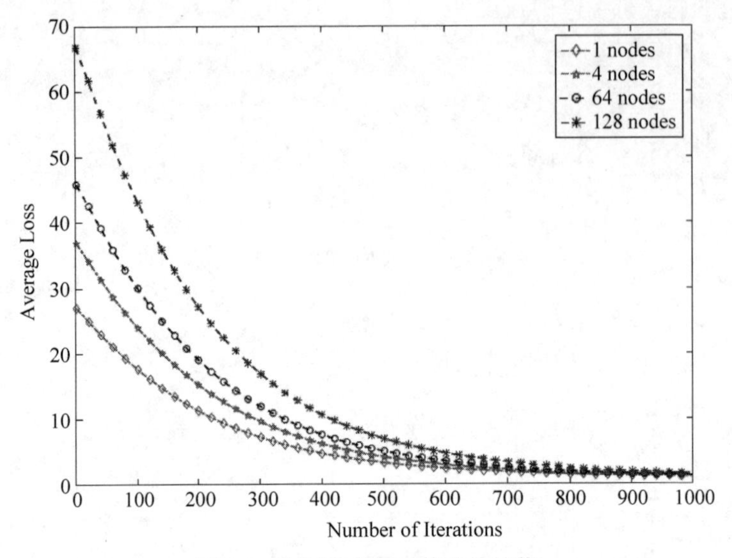

图 8-1　不同节点数时算法的性能

第二组实验是在相同的节点个数时，算法在不同的网络拓扑下执行。实验中将节点的个数设置为 64 个，分别在完全图、watt-strogatz 图和循环图三种网络拓扑下进行，结果如图 8-2 所示。可以看出，在相同节点个数的情况下，三种不同网络拓扑中所提算法随着迭代次数的增加都能够逐渐收敛。此外，还可以得出在循环图网络拓扑下，算法的平均代价下降的速度快于在 watt-strogatz 图网络拓扑下的平均代价下降速度，算法在 watt-strogatz 图网络拓扑下的平均代价下降的速度快于完全图网

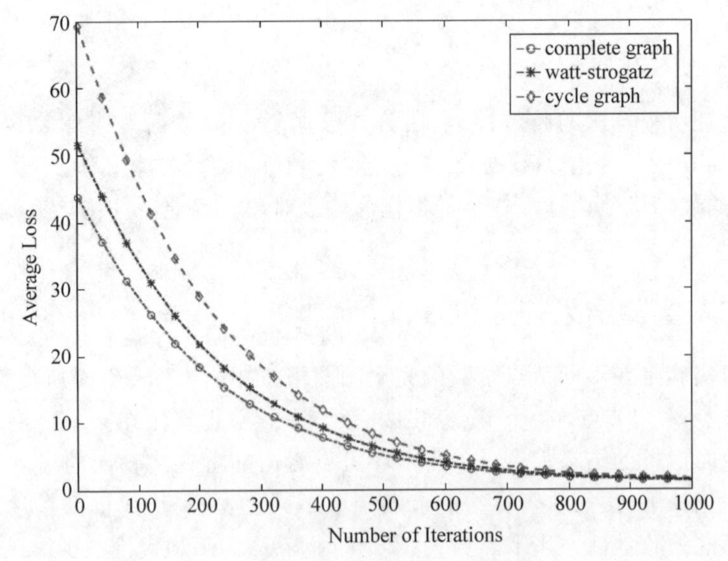

图 8-2　不同网络拓扑下的算法性能

络拓扑下的平均代价下降的速度。

8.6 本章小结

为了解决分布式在线约束优化问题,本章提出了一种基于随机块坐标的分布式在线无投影算法,网络中的智能体在每次迭代过程中仅选择一块或者几块梯度或者次梯度进行更新。因此,相比于计算所有的梯度或者次梯度向量,该算法在计算量上有所减少。此外,通过理论分析,证明了算法的收敛性,当网络中每个智能体的局部代价函数是凸函数时,该算法的 Regret 界为 $O(\sqrt{T})$。最后,通过仿真实验验证了理论分析的结果。

参考文献

[1] Liu Y,Quan W,Wang T,et al. Delay-Constrained Utility Maximization for Video Ads Push in Mobile Opportunistic D2D Networks[J]. IEEE Internet of Things Journal, 2018, 5(5): 4088-4099.

[2] Rabbat M, Nowak R. Distributed optimization in sensor networks [C]//International Symposium on Information Processing in Sensor Networks (IPSN),2004: 20-27.

[3] Zhang W,Zhang Z,Zeadally S,et al. MASM: A Multiple-algorithm Service Model for Energy-delay Optimization in Edge Artificial Intelligence [J]. IEEE Transactions on Industrial Informatics,2019,15(7): 4216-4224.

[4] Cheng N,Lyu F,Chen J,et al. Big Data Driven Vehicular Networks[J]. IEEE Network,2018, 32(6): 160-167.

[5] Bekkerman J L R, Bilenko M. Scaling Up Machine Learning: Parallel and Distributed Approaches[M]. Cambridge: Cambridge University Press,2011.

[6] 杨朔,吴帆,陈贵海.移动群智感知网络中信息量最大化的用户选择方法研究.计算机学报, 2020,43(3): 409-422.

[7] Olfati-Saber R,Fax J A,Murray R M. Consensus and cooperation in networked multi-agent systems[J]. Proceedings of the IEEE,2007,95(1): 215-233.

[8] Raginsky M, Kiarashi N, Willett R. Decentralized online convex programming with local information[C]//Proceedings of the Control Conference,2011: 5363-5369.

[9] Yan F, Sundaram S, Vishwanathan S V N, et al. Distributed autonomous online learning: regrets and intrinsic privacy-preserving properties[J]. IEEE Transactions on Knowledge and Data Engineering,2013,25(11): 2483-2493.

[10] Hosseini S,Chapman A,Mesbahi M. Online distributed optimization via dual averaging[C]// 52nd IEEE Conference on Decision and Control,2013: 1484-1489.

[11] Hosseini S, Chapman A, Mesbahi M. Online distributed convex optimization on dynamic networks[J]. IEEE Transactions on Automatic Control,2016,61(11): 3545-3550.

[12] Mateos-Núñez D, Cortes J. Distributed online convex optimization over jointly connected

digraphs[J]. IEEE Transactions on Network Science and Engineering,2014,1(1): 23-37.

[13] Akbari M,Gharesifard B,Linder T. Distributed online convex optimization on time-varying directed graphs[J]. IEEE Transactions on Control of Network Systems, 2017, 4(3): 417-428.

[14] Xu C,Zhu J,Wu D O. Decentralized online learning methods based on weight-balancing over time-varying digraphs[J]. IEEE Transactions on Emerging Topics in Computational Intelligence,2018: 1-13.

[15] Yan F, Sundaram S, Vishwanathan S V N, et al. Distributed autonomous online learning: Regrets and intrinsic privacy-preserving properties[J]. IEEE Transactions on Knowledge and Data Engineering,2012,25(11): 2483-2493.

[16] Nedić A,Lee S,Raginsky M. Decentralized online optimization with global objectives and local communication[C]//2015 American Control Conference. IEEE,2015: 4497-4503.

[17] Hosseini S, Chapman A, Mesbahi M. Online distributed convex optimization on dynamic networks[J]. IEEE Transactions on Automatic Control,2016,61(11): 3545-3550.

[18] Li X, Yi X, Xie L. Distributed online optimization for multi-agent networks with coupled inequality constraints[OL]. Available: https://arxiv. org/PDF/1805. 05573. pdf.

[19] Zhang W,Zhao P,Zhu W,et al. Projection-free distributed online learning in networks[C]//Proceedings of the 34th International Conference on Machine Learning-Volume 70. JMLR. org,2017: 4054-4062.

[20] 李德权,董翘,周跃进. 分布式在线条件梯度优化算法[J]. 计算机科学,2019,46(3): 332-337.

[21] Zhang M,Quan W,Cheng N,et al. Distributed conditional gradient online learning for IoT optimization[J]. IEEE Internet of Things Journal,2019(99): 1.

第9章

基于事件驱动的分布式在线无投影算法

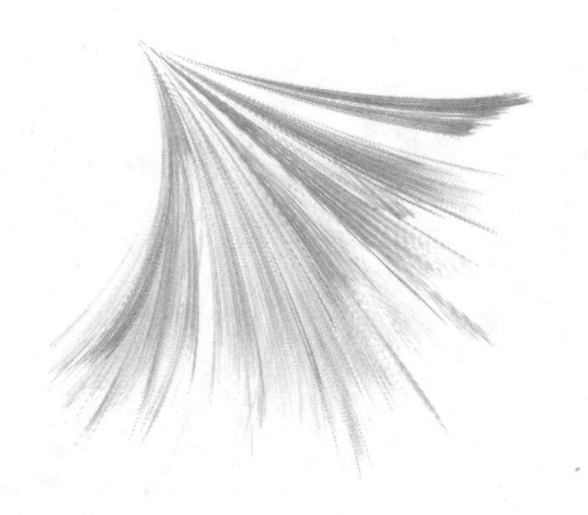

为了解决基于条件梯度的分布式在线无投影算法因频繁通信导致通信开销过大的问题，本章提出了一种基于事件驱动的分布式在线无投影算法，当网络中智能体的当前状态与最后一次驱动状态之间的离差大于特定阈值时，智能体之间才进行通信，否则不进行通信。通过有效控制智能体之间的通信次数，减少通信开销。同时，本章采用严格的推导证明了所提算法的收敛性，当局部目标函数是凸函数时，该算法能达到的 Regret 界为 $O(\sqrt{T})$。

9.1 引言

近年来，分布式优化在各个领域得到了广泛的应用，很多实际问题可以看成是分布式优化问题[1-11]。为了解决这些问题，很多分布式优化算法被提出，并且取得了巨大的成功。然而，分布式优化算法的载体是网络环境中的智能体，这些智能体通过网络进行互相交流，共同协作完成同一个大型的优化任务。在分布式算法运行过程中，为了能够使每个智能体的状态逐渐趋于一致，网络中相邻的智能体与智能体之间需要频繁地进行信息交换，这会导致大量的通信开销以及网络资源的占用。为了解决这个问题，研究者提出了利用事件驱动机制控制智能体之间的通信次数，从而减少网络资源的占用和智能体自身的通信开销。

然而，现有的分布式在线无投影算法考虑的多是如何减少算法的计算量，并没有考虑到智能体之间进行通信所产生的通信开销。因此，为了减少分布式在线无投影算法在智能体之间进行信息交换时的通信开销，本章提出了一种基于事件驱动的分布式在线无投影算法。该算法通过事件驱动机制控制智能体之间的通信次数，从而达到减少通信开销的目的。

9.2 问题描述与算法设计

本章主要研究由 n 个智能体组成的分布式网络，用图$\mathcal{G}(\mathcal{V},\mathcal{E})$表示。其中，$\mathcal{V}$表示所有智能体的集合，$\mathcal{E}$表示所有智能体相连的边的集合。假设图$\mathcal{G}$是一个固定的无向连通图。一条链路由一系列的边组成，对于所有的 $l=1,2,\cdots,k$，有$\{i_{l-1},i_l\}\in\mathcal{E}$。如果两个智能体 i 和 j 之间存在一条链路，则称两个智能体互相连接。所有和智能体 i 相连的智能体称为智能体 i 的邻居，用符号$\mathcal{N}_i$表示。每个智能体只和它的邻居进行信息交互，用邻接矩阵 $\boldsymbol{B}=[b_{ij}]\in R^{N\times N}$ 表示。

9.2.1 问题描述

本章主要研究由 n 个智能体组成的网络中的分布式在线约束优化问题。网络中的每个智能体都有一个随时间动态变化的局部代价函数。在每次迭代过程中，网络中的每个智能体都从凸紧集 K 中选择一个决策 $\boldsymbol{x}_i(t)\in\mathcal{K}$，其中 $i\in\mathcal{V}$，t 代表第 t 次迭代。此外，只有做出决策后，每个智能体才能得到一个代价函数 $f_{i,t}(\boldsymbol{x})$：$\mathcal{K}\to R$，智能体 i 付出的代价为 $f_{i,t}(\boldsymbol{x}_i(t))$。优化的目标是最小化全局代价函数，该函数是 n 个智能体局部代价函数之和。该优化问题形式化如下。

$$\min_{\boldsymbol{x}\in\mathcal{K}} f(\boldsymbol{x})=\frac{1}{n}\sum_{i=1}^{T}\sum_{i=1}^{n}f_{i,t}(\boldsymbol{x}) \tag{9-1}$$

式中，函数 $f_{i,t}(\boldsymbol{x})$：$\mathcal{K}\to R$ 是凸函数。网络中的每个智能体只知道自己的函数信息，但是能够通过网络和它的邻居进行信息交换。

在求解问题式(9-1)时，传统的分布式在线无投影算法只考虑了如何减少算法的计算量，提高算法的收敛速率，却忽略了每次迭代过程中智能体之间进行频繁信息交换导致的通信开销。而这种通信开销在整个算法运行过程中是非常大的。因此，研究一种能够控制智能体之间信息交换次数的分布式在线无投影算法意义重大。因此，本章将多智能体系统控制与协调中常用的事件驱动机制与分布式在线 Frank-Wolfe 算法相结合，提出了一种基于事件驱动的分布式在线无投影算法。

9.2.2 算法设计

在基于边事件驱动机制下，网络中的每个智能体都需考虑是否要把自己的状态发送给每条链路上的邻居。如果在第 t 轮迭代，智能体 i 将它的状态 $\boldsymbol{x}_i(t)$发送给智能体 j，则认为 t 是智能体 i 对于邻居 j 的驱动时间。智能体 i 对于智能体 j 的驱动时刻用 t_{ij} 表示，并且对于所有的智能体 i 和它的邻居 j 初始化 $t_{ij}^0=0$。这样初始化的目的是在 $t=0$ 时，所有智能体都将自身的状态发送给它的邻居。直到第 t 轮迭代的最后驱动时刻，智能体 i 向邻居 j 发送的状态用 $\tilde{\boldsymbol{x}}_{ij}(t)$表示。定义 $\tilde{\boldsymbol{x}}_{ij}(t)$为

$$\tilde{\boldsymbol{x}}_{ij}(t)=\begin{cases}\boldsymbol{x}_i(t), & \text{if } t\in t_{ij}\\ \tilde{\boldsymbol{x}}_{ij}(t-1), & \text{其他}\end{cases} \tag{9-2}$$

式中，$t_{ij}=\{t_{ij}^0,t_{ij}^1,\cdots\}$是智能体 i 对于智能体 j 的所有驱动时间的集合。$\tilde{\boldsymbol{x}}_{ij}(t)$的定义表明：智能体 j 在第 t 轮内，可以使用智能体 i 的状态信息。当 $\tilde{\boldsymbol{x}}_{ij}(t)=\boldsymbol{x}_i(t)$，如果 $t\in t_{ij}$，则在智能体 i 的驱动时间里，智能体 j 收到的智能体 i 的状态是 $\boldsymbol{x}_i(t)$。如果第 t 轮迭代不是智能体 i 的驱动时间，那么智能体 j 将一直使用智能体 i 的最后的驱动状态。即：$\tilde{\boldsymbol{x}}_{ij}(t-1)=\tilde{\boldsymbol{x}}_{ij}(t-2)=\cdots=\tilde{\boldsymbol{x}}_{ij}(t')=\boldsymbol{x}_i(t')$，其中，$t'$是智能体 i 的最后驱动时间。假设每轮迭代过程，每个智能体都能得到自己的状态信息，所以有：$\tilde{\boldsymbol{x}}_{ij}(t)=\boldsymbol{x}_i(t)$。在第 t 轮迭代时，如果满足下式，则智能体 i 会把它的状态 $\boldsymbol{x}_i(t)$发送给它的邻居，

$$\|\boldsymbol{x}_i(t)-\tilde{\boldsymbol{x}}_{ij}(t-1)\|>E_{ij}(t) \tag{9-3}$$

式中，$E_{ij}(t)>0$ 是设定的阈值，用来表示当前时刻的状态与最后驱动时刻的状态之间能够允许的最大误差。如果智能体 i 和 j 之间的阈值比其他邻居的阈值小，那么智能体 i 将频繁发送自己的状态给智能体 j。因此，智能体 i 能够通过判断阈值控制智能体之间的通信次数。根据基于边的事件驱动机制，可以得出

$$\|\boldsymbol{x}_i(t)-\tilde{\boldsymbol{x}}_{ij}(t)\|\leqslant E_{ij}(t) \tag{9-4}$$

在算法设计时，将智能体 i 的当前状态与最后一次驱动时间的状态的差值定义为

$$\boldsymbol{e}_{ij}(t)=\begin{cases}\tilde{\boldsymbol{x}}_{ij}(t)-\boldsymbol{x}_i(t), & \text{if } j\in\mathcal{N}_i\\ 0, & \text{其他}\end{cases} \tag{9-5}$$

根据已知条件，基于事件驱动的分布式在线无投影优化算法如算法 9-1 所示。该算法的总体框架和第 8 章中的算法类似，同样可以分为三个步骤：一致性步骤、聚合步骤和 Frank-Wolfe 步骤。明显不同的是在每一步中增加了对阈值的设置项。为了能够验证算法的收敛性，用 Regret 作为评价算法性能的标准，定义为

$$R_T=\frac{1}{n}\sum_{t=1}^{T}\sum_{i=1}^{n}f_{i,t}(\bar{\boldsymbol{x}}(t))-\min_{\boldsymbol{x}\in\mathcal{K}}f(\boldsymbol{x}) \tag{9-6}$$

算法 9-1：分布式在线事件驱动无投影算法

1：输入：凸集 M，最大迭代次数 T，双随机矩阵 $\boldsymbol{B}=[b_{ij}]\in\mathbb{R}^{N\times N}$

2：初始化：$\boldsymbol{g}_{i,t}(0)=\nabla f_{i,t}(z_i(0))$，$\forall i\in V$

3：输出：$\boldsymbol{x}_i(t)$，$t=1,2,\cdots,T$，$\forall i\in V$

4：循环：$t=1,2,\cdots,T$ 执行

5：　　循环：每个智能体 $i\in V$ 执行

6：　　　一致：$\boldsymbol{z}_i(t)=\sum_{j\in N_i}b_{ij}\boldsymbol{x}_j(t)$，

7：　　　融合：$\boldsymbol{g}_{i,t}(t)=\sum_{j\in\mathcal{N}_i}b_{ij}\boldsymbol{g}_{j,t}(t-1)+\hat{\boldsymbol{\varepsilon}}_{i,t}(t-1)+\nabla f_{i,t}(z_i(t))-\nabla f_{i,t}(z(t-1))$

8: $\hat{\boldsymbol{\varepsilon}}_{i,t}(t-1)=\sum_{j=1}^{n}b_{ij}(\boldsymbol{\varepsilon}_{ji,t}(t-1)-\boldsymbol{\varepsilon}_{ij,t}(t-1))$

9: $\boldsymbol{\varepsilon}_{ij,t}(t-1)=\begin{cases}\tilde{\boldsymbol{g}}_{ij,t}(t-1)-\boldsymbol{g}_{i,t}(t-1), & j\in\mathcal{N}_i\\ 0, & \text{其他}\end{cases}$

10: $\boldsymbol{G}_{i,t}(t)=\frac{1}{t}\sum_{\tau=1}^{t}\left(\sum_{j=1}^{n}b_{ij}\boldsymbol{g}_{j,\tau}(t)+\hat{\boldsymbol{\varepsilon}}_{i,\tau}(t)\right)$

11: $\hat{\boldsymbol{\varepsilon}}_{i,\tau}(t)=\sum_{j=1}^{n}b_{ij}(\boldsymbol{\varepsilon}_{ji,\tau}(t)-\boldsymbol{\varepsilon}_{ij,\tau}(t))$

12: $\boldsymbol{\varepsilon}_{ij,\tau}(t)=\begin{cases}\widetilde{\boldsymbol{G}}_{ij,\tau}(t)-\boldsymbol{G}_{i,t}(t), & j\in\mathcal{N}_i\\ 0, & \text{其他}\end{cases}$

13: Frank-Wolfe: $\boldsymbol{u}_i(t)=\arg\min_{\boldsymbol{u}\in\mathcal{K}}\langle\boldsymbol{G}_{i,t}(t),\boldsymbol{u}\rangle$

14: $\boldsymbol{x}_i(t+1)=(1-\gamma_t)(\boldsymbol{z}_i(t)+\hat{\boldsymbol{e}}_i(t))+\gamma_t u_i(t)$

15: $\hat{\boldsymbol{e}}_i(t)=\sum_{j=1}^{n}b_{ij}(\boldsymbol{e}_{ji}(t)-\boldsymbol{e}_{ij}(t))$

16: $e_{ij}(t)=\begin{cases}\tilde{\boldsymbol{x}}_{ij}(t)-\boldsymbol{x}_i(t), & \text{if } j\in\mathcal{N}_i\\ 0, & \text{其他}\end{cases}$

17: 终止循环

18: 终止循环

9.3 相关假设与结果

为了确保智能体之间能够进行通信,参考文献[12]中对通信模式的假设。假设邻接矩阵 $\boldsymbol{B}=[b_{ij}]^{n\times n}$ 满足如下假设。

假设 9.1 假设网络中的每个智能体之间的通信是一个双随机矩阵 $\boldsymbol{B}=[b_{ij}]^{n\times n}$。同时,对于任意的 $i,j\in\mathcal{V}$和$(i,j)\in\mathcal{E}$,该矩阵中的每一项都满足:$\sum_{i=1}^{n}b_{ij}=1$ 和 $\sum_{j=1}^{n}b_{ij}=1$。

双随机矩阵的谱半径用 $\rho(\cdot)$表示。根据假设 9.1,可以得到 $\rho\left(\boldsymbol{B}-\frac{1}{n}\boldsymbol{1}\boldsymbol{1}^{\mathrm{T}}\right)$,其中,$\boldsymbol{1}$ 表示全部是 1 的列向量。因此,$\exists\lambda\in(0,1)$对于 $\forall\,\boldsymbol{x}\in R^{N\times 1}$ 和 $\bar{\boldsymbol{x}}=\frac{1}{n}\boldsymbol{1}^{\mathrm{T}}\boldsymbol{x}$ 可以推出以下关系:

$$\|\boldsymbol{B}\boldsymbol{x}-\boldsymbol{1}\bar{\boldsymbol{x}}\|=\left\|\left(\boldsymbol{B}-\frac{1}{n}\boldsymbol{1}\boldsymbol{1}^{\mathrm{T}}\right)(\boldsymbol{x}-\boldsymbol{1}^{\mathrm{T}}\boldsymbol{x})\right\|\leqslant\lambda\|\boldsymbol{x}-\boldsymbol{1}\bar{\boldsymbol{x}}\| \tag{9-7}$$

设置两个参数分别是正整数 t_0 和 $\mu\in(0,1]$。然后,可以得到 λ 与这两个参数的关系,即

$$\lambda\leqslant\frac{t_0^\mu}{t_0^\mu+1}\left(\frac{t_0}{t_0+1}\right)^\mu \tag{9-8}$$

很明显式(9-8)成立。因此,可以推出 t_0 的取值范围为

$$t_0\geqslant\left\lceil\frac{1}{\lambda_b^{-1/(1+\varepsilon)}-1}\right\rceil \tag{9-9}$$

式中,$\lceil\cdot\rceil$代表向上取整符号。

假设 9.2 集合$\mathcal{M}$是一个闭合有界的凸集,它的界用 D 表示。$\mathcal{M}^*$ 表示非空的最优解集合。假设 $\boldsymbol{x}^*$ 是集合$\mathcal{M}^*$ 中的一个内点,当 $\boldsymbol{x}^*\in\mathcal{M}^*$ 时,称 $\boldsymbol{x}^*$ 是函数 f 的最优解。假设 $\boldsymbol{x}^*(t)\in\inf(\mathcal{M})$,$\inf(\mathcal{M})$是所有在约束集$\mathcal{M}$里面的点的集合。用$\partial\mathcal{M}$来表示集合$\mathcal{M}$的所有边界上的点的集合。因此,可以得到 $\eta=\inf\limits_{x\in\partial\mathcal{M}}\|\boldsymbol{x}-\boldsymbol{x}^*\|_2>0$。

假设 9.3 对于任意的智能体 $i\in\{1,2,\cdots,n\}$和迭代时间 $t\in\{1,2,\cdots,T\}$,损失函数 $f_{t,i}$ 既是一个 β-光滑函数又是一个 L-Lipschitz 函数。

假设 9.4 假设对所有的 $i,j\in V,j\in N(i)$都有 $E_{ij}(t)\leqslant E(t)$,并且令 $E(t)=\gamma_t E$。定义 $\Psi(t)=F_t(\bar{\boldsymbol{x}}(t))-F_t(\boldsymbol{x}^*(t))$,其中 $F_t=\frac{1}{t}\sum_{\tau=1}^{t}f_\tau$,$f_t=\frac{1}{n}\sum_{i=1}^{n}f_{t,i}$,$\boldsymbol{x}^*(t)=\arg\min\limits_{x\in\mathcal{M}}F_t(\boldsymbol{x})$。因此,首先确定 $\Psi(t)$的上界,以得到最终的 Regret 界。

定理 9.1 在假设 9.1、假设 9.2、假设 9.3 和假设 9.4 成立的前提下,令步长 $\gamma_t=\frac{2}{t+2}$,且对于所有的 $i\in\{1,2,\cdots,n\}$和 $t\in\{1,2,\cdots,T\}$,假设每个损失函数 $f_{t,i}$ 是 $\mu>0$ 的 μ-强凸函数。同时,存在正整数 t_0,对于所有的 $t\geqslant t^*$,这里 t^* 的定义见式(9-55),可以得到

$$\Psi(t)\leqslant\max\left\{\frac{9}{2}(\beta D^2+2D(U_2+\beta U_1)),\frac{\frac{2\eta^2\mu}{\theta^2}-\frac{4U'}{9}+\sqrt{\left(\frac{2\eta^2\mu}{\theta^2}\right)^2-\frac{16}{9}\frac{\eta^2\mu}{\theta^2}U'}}{\frac{8}{81}}\right\}\frac{1}{t+1}$$

其中,$\theta>1$;$U_2=\sqrt{n}\left(\xi+\left(2+\frac{1}{1-\varepsilon}\right)\beta(D+2U_1)\right)t_0^s$,$U_1=\sqrt{n}\sqrt{D^2+2E}\,t_0^\varepsilon$,$\varepsilon\in(0,1)$,$\xi$ 是正整数;$U'=2\beta D^2+4D(\beta U_1+U_2)$。

定理 9.1 的证明见 9.4 节。根据定理 9.1,得到算法 9-1 任意时刻的 Regret 界,然后通过定理 9.2 确立算法 9-1 的 Regret 界。

定理 9.2 在假设 9.1、假设 9.2 和假设 9.3 成立的前提下,对于所有的 $i,j=1,2,\cdots,n$ 和 $t=1,2,\cdots,T$,假设每个代价函数 $f_{i,\tau}$ 既是凸函数又是 L-Lipschitz 函数,且可能是非光滑的。对于所有的 $\boldsymbol{x}^*\in\mathcal{K}$,可以得到

$$R_T(\bar{\boldsymbol{x}},\boldsymbol{x}) \leqslant 6\sqrt{QLD}\sqrt{T+1} \tag{9-10}$$

式中，$Q=\max\{C_1,C_2\}$，$C_1=\dfrac{9(LD+2DU_2'+2LU_1)}{2}$，$C_2=\dfrac{81}{8}\left(\dfrac{2\eta^2 L}{D\theta^2}-\dfrac{4U''}{9}+\sqrt{\left(\dfrac{2\eta^2 L}{D\theta^2}\right)^2-\dfrac{16\eta^2 LU''}{9D\theta^2}}\right)$，$U_2'=\sqrt{n}\left(\xi+\left(2+\dfrac{1}{1-\mu}\right)\right)\dfrac{L(D+2U_1)}{D}$，$U''=2LD+4DU_2'+4LU_1$。

9.4 收敛性分析

本节详细证明定理 9.1 和定理 9.2。首先引入几个辅助向量，

$$\bar{\boldsymbol{x}}(t)=\frac{1}{n}\sum_{i=1}^{n}\boldsymbol{x}_i(t) \tag{9-11}$$

$$\bar{\boldsymbol{g}}_t(t)=\frac{1}{nt}\sum_{\tau=1}^{t}\sum_{i=1}^{n}(\boldsymbol{g}_{i,\tau}(t)+\boldsymbol{\varepsilon}_{i,\tau}(t)) \tag{9-12}$$

$$\boldsymbol{r}_t(t)=\frac{1}{nt}\sum_{\tau=1}^{t}\sum_{i=1}^{n}\nabla f_{i,\tau}(\boldsymbol{z}_i(t)) \tag{9-13}$$

根据辅助向量，可以得到以下引理。

引理 9.1 对于所有的 $t=1,2,\cdots,T$，有以下关系：

(1) $\bar{\boldsymbol{g}}_{t+1}(t+1)=\boldsymbol{r}_{t+1}(t+1)$；

(2) $\bar{\boldsymbol{x}}(t+1)=(1-\gamma_t)(\bar{\boldsymbol{x}}(t)+\bar{\boldsymbol{e}}(t))+\gamma_t\bar{\boldsymbol{u}}(t)$。 (9-14)

式中，$\bar{\boldsymbol{e}}(t)=\dfrac{1}{n}\sum_{i=1}^{n}\hat{\boldsymbol{e}}_i(t)$ 且 $\bar{\boldsymbol{u}}(t)=\dfrac{1}{n}\sum_{i=1}^{n}\hat{\boldsymbol{u}}_i(t)$。下面证明引理 9.1。

引理 9.1 证明：根据算法 9-1 的第 7 步，可以得到

$$\begin{aligned}\bar{\boldsymbol{g}}_{t+1}(t+1)&=\frac{1}{n(t+1)}\sum_{\tau=1}^{t+1}\sum_{i=1}^{n}\boldsymbol{g}_{i,\tau}(t+1)\\&=\frac{1}{n(t+1)}\sum_{\tau=1}^{t+1}\sum_{i=1}^{n}\left(\sum_{j\in\mathcal{N}_i}b_{ij}\boldsymbol{g}_{j,\tau}(t)+\hat{\boldsymbol{\varepsilon}}_{i,\tau}(t)\right)+\\&\qquad\frac{1}{n(t+1)}\sum_{\tau=1}^{t+1}\sum_{i=1}^{n}(\nabla f_{i,\tau}(\boldsymbol{z}_i(t+1))-\nabla f_{i,\tau}\boldsymbol{z}_i(t))\\&=\bar{\boldsymbol{g}}_{t+1}(t)+\boldsymbol{r}_{t+1}(t+1)-\boldsymbol{r}_{t+1}(t)\end{aligned} \tag{9-15}$$

又因为

$$\begin{aligned}\bar{\boldsymbol{g}}_{t+1}(0)&=\frac{1}{n(t+1)}\sum_{\tau=1}^{t+1}\sum_{i=1}^{n}(\nabla f_{i,\tau}(\boldsymbol{z}_i(0))+\boldsymbol{\varepsilon}_{i,\tau}(0))\\&=\frac{1}{n(t+1)}\sum_{\tau=1}^{t+1}\sum_{i=1}^{n}\nabla f_{i,\tau}(\boldsymbol{z}_i(0))=\boldsymbol{r}_{t+1}(0)\end{aligned} \tag{9-16}$$

式中，最后一个等式是依据式(9-13)得到。然后，可以得到

$$\bar{\boldsymbol{g}}_{t+1}(t+1)=\bar{\boldsymbol{g}}_{t+1}(0)+\boldsymbol{r}_{t+1}(t+1)-\boldsymbol{r}_{t+1}(0)=\boldsymbol{r}_{t+1}(t+1) \tag{9-17}$$

因此，引理 9.1 的第 1 个等式得证。下面证明引理 9.1 的第 2 个等式。因为 $\bar{\boldsymbol{x}}(t)=\frac{1}{n}\sum_{i=1}^{n}\boldsymbol{x}_i(t)$，令 $\bar{\boldsymbol{e}}(t)=\frac{1}{n}\sum_{i=1}^{n}\hat{\boldsymbol{e}}_i(t)$，根据算法 9-1 的第 14 步可以得到

$$\begin{aligned}\bar{\boldsymbol{x}}(t+1)&=\frac{1}{n}\sum_{i=1}^{n}\boldsymbol{x}_i(t+1)\\&=\frac{1}{n}\sum_{i=1}^{n}((1-\gamma_t)(\boldsymbol{z}_i(t)+\hat{\boldsymbol{e}}_i(t))+\gamma_t\boldsymbol{u}_i(t))\\&=(1-\gamma_t)\frac{1}{n}\sum_{i=1}^{n}\left(\sum_{j=1}^{n}b_{ij}\boldsymbol{x}_j(t)+\hat{\boldsymbol{e}}_i(t)\right)+\gamma_t\bar{\boldsymbol{u}}(t)\\&=(1-\gamma_t)\bar{\boldsymbol{x}}(t)+\bar{\boldsymbol{e}}(t)+\gamma_t\bar{\boldsymbol{u}}(t)\end{aligned} \tag{9-18}$$

因此，引理 9.1 中的第 2 个等式证毕。引理 9.1 得证。

引理 9.2　在假设 9.1 成立的前提下，令步长 $\gamma_t=\frac{1}{t^{\mu}}$ 且 $\mu\in(0,1]$，对于 $t\geqslant t_0$ 和 $i\in V$ 有

$$\max_{i\in V}\|\boldsymbol{z}_i(t)-\bar{\boldsymbol{x}}(t)\|\leqslant\frac{U_1}{t^{\mu}} \tag{9-19}$$

式中，$U_1=\sqrt{n}\sqrt{D^2+2Et_0^{\mu}}$。

引理 9.2 证明：根据范数的性质可以得到

$$\max_{i\in V}\|\boldsymbol{z}_i(t)-\bar{\boldsymbol{x}}(t)\|\leqslant\sqrt{\sum_{i=1}^{n}\|\boldsymbol{z}_i(t)-\bar{\boldsymbol{x}}(t)\|^2} \tag{9-20}$$

从式(9-20)可知，引理 9.2 的证明可以等价于证明下式，

$$\sqrt{\sum_{i=1}^{n}\|\boldsymbol{z}_i(t)-\bar{\boldsymbol{x}}(t)\|^2}\leqslant\frac{U_1}{t^{\mu}} \tag{9-21}$$

对总的迭代次数进行归纳假设以证明式(9-21)。首先，可以得到当 $t=1$ 和 $t=t_0$ 时，式(9-21)成立；当 $t\leqslant t_0$，式(9-21)仍然成立。假设当 $t\geqslant t_0$ 时，式(9-21)同样成立。将 $\gamma_t=\frac{1}{t^{\mu}}$ 代入算法 9-1 的第 14 步可以得到 $\boldsymbol{x}_i(t+1)=(1-t^{-\mu})(\boldsymbol{z}_i(t)+\hat{\boldsymbol{e}}_i(t))+t^{-\mu}\boldsymbol{u}_i(t)$。结合引理 9.1 的第 2 个等式可以得到

$$\begin{aligned}&\sum_{i=1}^{n}\|\boldsymbol{z}_i(t+1)-\bar{\boldsymbol{x}}(t+1)\|^2\\=&\sum_{i=1}^{n}\|\sum_{j=1}^{n}b_{ij}(1-t^{-\mu})(\boldsymbol{z}_j(t)+\hat{\boldsymbol{e}}_j(t))+\\&\sum_{j=1}^{n}b_{ij}t^{-\mu}\boldsymbol{u}_j(t)-(1-t^{-\mu})(\bar{\boldsymbol{x}}(t)+\bar{\boldsymbol{e}}(t))-t^{-\mu}\bar{\boldsymbol{u}}(t)\|^2\end{aligned} \tag{9-22}$$

根据式(9-7),可以得出

$$
\begin{aligned}
&\sum_{i=1}^{n} \| \boldsymbol{z}_i(t+1) - \bar{\boldsymbol{x}}(t+1) \|^2 \\
&\leqslant \lambda^2 \sum_{j=1}^{n} \| (1-t^{-\mu})(\boldsymbol{z}_j(t) - \bar{\boldsymbol{x}}(t)) + \\
&\quad (1-t^{-\mu})(\hat{\boldsymbol{e}}_j(t) - \bar{\boldsymbol{e}}(t)) + t^{-\mu}(\boldsymbol{u}_j(t) - \bar{\boldsymbol{u}}(t)) \|^2
\end{aligned} \tag{9-23}
$$

为了得到式(9-23)中不等号左侧式子的上界,需要证明式(9-23)不等号右侧式子的界。利用柯西-施瓦茨不等式、凸集的有界性及归纳假设法,可以得到

$$
\begin{aligned}
&\sum_{j=1}^{n} \| (1-t^{-\mu})(\boldsymbol{z}_j(t) - \bar{\boldsymbol{x}}(t)) + \\
&(1-t^{-\mu})(\hat{\boldsymbol{e}}_j(t) - \bar{\boldsymbol{e}}(t)) + t^{-\mu}(\boldsymbol{u}_j(t) - \bar{\boldsymbol{u}}(t)) \|^2 \\
\leqslant & \sum_{j=1}^{n} \| \boldsymbol{z}_j(t) - \bar{\boldsymbol{x}}(t) \|^2 + \sum_{j=1}^{n} \| \hat{\boldsymbol{e}}_j(t) - \bar{\boldsymbol{e}}(t) \|^2 + nt^{-2\mu} D^2 + \\
& 2\sqrt{n} D t^{-\mu} \left(\sum_{j=1}^{n} \| \boldsymbol{z}_j(t) - \bar{\boldsymbol{x}}(t) \|^2 \right)^{\frac{1}{2}} + \\
& 2\sqrt{n} D t^{-\mu} \left(\sum_{j=1}^{n} \| \hat{\boldsymbol{e}}_j(t) - \bar{\boldsymbol{e}}(t) \|^2 \right)^{\frac{1}{2}} + \\
& 2n \left(\sum_{j=1}^{n} \| \boldsymbol{z}_j(t) - \bar{\boldsymbol{x}}(t) \|^2 \right)^{\frac{1}{2}} \left(\sum_{j=1}^{n} \| \hat{\boldsymbol{e}}_j(t) - \bar{\boldsymbol{e}}(t) \|^2 \right)^{\frac{1}{2}} \\
\leqslant & t^{-2\mu} (U_1^2 + nD^2 + 2nE + 2DU_1\sqrt{n} + 4n\sqrt{n}DE + 4n\sqrt{n}U_1 E) \\
\leqslant & t^{-2\mu} (U_1 + nD^2 + 2nE)^2 \\
\leqslant & \left(\frac{t_0^{\mu}+1}{t_0^{\mu}} \frac{U_1}{t^{\mu}} \right)^2
\end{aligned} \tag{9-24}
$$

因此,根据式(9-8),对于所有的 $t \geqslant t_0$,可以得出

$$
\lambda \frac{t_0^{\mu}+1}{t_0^{\mu} t^{\mu}} \leqslant \frac{t_0^{\mu}}{t_0^{\mu}+1} \left(\frac{t_0}{t_0+1} \right)^{\mu} \frac{t_0^{\mu}+1}{t_0^{\mu} t^{\mu}} = \left(\frac{t_0}{t_0+1} \right)^{\mu} \frac{1}{t^{\mu}} \tag{9-25}
$$

因为 $t \geqslant t_0$ 且 $\left(\frac{t_0}{t_0+1} \right)^{\mu}$ 是关于 t 单调递增的,所以有

$$
\lambda \frac{t_0^{\mu}+1}{t_0^{\mu} t^{\mu}} \leqslant \frac{1}{(t+1)^{\mu}} \tag{9-26}
$$

根据式(9-7)和式(9-26),可以得到 $\sqrt{\sum_{i=1}^{n} \| \boldsymbol{z}_i(t) - \bar{\boldsymbol{x}}(t) \|^2} \leqslant \frac{U_1}{t^{\mu}}$。因此,式(9-21)成立。引理 9.2 证明完毕。

引理 9.3 在假设 9-1 成立的条件下，令步长 $\gamma_t=\frac{1}{t^{\mu}}$ 且 $\mu\in(0,1]$，如果 $t\geqslant t_0$ 并且 $i\in V$，可以得到

$$\max_{i\in V}\|\boldsymbol{G}_{i,t}(t)-\boldsymbol{r}_t(t)\|\leqslant\frac{U_2}{t^{\mu}} \tag{9-27}$$

其中，对于任意的 $i\in V$ 和 $t\geqslant 1$，$U_2=\sqrt{n}\left(\xi+\frac{1}{1-\mu}\beta(D+2U_1)+2\beta(D+2U_1)\right)t_0^{\mu}$。设 $\xi\geqslant\|\boldsymbol{g}_{i,t+1}(1)-\zeta(1)\|+\frac{2A}{1-\lambda}$，且 ξ 是一个正整数。

引理 9.3 证明：采用归纳假设法证明式(9-27)成立。当 $t=t_0$ 和 $t=1$ 时，式(9-27)成立。假设在 $t>t_0$ 时，式(9-27)同样成立。在证明之前，为了方便表述，引入一个辅助变量 $\rho f_{i,\tau}(t+1)$，

$$\rho f_{i,\tau}(t+1)\triangleq\nabla f_{i,\tau}(\boldsymbol{z}_i(t+1))-\nabla f_{i,\tau}(\boldsymbol{z}_i(t)) \tag{9-28}$$

将式(9-28)与算法 9-1 的第 7 步相结合，可以得到

$$\boldsymbol{g}_{i,\tau}(t+1)=\sum_{j\in\mathcal{N}_i}b_{ij}\boldsymbol{g}_{j,\tau}(t)+\hat{\boldsymbol{\varepsilon}}_{i,\tau}(t)+\rho f_{i,\tau}(z_i(t+1)) \tag{9-29}$$

根据算法 9-1 的第 10 步，可以得出

$$\begin{aligned}&\sum_{i=1}^{n}\|\boldsymbol{G}_{i,t+1}(t+1)-\boldsymbol{r}_{t+1}(t+1)\|^2\\&\leqslant\lambda^2\sum_{i=1}^{n}\|\frac{1}{t+1}\sum_{\tau=1}^{t+1}\left(\sum_{j=1}^{n}b_{ij}\boldsymbol{g}_{j,\tau}(t)+\hat{\boldsymbol{e}}_{j,\tau}(t)\right)+\\&\quad\frac{1}{t+1}\sum_{\tau=1}^{t+1}\rho f_{i,\tau}(t+1)-\boldsymbol{r}_{t+1}(t+1)\|^2\\&=\lambda^2\sum_{i=1}^{n}\left\|\frac{t}{t+1}(\boldsymbol{G}_{i,t}(t)-\boldsymbol{r}_t(t))+\frac{1}{t+1}\boldsymbol{g}_{i,t+1}(t+1)+\right.\\&\quad\left.\frac{1}{t+1}\sum_{\tau=1}^{t}\rho f_{i,\tau}(t+1)+\frac{t}{t+1}\boldsymbol{r}_t(t)-\boldsymbol{r}_{t+1}(t+1)\right\|^2\end{aligned} \tag{9-30}$$

式(9-30)中的不等式可以根据式(9-7)得到。此外，根据式(9-13)的定义，可以得到

$$\begin{aligned}\boldsymbol{r}_{t+1}(t+1)-\frac{t}{t+1}\boldsymbol{r}_t(t)=&\frac{1}{n(t+1)}\sum_{i=1}^{n}\sum_{\tau=1}^{t+1}\nabla f_{i,\tau}(\boldsymbol{z}_i(t+1))-\\&\frac{t}{t+1}\frac{1}{nt}\sum_{i=1}^{n}\sum_{\tau=1}^{t}\nabla f_{i,\tau}(\boldsymbol{z}_i(t))\end{aligned}$$

$$=\frac{1}{n(t+1)}\sum_{i=1}^{n}\sum_{\tau=1}^{t}(\nabla f_{i,\tau}(\boldsymbol{z}_i(t+1))-\nabla f_{i,\tau}(\boldsymbol{z}_i(t)))+$$

$$\frac{1}{n(t+1)}\sum_{i=1}^{n}\nabla f_{i,t+1}(\boldsymbol{z}_i(t+1))$$

$$=\frac{1}{n(t+1)}\sum_{i=1}^{n}\sum_{\tau=1}^{t}\rho f_{i,\tau}(t+1)+\frac{1}{t+1}\boldsymbol{\zeta}_{t+1}(t+1) \tag{9-31}$$

为了方便表述,令 $\boldsymbol{\zeta}_{t+1}(t+1)\triangleq\frac{1}{n}\sum_{i=1}^{n}\nabla f_{i,t+1}(\boldsymbol{z}_i(t+1))$,根据算法 9-1 的第 7 步及三角不等式,可以得到

$$\|\boldsymbol{g}_{i,t+1}(t+1)-\boldsymbol{\zeta}_{t+1}(t+1)\|\leqslant\lambda\|\boldsymbol{g}_{i,t+1}(t)-\boldsymbol{\zeta}_{t+1}(t)\|+\|\rho f_{i,t+1}(t+1)\| \tag{9-32}$$

根据 $\rho f_{i,\tau}(t+1)$的定义,可以得出

$$\begin{aligned}\|\rho f_{i,t+1}(t+1)\| &= \|\nabla f_{i,t+1}(\boldsymbol{z}_i(t+1))-\nabla f_{i,t+1}(\boldsymbol{z}_i(t))\|\\ &\leqslant\beta\|\boldsymbol{z}_i(t+1)-\boldsymbol{z}_i(t)\|\\ &=\beta\left\|\sum_{i=1}^{n}b_{ij}(\boldsymbol{x}_j(t)-\boldsymbol{z}_j(t)+\boldsymbol{z}_j(t)-\boldsymbol{z}_i(t))\right\|\\ &\leqslant\beta\sum_{i=1}^{n}b_{ij}(\|\boldsymbol{x}_j(t)-\boldsymbol{z}_j(t)\|+\|\boldsymbol{z}_j(t)-\boldsymbol{z}_i(t)\|)\\ &\leqslant\beta\sum_{i=1}^{n}b_{ij}\big(\gamma^{-\mu}\|\boldsymbol{v}_j(t)-\boldsymbol{z}_j(t)\|+\|\boldsymbol{z}_j(t)-\bar{\boldsymbol{x}}_j(t)\|+\\ &\quad\|\bar{\boldsymbol{x}}_j(t)-\boldsymbol{z}_i(t)\|\big)\\ &\leqslant\beta\sum_{i=1}^{n}b_{ij}(D+2U_1)t^{-\mu}\\ &=\beta(D+2U_1)t^{-\mu}\end{aligned} \tag{9-33}$$

因此,通过 $\sum_{l=0}^{t-1}\lambda^{-l}(t-l)^{-\mu}\leqslant\sum_{l=0}^{t-1}(t-l)^{-\mu}=\sum_{x=1}^{t}x^{-\mu}=\frac{t^{1-\mu}-1}{1-\mu}$,将式(9-32)和式(9-33)相结合,可以得到

$$\begin{aligned}&\boldsymbol{g}_{i,t+1}(t+1)-\boldsymbol{\zeta}_{t+1}(t+1)\|\\ &\leqslant\lambda\|\boldsymbol{g}_{i,t+1}(t)-\boldsymbol{\zeta}_{t+1}(t)\|+\|\rho f_{i,t+1}(t+1)\|\\ &\leqslant\lambda\|\boldsymbol{g}_{i,t+1}(t)-\boldsymbol{\zeta}_{t+1}(t)\|+\beta(D+2U_1)t^{-\mu}\\ &\leqslant\lambda^{t}\|\boldsymbol{g}_{i,t+1}(1)-\boldsymbol{\zeta}_{t+1}(1)\|+\beta(D+2U_1)\sum_{l=0}^{t-1}\lambda^{-l}(t-l)^{-\mu}\\ &\leqslant\|\boldsymbol{g}_{i,t+1}(1)-\boldsymbol{\zeta}_{t+1}(1)\|+\beta(D+2U_1)\frac{t^{1-\mu}-1}{1-\mu}\end{aligned} \tag{9-34}$$

此外，还能够得到

$$\begin{aligned}
&\left\|\frac{1}{t+1}\sum_{\tau=1}^{t}\rho f_{i,\tau}(t+1)-\frac{1}{n(t+1)}\sum_{i=1}^{n}\sum_{\tau=1}^{t}\rho f_{i,\tau}(t+1)\right\| \\
&=\left\|\frac{1}{t+1}\sum_{\tau=1}^{t}\left(\rho f_{i,\tau}(t+1)-\frac{1}{n}\sum_{i=1}^{n}\rho f_{i,\tau}(t+1)\right)\right\| \\
&\leqslant\frac{1}{t+1}\sum_{\tau=1}^{t}\|\rho f_{i,\tau}(t+1)\|-\frac{1}{n}\sum_{i=1}^{n}\|\rho f_{i,\tau}(t+1)\| \\
&\leqslant\frac{1}{t+1}\sum_{\tau=1}^{t}\left(\|\rho f_{i,\tau}(t+1)\|+\frac{1}{n}\sum_{i=1}^{n}\|\rho f_{i,\tau}(t+1)\|\right) \\
&=\frac{\beta(D+2U_1)t^{1-\mu}}{t+1}
\end{aligned} \tag{9-35}$$

令 $\xi\geqslant\|\boldsymbol{g}_{i,t+1}(1)-\boldsymbol{\zeta}(1)\|$，其中，$\xi$ 是正整数，对于所有的 $i\in V$，将式(9-34)和式(9-35)代入式(9-30)，能够得出

$$\begin{aligned}
&\sum_{i=1}^{n}\left\|\frac{t}{t+1}(\boldsymbol{G}_{i,t}(t)-\boldsymbol{r}_t(t))+\frac{1}{t+1}\boldsymbol{g}_{i,t+1}(t+1)+\right. \\
&\left.\quad\frac{1}{t+1}\sum_{\tau=1}^{t}\rho f_{i,\tau}(t+1)+\frac{t}{t+1}\boldsymbol{r}_t(t)-\boldsymbol{r}_{t+1}(t+1)\right\|^2 \\
&\leqslant t^{-2\mu}\left(C_2+2\sqrt{N}\left(\xi+\left(2+\frac{1}{1-\mu}\right)\beta(D+2U_1)\right)^2\right) \\
&\leqslant\left(\frac{t_0^{\mu}+1}{t_0^{\mu}}\frac{U_2}{t^{\mu}}\right)^2
\end{aligned} \tag{9-36}$$

令 $U_2=\sqrt{n}\left(\xi+\frac{1}{1-\mu}\beta(D+2U_1)+2\beta(D+2U_1)\right)t_0^{\mu}$，根据式(9-8)，对于所有的 $t\geqslant t_0$，有

$$\lambda\frac{t_0^{\mu}+1}{t_0^{\mu}t^{\mu}}\leqslant\frac{t_0^{\mu}}{t_0^{\mu}+1}\left(\frac{t_0}{t_0+1}\right)^{\mu}\frac{t_0^{\mu}+1}{t_0^{\mu}t^{\mu}}=\left(\frac{t_0}{t_0+1}\right)^{\mu}\frac{1}{t^{\mu}} \tag{9-37}$$

因为 $t\geqslant t_0$ 且 $\left(\frac{t_0}{t_0+1}\right)^{\mu}$ 是关于 t 单调递增的，所以有

$$\lambda\frac{t_0^{\mu}+1}{t_0^{\mu}t^{\mu}}\leqslant\frac{1}{(t+1)^{\mu}} \tag{9-38}$$

根据归纳假设，对式(9-36)两边开平方，可以得到

$$\max_{i\in V}\|\boldsymbol{G}_{i,t}(t)-\boldsymbol{r}_t(t)\|\leqslant\frac{U_2}{t^{\mu}} \tag{9-39}$$

因此，引理 9.3 得证。

定理 9.1 证明：为了在证明过程中容易表达，首先定义了一个常数 U：

$$U \triangleq \max\left\{\frac{9}{2}(\beta D^2 + 2D(U_2 + \beta U_1)), \frac{\frac{2\eta^2\sigma}{\theta^2} - \frac{4U'}{9} + \sqrt{\left(\frac{2\eta^2\sigma}{\theta^2}\right)^2 - \frac{16\eta^2\sigma U'}{9\theta^2}}}{\frac{8}{81}}\right\}$$

其中，$U' = 2\beta D^2 + 4D(U_2 + \beta U_1)$ 且 $\theta \geqslant 1$。因此，定理 9.1 的证明等价于证明不等式 $\boldsymbol{\Psi}(t) \leqslant \frac{U}{t+1}$。在后面式(9-55)中定义了参数 t^*，定理 9.1 的证明同样运用归纳假设法，当 $t = t^*$ 时，可以得到 $\boldsymbol{\Psi}(t) \leqslant \frac{U}{t+1}$；当 $t > t^*$ 时，假设 $\boldsymbol{\Psi}(t) \leqslant \frac{U}{t+1}$ 依然成立。根据假设 9.4 可以得到函数 F_t 是 β-光滑函数，因此，可以得到：

$$\begin{aligned} F_t(\bar{\boldsymbol{x}}(t+1)) \leqslant{} & F_t(\bar{\boldsymbol{x}}(t)) + \frac{\beta}{2}\|\bar{\boldsymbol{x}}(t+1) - \bar{\boldsymbol{x}}(t)\|^2 + \\ & \langle \nabla F_t(\bar{\boldsymbol{x}}(t)), \bar{\boldsymbol{x}}(t+1) - \bar{\boldsymbol{x}}(t)\rangle \end{aligned} \tag{9-40}$$

根据引理 9.1 的第 2 个关系式，有以下关系成立：

$$\begin{aligned} & F_t(\bar{\boldsymbol{x}}(t+1)) \leqslant F_t(\bar{\boldsymbol{x}}(t)) + \frac{\beta}{2}\|\bar{\boldsymbol{x}}(t+1) - \bar{\boldsymbol{x}}(t)\|^2 + \\ & \langle \nabla F_t(\bar{\boldsymbol{x}}(t)), \bar{\boldsymbol{x}}(t+1) - \bar{\boldsymbol{x}}(t)\rangle \\ \leqslant{} & F_t(\bar{\boldsymbol{x}}(t)) + \frac{\beta}{2}\|\gamma_t(\bar{\boldsymbol{u}}(t) - \bar{\boldsymbol{x}}(t)) + (1-\gamma_t)\bar{\boldsymbol{e}}(t)\|^2 + \\ & \frac{\gamma_t}{n}\sum_{i=1}^{n}\langle \nabla F_t(\bar{\boldsymbol{x}}(t)), \boldsymbol{u}_i(t) - \bar{\boldsymbol{x}}(t)\rangle + \\ & \frac{1-\gamma_t}{n}\sum_{i=1}^{n}\langle \nabla F_t(\bar{\boldsymbol{x}}(t)), \hat{\boldsymbol{e}}_i(t)\rangle \\ \leqslant{} & F_t(\bar{\boldsymbol{x}}(t)) + \frac{\beta}{2}\gamma_t^2\|\bar{\boldsymbol{u}}(t) - \bar{\boldsymbol{x}}(t)\|^2 + 2\beta E^2\gamma_t^2 + \\ & \frac{\gamma_t}{n}\sum_{i=1}^{n}\langle \nabla F_t(\bar{\boldsymbol{x}}(t)), \boldsymbol{u}_i(t) - \bar{\boldsymbol{x}}(t)\rangle \end{aligned} \tag{9-41}$$

此外，利用集合 $\mathcal{M}$ 的有界性，可以得到

$$\begin{aligned} F_t(\bar{\boldsymbol{x}}(t+1)) \leqslant{} & F_t(\bar{\boldsymbol{x}}(t)) + \frac{\beta}{2}\gamma_t^2\|\bar{\boldsymbol{u}}(t) - \bar{\boldsymbol{x}}(t)\|^2 + 2\beta E^2\gamma_t^2 + \\ & \frac{\gamma_t}{n}\sum_{i=1}^{n}\langle \nabla F_t(\bar{\boldsymbol{x}}(t)), \boldsymbol{u}_i(t) - \bar{\boldsymbol{x}}(t)\rangle \\ \leqslant{} & F_t(\bar{\boldsymbol{x}}(t)) + 2\beta E^2\gamma_t^2 + \frac{\beta}{2}\gamma_t^2 D^2 + \\ & \frac{\gamma_t}{n}\sum_{i=1}^{n}\langle \nabla F_t(\bar{\boldsymbol{x}}(t)), \boldsymbol{u}_i(t) - \bar{\boldsymbol{x}}(t)\rangle \end{aligned} \tag{9-42}$$

此外，当 $\boldsymbol{u}\in\mathcal{M}$ 且 $i\in V$ 时，能够得到

$$\left\langle\frac{1}{n}\sum_{i=1}^{n}\nabla f_{i,t}(\bar{\boldsymbol{x}}(t)),\boldsymbol{u}_i(t)-\bar{\boldsymbol{x}}(t)\right\rangle$$
$$\leqslant\left\langle\frac{1}{n}\sum_{i=1}^{n}\nabla f_{i,t}(\bar{\boldsymbol{x}}(t)),\boldsymbol{u}-\bar{\boldsymbol{x}}(t)\right\rangle+$$
$$2D\left\|\boldsymbol{G}_i(t)-\frac{1}{n}\sum_{i=1}^{n}\nabla f_{i,t}(\bar{\boldsymbol{x}}(t))\right\| \tag{9-43}$$

为了得到式(9-43)的上界，需要计算 $\left\|\boldsymbol{G}_i(t)-\frac{1}{n}\sum_{i=1}^{n}\nabla f_{i,t}(\bar{\boldsymbol{x}}(t))\right\|$ 的界，利用式(9-13)、式(9-19)和式(9-27)可得出以下关系成立：

$$\left\|\boldsymbol{G}_i(t)-\frac{1}{n}\sum_{i=1}^{n}\nabla f_{i,t}(\bar{\boldsymbol{x}}(t))\right\|\leqslant\frac{U_2}{t}+\frac{\beta}{t}\sum_{\tau=1}^{t}\frac{U_1}{t}\leqslant\frac{U_2+\beta U_1}{t} \tag{9-44}$$

将式(9-43)和式(9-44)代入式(9-42)，可以得到：

$$F_t(\bar{\boldsymbol{x}}(t+1))\leqslant F_t(\bar{\boldsymbol{x}}(t))+2\beta E^2\gamma_t^2+\frac{\beta}{2}\gamma_t^2D^2+$$
$$\gamma_t\left\langle\frac{1}{n}\sum_{i=1}^{n}\nabla f_{i,t}(\bar{\boldsymbol{x}}(t)),\boldsymbol{u}-\bar{\boldsymbol{x}}(t)\right\rangle+$$
$$2D\gamma_t\frac{U_2+\beta U_1}{t} \tag{9-45}$$

此外，有以下关系：

$$F_t(\bar{\boldsymbol{x}}(t+1))-F_t(\bar{\boldsymbol{x}}^*(t+1))\leqslant F_t(\bar{\boldsymbol{x}}(t+1))-F_t(\bar{\boldsymbol{x}}^*(t))$$
$$\leqslant F_t(\bar{\boldsymbol{x}}(t))-F_t(\bar{\boldsymbol{x}}^*(t))+2\beta E^2\gamma_t^2+\frac{\beta}{2}\gamma_t^2D^2-$$
$$\gamma_t\langle\nabla F_t(\bar{\boldsymbol{x}}(t)),\bar{\boldsymbol{x}}(t)-\hat{\boldsymbol{u}}(t)\rangle+2D\gamma_t\frac{U_2+\beta U_1}{t} \tag{9-46}$$

式中，$\hat{\boldsymbol{u}}(t)\in\arg\min\limits_{\boldsymbol{u}\in\mathcal{K}}\langle\nabla F_t(\bar{\boldsymbol{x}}(t)),\boldsymbol{u}\rangle$。根据 $\boldsymbol{\Psi}(t)$ 的定义，可以得到以下关系

$$\boldsymbol{\Psi}(t+1)\leqslant\frac{t}{t+1}(\boldsymbol{\Psi}(t)-\gamma_t\langle\nabla F_t(\bar{\boldsymbol{x}}(t)),\bar{\boldsymbol{x}}(t)-\hat{\boldsymbol{u}}(t)\rangle)+$$
$$\frac{t}{t+1}\left(\frac{\beta}{2}\gamma_t^2D^2+2\beta E^2\gamma_t^2+2D\gamma_t\frac{U_2+\beta U_1}{t}\right)+$$
$$\frac{1}{t+1}(f_{t+1}(\bar{\boldsymbol{x}}(t+1))-f_{t+1}(\boldsymbol{x}^*(t+1))) \tag{9-47}$$

此外，根据文献[12]中相似的证明，可以有

$$\langle\nabla F_t(\bar{\boldsymbol{x}}(t)),\bar{\boldsymbol{x}}(t)-\hat{\boldsymbol{u}}(t)\rangle\geqslant\sqrt{2\sigma\eta^2\,\boldsymbol{\Psi}(t)} \tag{9-48}$$

$$f_{t+1}(\bar{\boldsymbol{x}}(t+1))-f_{t+1}(\boldsymbol{x}^*(t+1))\leqslant\frac{2U}{9}(t+1)^{-\frac{1}{2}} \tag{9-49}$$

将式(9-48)和式(9-49)代入式(9-47)，可以得到

$$\boldsymbol{\Psi}(t+1) \leqslant \boldsymbol{\Psi}(t) - \gamma_t \sqrt{2\sigma\eta^2 \boldsymbol{\Psi}(t)} + \frac{2U}{9(t+1)^{\frac{3}{2}}} + \frac{\beta}{2}\gamma_t^2 D^2 + 2\beta E^2 \gamma_t^2 + 2D\gamma_t \frac{U_2 + \beta U_1}{t+1} \tag{9-50}$$

当$\sqrt{\boldsymbol{\Psi}(t)} - \gamma_t \sqrt{2\sigma\eta^2} \leqslant 0$，可以得到

$$\begin{aligned}\boldsymbol{\Psi}(t+1) &\leqslant \frac{2U}{9(t+1)^{\frac{3}{2}}} + \frac{2\beta D^2}{(t+1)^2} + 4D\frac{U_2 + \beta U_1}{(t+1)^2} \\ &\leqslant \left(\frac{U}{3} + 3\beta D^2 + 6D(U_2 + \beta U_1)\right)\frac{1}{t+2}\end{aligned} \tag{9-51}$$

此外，根据 U 的定义，可以得到

$$U \leqslant \frac{9}{2}(\beta D^2 + 2D(\beta U_1 + U_2)) \tag{9-52}$$

因此，得到

$$\boldsymbol{\Psi}(t+1) \leqslant \frac{U}{t+2} \tag{9-53}$$

当$\sqrt{\boldsymbol{\Psi}(t)} - \gamma_t \sqrt{2\sigma\eta^2} > 0$ 时，根据式(9-50)以及不等式$\frac{1}{t+1} - \frac{1}{t+2} \leqslant \frac{1}{(t+1)^2}$，可以得到

$$\begin{aligned}&\boldsymbol{\Psi}(t+1) - \frac{U}{t+2} \\ &\leqslant \frac{U}{t+1} - \frac{U}{t+2} - \frac{\eta\sqrt{2\sigma U}}{(t+1)^{\frac{3}{2}}} + \frac{2U}{9(t+1)^{\frac{3}{2}}} + \frac{2\beta D^2 + 4D(\beta U_1 + U_2)}{(t+1)^2} \\ &\leqslant \frac{1}{(t+1)^{\frac{3}{2}}}\left(\frac{U}{\sqrt{t+1}} - \eta\sqrt{2\sigma U} + \frac{2U}{9} + \frac{2\beta D^2 + 4D(\beta U_1 + U_2)}{\sqrt{t+1}}\right) \\ &\leqslant \frac{1}{(t+1)^{\frac{3}{2}}}\left(\frac{U}{\sqrt{t+1}} + \frac{2U}{9}(1-\theta) + (2\beta D^2 + 4D(\beta U_1 + U_2))(1-\theta)\right)\end{aligned} \tag{9-54}$$

因为$\frac{1}{\sqrt{t+1}}$是一个关于 t 的单调递减函数，定义参数 t^* 为

$$t^* = \inf\left\{t \geqslant 1: \frac{U}{\sqrt{t+1}} + \frac{2U}{9}(1-\theta) + (2\beta D^2 + 4D(\beta U_1 + U_2))(1-\theta) \leqslant 0\right\} \tag{9-55}$$

因为 $\theta > 1$，所以参数 t^* 可以存在。如果 $t > t^*$，可以得到

$$\boldsymbol{\Psi}(t+1) \leqslant \frac{U}{t+2} \tag{9-56}$$

定理 9.1 证明完毕。

定理 9.2 证明：定义了一个辅助函数

$$\hat{f}_{i,t}(\boldsymbol{x}) = \langle \nabla f_{i,t}(\bar{\boldsymbol{x}}(t)), \boldsymbol{x} \rangle + \frac{L}{D} \| \boldsymbol{x} - \bar{\boldsymbol{x}}(t) \|^2 \tag{9-57}$$

式中，$\nabla f_{i,t}(\bar{\boldsymbol{x}}(t))$表示函数 $f_{t,i}$ 在决策点 $\bar{\boldsymbol{x}}(t)$的次梯度。利用 L-Lipschitz 函数的性质，可以得到

$$\nabla \hat{f}_{i,t}(\boldsymbol{x}) = \nabla f_{i,t}(\bar{\boldsymbol{x}}(t)) + \frac{2L}{D}(\boldsymbol{x} - \bar{\boldsymbol{x}}(t)) \tag{9-58}$$

利用 L-Lipschitz 函数的性质和 $\| \boldsymbol{x} - \bar{\boldsymbol{x}}(t) \| \leqslant D$，可以推出 $\| \nabla \hat{f}_{i,t}(\boldsymbol{x}) \| \leqslant 3L$，所以，可以推断出 $\hat{f}_{i,t}(\boldsymbol{x})$是一个 $3L$-Lipschitz 函数。此外，很明显可以得出

$$\begin{aligned} \hat{f}_{i,t}(\boldsymbol{x}+\boldsymbol{y}) - \hat{f}_{i,t}(\boldsymbol{x}) &= \langle \nabla f_{i,t}(\bar{\boldsymbol{x}}(t)), \boldsymbol{y} \rangle + \\ &\quad \frac{2L}{D} \langle (\boldsymbol{x} - \bar{\boldsymbol{x}}(t)), \boldsymbol{y} \rangle + \frac{L}{D} \| \boldsymbol{y} \|^2 \\ &= \langle \nabla \hat{f}_{i,t}(\boldsymbol{x}), \boldsymbol{y} \rangle + \frac{L}{D} \| \boldsymbol{y} \|^2 \end{aligned} \tag{9-59}$$

根据式(9-59)，可以得出函数 $\hat{f}_{i,t}(\boldsymbol{x})$不仅是$\frac{L}{D}$-光滑函数，同时也是$\frac{L}{D}$-强凸函数。令 $\boldsymbol{x}^*(t) = \arg\min\limits_{\boldsymbol{x} \in \mathcal{K}} \hat{F}_t(\boldsymbol{x})$和 $\hat{F}_t(\boldsymbol{x}) = \frac{1}{nt} \sum\limits_{i=1}^{n} \sum\limits_{\tau=1}^{t} \hat{f}_{i,\tau}(\boldsymbol{x})$，根据定理 9.1，可以得出

$$\hat{\boldsymbol{\Psi}}(t) = \hat{F}_t(\bar{\boldsymbol{x}}(t)) - \hat{F}_t(\boldsymbol{x}^*(t)) \leqslant \frac{Q}{t+1} \tag{9-60}$$

式中，$Q = \max\{C_1, C_2\}$，$C_1 = \dfrac{9(LD + 2DU_2' + 2LU_1)}{2}$，$C_2 = \dfrac{81}{8}\left(\dfrac{2\eta^2 L}{D\theta^2} - \dfrac{4U''}{9} + \sqrt{\left(\dfrac{2\eta^2 L}{D\theta^2}\right)^2 - \dfrac{16\eta^2 LU''}{9D\theta^2}} \right)$，$U_2' = \sqrt{n}\left(\xi + \left(2 + \dfrac{1}{1-\mu}\right)\right)\dfrac{L(D+2U_1)}{D}$，$U'' = 2LD + 4DU_2' + 4LU_1$。根据 $\boldsymbol{x}^*(t)$的定义，对于任意的 $\boldsymbol{x}^* \in \mathcal{K}$，可以得到

$$\frac{1}{n} \sum_{i=1}^{n} \sum_{t=1}^{T} \hat{f}_{i,t}(\boldsymbol{x}^*(t)) \leqslant \frac{1}{n} \sum_{i=1}^{n} \sum_{t=1}^{T} \hat{f}_{i,t}(\boldsymbol{x}^*) \tag{9-61}$$

因为 $\boldsymbol{x}^*(t) = \arg\min\limits_{\boldsymbol{x} \in \mathcal{K}} \hat{F}_t(\boldsymbol{x})$且 $\hat{F}_t(\boldsymbol{x})$是一个$\frac{L}{D}$-强凸函数，所以有

$$\hat{F}_t(\bar{\boldsymbol{x}}(t)) - \hat{F}_t(\boldsymbol{x}^*(t)) \geqslant \frac{L}{D} \| \bar{\boldsymbol{x}}(t) - \boldsymbol{x}^*(t) \|^2 \tag{9-62}$$

根据式(9-60)和式(9-62),可以得出

$$\| \bar{\boldsymbol{x}}(t) - \boldsymbol{x}^*(t) \| \leqslant \sqrt{\frac{QD}{L}} \sqrt{\frac{1}{t+1}} \tag{9-63}$$

又因为 $\hat{f}_{i,t}$ 是一个 $3L$-Lipschitz 函数,当 $t \geqslant t^*$ 时,可以得到

$$\frac{1}{n}\sum_{i=1}^{n}\hat{f}_{i,t}(\boldsymbol{x}(t)) - \frac{1}{n}\sum_{i=1}^{n}\hat{f}_{i,t}(\boldsymbol{x}^*(t)) \leqslant \sqrt{QDL}\sqrt{\frac{1}{t+1}} \tag{9-64}$$

根据不等式 $\sum_{t=1}^{T}\frac{1}{\sqrt{t+1}} \leqslant \int_{0}^{T+1}\frac{1}{\sqrt{\tau}}\mathrm{d}\tau = 2\sqrt{T+1}$ 和式(9-64),可以得到

$$\frac{1}{n}\sum_{i=1}^{n}\sum_{t=1}^{T}\hat{f}_{i,t}(\bar{\boldsymbol{x}}(t)) - \frac{1}{n}\sum_{i=1}^{n}\sum_{t=1}^{T}\hat{f}_{i,t}(\boldsymbol{x}^*(t)) \leqslant 6\sqrt{QDL}\sqrt{T+1} \tag{9-65}$$

利用 $-\frac{1}{n}\sum_{i=1}^{n}\sum_{t=1}^{T}\frac{L}{D}\| \boldsymbol{x}^* - \bar{\boldsymbol{x}}(t) \| \leqslant 0$ 和式(9-65),可以得到

$$\frac{1}{n}\sum_{i=1}^{n}\sum_{t=1}^{T}\langle \nabla f_{i,t}(\bar{\boldsymbol{x}}(t)), \bar{\boldsymbol{x}}(t) - \boldsymbol{x}^* \rangle \leqslant 6\sqrt{QDL}\sqrt{T+1} \tag{9-66}$$

当 $f_{i,t}$ 是一个凸函数时,有

$$\frac{1}{n}\sum_{i=1}^{n}f_{i,t}(\bar{\boldsymbol{x}}(t)) - \frac{1}{n}\sum_{i=1}^{n}f_{i,t}(\boldsymbol{x}^*) \leqslant \frac{1}{n}\sum_{i=1}^{n}\langle \nabla f_{i,t}(\bar{\boldsymbol{x}}(t)), \bar{\boldsymbol{x}}(t) - \boldsymbol{x}^* \rangle \tag{9-67}$$

根据式(9-66)和式(9-67),可以得到

$$\frac{1}{n}\sum_{i=1}^{n}\sum_{t=1}^{T}f_{i,t}(\bar{\boldsymbol{x}}(t)) - \frac{1}{n}\sum_{i=1}^{n}\sum_{t=1}^{T}f_{i,t}(\boldsymbol{x}^*) \leqslant 6\sqrt{QDL}\sqrt{T+1} \tag{9-68}$$

定理 9.2 得证。

9.5 本章小结

为了解决分布式在线约束优化问题,本章提出一种基于事件驱动的分布式在线无投影算法。在该算法中,网络中相连的两个智能体在每次迭代时通过设定一个阈值判断是否向邻居智能体发送信息。与分布式在线无投影算法相比,该算法能够有效减少智能体之间的通信次数,从而减少不必要的网络及智能体本身资源的浪费。通过数学推导证明了所提算法的收敛性,当局部代价函数是凸函数时,该算法的 Regret 界为 $O(\sqrt{T})$。

参考文献

[1] Abu-Elkheir M, Hayajneh M, Ali N. Data management for the internet of things[J]. Sensors, 2013, 13(11): 15582-15612.

[2] 柴玉梅,员武莲,王黎明,等.基于双注意力机制和迁移学习的跨领域推荐模型[J].计算机学报,2020(10):1924-1942.

[3] Cheng N, Lyu F, Chen J, et al. Big Data Driven Vehicular Networks[J]. IEEE Network, 2018, 32(6): 160-167

[4] Bekkerman R, Bilenko M. Scaling Up Machine Learning: Parallel and Distributed Approaches [M]. Cambridge: Cambridge Univ. Press, 2011.

[5] 任杰,高岭,于佳龙,等.面向边缘设备的高能效深度学习任务调度策略[J].计算机学报,2020,43(3):440-452.

[6] Beck A, Nedić A, Ozdaglar A. An $O(1/k)$ gradient method for network resource allocation problems[J]. IEEE Transactions on Control of Network Systems, 2014, 1(1): 64-73.

[7] Wei E, Ozdaglar A, Jadbabaie A. A Distributed Newton Method for Network Utility Maximization Ⅰ: Algorithm[J]. IEEE Transactions on Automatic Control, 2013, 58(9): 2162-2175.

[8] 杨朔,吴帆,陈贵海.移动群智感知网络中信息量最大化的用户选择方法研究[J].计算机学报,2020,43(3):409-422.

[9] Olfati-Saber R, Fax J, Murray R. Consensus and cooperation in networked multi-agent systems[J]. Proceedings of the IEEE, 2007, 95(1): 215-233.

[10] 丁男,高壮林,许力,等.基于数据优先级和交通流密度的异构车联网数据链路层链路调度算法[J].计算机学报,2020,43(3):526-536.

[11] Quan W, Liu Y, Zhang H, et al. Enhancing Crowd Collaborations for Software Defined Vehicular Networks[J]. IEEE Communications Magazine, 2017, 55(8): 80-86.

[12] Zhang M, Quan W, Cheng N, et al. Distributed Conditional Gradient Online Learning for IoT Optimization[J/OL]. IEEE Internet of Things Journal[2019-05-28].